As matemáticas da vida e da morte

Por que a matemática é (quase) tudo

Kit Yates

As matemáticas da vida e da morte

Por que a matemática é (quase) tudo

tradução de
CATHARINA PINHEIRO

1ª edição

EDITORA RECORD
RIO DE JANEIRO • SÃO PAULO
2021

CIP-BRASIL. CATALOGAÇÃO NA PUBLICAÇÃO
SINDICATO NACIONAL DOS EDITORES DE LIVROS, RJ

Y36m
Yates, Kit
    As matemáticas da vida e da morte: por que a matemática é (quase) tudo / Kit Yates; tradução Catharina Pinheiro. – 1. ed. – Rio de Janeiro: Record, 2021.

    Tradução de: The Maths of Life and Death
    ISBN 978-85-01-11923-0

    1. Matemática - Obras populares. I. Pinheiro, Catharina. II. Título.

                                        CDD: 510
20-63300   CDU: 51

Meri Gleice Rodrigues de Souza – Bibliotecária CRB-7/6439

Copyright © Kit Yates, 2019

Título original em inglês: The Maths of Life and Death

Todos os direitos reservados. Proibida a reprodução, armazenamento ou transmissão de partes deste livro, através de quaisquer meios, sem prévia autorização por escrito.

Texto revisado segundo o novo Acordo Ortográfico da Língua Portuguesa.

Direitos exclusivos de publicação em língua portuguesa para o Brasil adquiridos pela
EDITORA RECORD LTDA.
Rua Argentina, 171 – 20921-380 – Rio de Janeiro, RJ – Tel.: (21) 2585-2000, que se reserva a propriedade literária desta tradução.

Impresso no Brasil

ISBN 978-85-01-11923-0

Seja um leitor preferencial Record.
Cadastre-se em www.record.com.br
e receba informações sobre nossos
lançamentos e nossas promoções.

Atendimento e venda direta ao leitor:
sac@record.com.br

Para os meus pais,
Tim, Nancy e Mary,
que me ensinaram a ler,
e para a minha irmã, Lucy,
que me ensinou a escrever.

Sumário

Introdução: Quase tudo 9

1. Pensando exponencialmente: Explorando o fantástico poder
   e os limites reais do comportamento exponencial 17

2. Sensibilidade, especificidade e segundas opiniões:
   A matemática por trás da medicina 51

3. As leis da matemática:
   Investigando o papel da matemática no Direito 93

4. Não acredite na verdade:
   Desmascarando as estatísticas na mídia 133

5. Lugar errado, hora errada: A evolução dos nossos
   sistemas numéricos e como eles nos decepcionaram 173

6. Otimização incansável: O potencial ilimitado dos algoritmos,
   da evolução ao comércio eletrônico 207

7. Suscetível, infectado, removido:
   O controle das doenças está nas nossas mãos 245

Epílogo: Emancipação matemática 281

Agradecimentos 285
Referências 289

Introdução

QUASE TUDO

Meu filho de 4 anos adora brincar no jardim. Sua atividade favorita é desenterrar e examinar bichinhos rastejantes, principalmente caracóis. Quando ele tem paciência, depois do choque inicial de terem sido desenterrados, os caracóis saem com cuidado da segurança de suas conchas e deslizam pelas mãozinhas dele, deixando rastros pegajosos. Quando se cansa da brincadeira, meu filho os joga sem muita sensibilidade na pilha de compostagem ou no monte de lenha atrás do galpão. Em uma manhã de setembro, depois de uma sessão produtiva em que desenterrara e descartara cinco ou seis espécimes grandes, ele me procurou quando eu serrava madeira para a lareira e perguntou: — Papai, quantos caracóis tem no jardim?

Uma pergunta que de simples só tinha a aparência e que eu não sabia responder. Podiam ser cem ou mil. Para falar a verdade, ele não teria entendido a diferença. Mas a pergunta me deixou intrigado. Como poderíamos descobrir juntos?

Decidimos fazer uma experiência. Na manhã do sábado seguinte, saímos para procurar caracóis. Depois de dez minutos, tínhamos um total de 23 gastrópodes. Peguei uma caneta hidrográfica no bolso de trás da calça e marquei a concha de cada um com uma cruz pequena. Quando estavam todos marcados, viramos o balde e libertamos os caracóis de volta para o jardim.

Uma semana depois, saímos para outra rodada. Dessa vez, nossa caçada de dez minutos só rendeu dezoito caracóis. Ao olharmos com mais atenção, descobrimos que três tinham cruzes nas conchas, enquanto os outros quinze não tinham. Era a única informação necessária para fazermos o cálculo.

A ideia é a seguinte: o número de caracóis capturados no primeiro dia, 23, é uma proporção x da população total do jardim, que queríamos calcular. Se conseguirmos identificar essa proporção, podemos ampliar a escala do número de caracóis capturados para chegar à população total do jardim. Para isso, usamos uma segunda amostra (a que capturamos no sábado seguinte). A proporção de indivíduos marcados nessa amostra, 3/18, deve representar a proporção de indivíduos marcados em todo o jardim. Simplificando-a, descobrimos que os caracóis marcados totalizam um em cada seis indivíduos na população geral (você pode ver isso ilustrado na Figura 1).

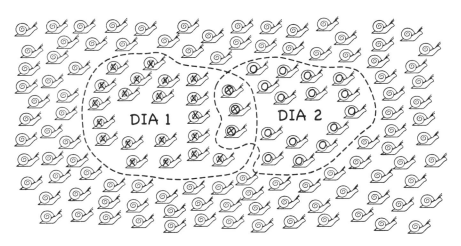

Figura 1: A proporção (3:18) do número de caracóis recapturados (marcados com O e X) em relação ao número total dos capturados no segundo dia (marcados com O) deve ser a mesma proporção (23:138) do número capturado no primeiro dia (marcados com x) em relação ao número total de caracóis no jardim (marcados e não marcados).

INTRODUÇÃO   11

Assim, ampliamos a escala do número de indivíduos capturados no primeiro dia, 23, por um fator de seis para encontrar uma estimativa do número total de caracóis no jardim, que é 138.

Ao concluir esse cálculo mental, virei para o meu filho, que estava "cuidando" dos caracóis que havíamos coletado. O que ele achou quando eu disse que cerca de 138 caracóis moravam no nosso jardim?

— Papai — ele disse, olhando para os fragmentos de uma concha ainda grudados nos dedos —, eu matei ele.

Ou seja, 137.

Esse método matemático simples, chamado captura-recaptura, vem da ecologia, usado para estimar tamanhos da população animal. Você mesmo pode usar a técnica tomando duas amostras independentes e comparando a interseção entre elas. Talvez, você queira estimar o número de rifas vendidas na feira local ou o público presente em uma partida de futebol usando os canhotos dos ingressos em vez da árdua contagem por cabeça. O método de captura-recaptura também é usado em projetos científicos sérios. Pode, por exemplo, oferecer informações essenciais sobre a variação do número de indivíduos de uma espécie ameaçada de extinção. Fornecendo uma estimativa do número de peixes em um lago,[1] pode balizar os órgãos responsáveis por fiscalizar a pesca em relação ao número de licenças a serem liberadas. A técnica é tão eficaz que seu uso ultrapassou os limites da ecologia, gerando estimativas acuradas para tudo, do número de dependentes químicos em uma população[2] ao número de mortos pela guerra em Kosovo.[3] Esse é o poder pragmático das ideias matemáticas simples. É o tipo de conceito que exploraremos ao longo deste livro e que uso diariamente no meu trabalho como biomatemático.

•

Quando digo às pessoas que sou um biomatemático, a reação costuma ser um meneio educado da cabeça acompanhado de um silêncio constrangido, como se eu estivesse prestes a perguntar se elas se lembram da equação do segundo grau ou do teorema de Pitágoras. Mais do que uma simples intimidação, as pessoas têm dificuldade para entender de que maneira uma matéria como a matemática — para elas, abstrata, pura e etérea — pode ter alguma relação com uma matéria como a biologia, geralmente considerada prática, imprevisível e pragmática. Essa aparente incompatibilidade costuma ser encontrada pela primeira vez na escola: se você gostava de ciências, mas não era tão bom em álgebra, era empurrado para as ciências biológicas. Se, como eu, gostava de ciências, mas não achava muito agradável cortar coisas mortas (certa vez, desmaiei no início de uma aula de dissecação quando entrei no laboratório e vi uma cabeça de peixe no meu espaço na bancada), era guiado para as ciências físicas. As duas não deveriam se misturar.

Isso aconteceu comigo. Abandonei a biologia no final do ensino superior e fiz os exames finais de matemática, matemática avançada, física e química. Quando entrei na universidade, tive que reduzir ainda mais o meu escopo, e fiquei triste ao ter que abrir mão da biologia, uma matéria que eu acreditava ter um potencial incrível para melhorar vidas. Estava muito animado com a possibilidade de mergulhar no mundo da matemática, mas não conseguia evitar o medo de escolher um curso que parecia ter pouquíssimas aplicações práticas. Eu não poderia estar mais errado. Enquanto me esforçava para avançar na matemática que aprendíamos na faculdade, memorizando a prova do teorema do valor intermediário ou a definição de um espaço vetorial, eu vivia para os cursos de matemática aplicada. Assistia a aulas em que demonstravam a matemática usada pelos engenheiros na construção de pontes para que elas não entrem em ressonância com o vento e caiam, ou no projeto de asas que garantem que os aviões não despenquem lá de cima. Aprendi a mecânica quântica que os físicos usam para entender eventos estranhos em escalas subatômicas e a teoria da relatividade especial que explora as curiosas consequências da invariância da velocidade da luz. Fiz cursos que explicavam como usar a matemática na química, nas finanças e na economia. Li sobre a aplicação da matemática nos esportes, para aumentar o desempenho dos nossos melhores atletas, e nos filmes, para criar imagens geradas por computador de cenas que não poderiam existir na realidade.

INTRODUÇÃO

Resumindo, aprendi que a matemática pode ser usada para descrever quase tudo.

No terceiro ano da faculdade, tive a sorte de fazer um curso de biomatemática. O professor era Philip Maini, um simpático professor de uns 40 anos nascido na Irlanda do Norte. Ele não só era uma figura proeminente na área (mais tarde, seria eleito membro da Royal Society), mas claramente amava a matéria, e seu entusiasmo contagiava os alunos no auditório onde lecionava.

Mais do que só biomatemática, Philip me ensinou que matemáticos são seres humanos com sentimentos, e não autômatos unidimensionais, como costumam ser retratados. Um matemático é mais do que, como disse o probabilista húngaro Alfréd Rényi, "uma máquina de transformar café em teoremas". Quando me sentei no escritório de Philip esperando o início da entrevista para uma vaga no PhD, vi emolduradas nas paredes as inúmeras cartas de rejeição para vagas de técnico que ele recebeu dos clubes da Premier League para os quais se candidatou por brincadeira. Acabamos falando mais sobre futebol do que sobre matemática. Crucialmente nesse ponto dos meus estudos acadêmicos, Philip me ajudou a me familiarizar novamente com a biologia. Durante o meu PhD sob sua supervisão, trabalhei em tudo, desde entender como os gafanhotos se reúnem em nuvens e como impedi-los de se agruparem a prever a complexa coreografia que é o desenvolvimento do embrião mamífero e as consequências devastadoras de quando as etapas saem de sincronia. Construí modelos para explicar como os ovos das aves obtêm seus belos padrões de pigmentação e escrevi algoritmos para acompanhar o movimento de bactérias livres em meio aquoso. Simulei a evasão de parasitas do nosso sistema imunológico e modelei a disseminação de doenças fatais em uma população. O trabalho iniciado durante o meu PhD foi a base para o resto da minha carreira. Continuo trabalhando nessas e em outras áreas fascinantes da biologia com meus próprios alunos de PhD na minha posição atual como professor associado sênior de Matemática Aplicada na Universidade de Bath.

•

Como matemático aplicado, vejo a matemática acima de tudo como uma ferramenta prática para o entendimento do nosso mundo complexo. A modelagem matemática pode nos dar uma vantagem em situações corriqueiras, e para isso não precisa envolver centenas de equações tediosas ou linhas de código de programação. A matemática, na sua forma mais fundamental, é baseada em padrões. Ao olhar para o mundo, você está construindo modelos para os padrões observados. Se identifica um tema nos ramos fractais de uma árvore ou na simetria hexagonal de um floco de neve, está vendo matemática. Quando você acompanha o ritmo de uma música com o pé ou quando a sua voz reverbera e ressoa enquanto canta no chuveiro, você está ouvindo matemática. Se dá um chute curvo e faz um gol no canto da rede ou pega uma bola de críquete em uma trajetória parabólica, está fazendo matemática. A cada nova experiência, cada informação sensorial, os modelos que você criou a partir do seu ambiente são refinados e reconfigurados, tornando-se cada vez mais detalhados e complexos. A construção de modelos matemáticos para capturar nossa intrincada realidade é a melhor maneira de entendermos as regras que governam nosso mundo.

Acredito que os modelos mais simples e mais importantes são as histórias e as analogias. A chave para exemplificar a influência oculta da matemática é demonstrar seus efeitos na vida das pessoas: dos extraordinários aos banais. Pelas lentes certas, podemos começar a revelar essas regras matemáticas ocultas nas nossas experiências comuns.

Os sete capítulos deste livro exploram histórias de momentos disruptivos reais em que a aplicação (certa ou errada) da matemática teve um papel crítico: pessoas com deficiências em decorrência de genes defeituosos e empreendedores falidos graças a algoritmos errados; inocentes que foram vítimas de erros da justiça e de falhas de software. Acompanharemos histórias de investidores que perderam fortunas e de pais que perderam filhos, tudo por causa de equívocos matemáticos. Analisaremos dilemas éticos, de exames de rastreamento médico a subterfúgios estatísticos, e ponderaremos sobre questões sociais pertinentes, como referendos políticos, prevenção de doenças, justiça criminal e inteligência artificial. Veremos neste livro como a

INTRODUÇÃO 15

matemática tem algo profundo ou relevante a dizer sobre todas essas questões e outras.

Em vez de apenas identificar os lugares onde a matemática pode aflorar, ao longo destas páginas vou armá-lo com regras e ferramentas matemáticas simples que podem ajudá-lo no dia a dia: desde pegar o melhor lugar no trem até manter a calma ao receber um resultado inesperado de um exame médico. Apresentarei formas simples de evitar cometer erros numéricos, e colocaremos a mão na massa com os jornais para entender os números por trás das manchetes. Também iremos nos aprofundar na matemática dos kits de teste de DNA e observá-la em ação ao destacarmos as medidas a serem tomadas para ajudar a interromper a disseminação de uma doença fatal.

Como espero que você já tenha entendido, este livro não é sobre matemática. Nem um livro para matemáticos. Você não encontrará nenhuma equação nele. Seu objetivo não é reacender memórias daquelas lições escolares de matemática de que você provavelmente desistiu há muitos anos. Pelo contrário. Se você já se sentiu desencorajado por achar que não é bom em matemática ou que não pode aplicá-la à vida real, considere este livro um grito de liberdade.

Acredito genuinamente que a matemática é para todo mundo, e que todos podemos apreciar sua beleza no coração dos fenômenos complexos que vivemos diariamente. Como veremos nos próximos capítulos, a matemática são os alarmes falsos que disparam em nossas mentes e a falsa confiança que nos ajuda a dormir à noite; as histórias e os memes disseminados nas mídias sociais. A matemática são as brechas na lei e a agulha usada para costurá-las; a tecnologia que salva vidas e os erros que as colocam em risco; o surto de uma doença fatal e as estratégias para controlá-lo. É a maior esperança que temos de responder às questões mais fundamentais dos enigmas do cosmo e dos mistérios da nossa espécie. Ela nos conduz nos vários caminhos da nossa vida e aguarda, logo atrás do véu, para nos encarar olho no olho no nosso último suspiro.

1

PENSANDO EXPONENCIALMENTE:

Explorando o fantástico poder e os limites
reais do comportamento exponencial

Darren Caddick é instrutor de direção em Caldicot, uma cidade pequena no sul do País de Gales. Em 2009, foi procurado por um amigo com uma oferta lucrativa. Se contribuísse com apenas 3 mil libras para um sindicato local de investimentos e recrutasse mais duas pessoas para fazer o mesmo, ele teria um retorno de 23 mil libras no curto período de duas semanas. A princípio, achando que era bom demais para ser verdade, Caddick resistiu à tentação. No final das contas, porém, seus amigos o convenceram de que "ninguém sairia perdendo, pois o esquema só cresceria", então ele decidiu entrar. Ele perdeu tudo, e passados dez anos continua sofrendo as consequências.

Sem saber, Caddick entrara na base de uma pirâmide financeira que não podia simplesmente "continuar crescendo". Iniciado em 2008, o esquema "Give and Take" [dar e receber] ficou sem novos investidores em menos de um ano e desabou, mas antes sugou 21 milhões de libras de mais de 10 mil investidores de todo o Reino Unido, 90%

dos quais perderam seu investimento inicial de 3 mil libras. Fundos de investimento que dependem do recrutamento de cada vez mais investidores pelos que já compõem o esquema para cumprir com os pagamentos estão fadados ao fracasso. O número de novos investidores necessários a cada nível aumenta proporcionalmente ao número de participantes do esquema. Após quinze rodadas de recrutamento, esse tipo de pirâmide financeira contaria com mais de 10 mil pessoas. Embora pareça um número grande, ele foi facilmente alcançado pelo Give and Take. Bastariam mais quinze rodadas, contudo, e uma em cada sete pessoas do planeta precisaria investir para garantir a manutenção do esquema. Esse fenômeno de crescimento rápido, que levou ao inevitável esgotamento de novos recrutas e ao colapso do projeto, é conhecido como crescimento exponencial.

Não adianta chorar pelo leite derramado

Algo cresce exponencialmente quando aumenta proporcionalmente ao seu tamanho atual. Imagine que, ao abrir uma garrafa de leite de manhã, uma única célula da bactéria *Streptococcus faecalis* entre na garrafa antes de você fechá-la. A *Strep f.* é uma das bactérias que fazem o leite azedar e coalhar, mas uma célula não é um grande problema, certo?[1] Talvez, seja mais preocupante quando você descobrir que no leite as células da *Strep f.* podem se dividir para produzir duas outras de hora em hora.[2] A cada geração, o número de células aumenta proporcionalmente ao número atual — ou seja, exponencialmente.

A curva que descreve o crescimento exponencial lembra uma rampa do tipo quarter, usada por esqueitistas e ciclistas. No início, o gradiente da rampa é muito baixo — a curva é muito rasa e ganha altura gradualmente (como pode ser visto na primeira curva da Figura 2).

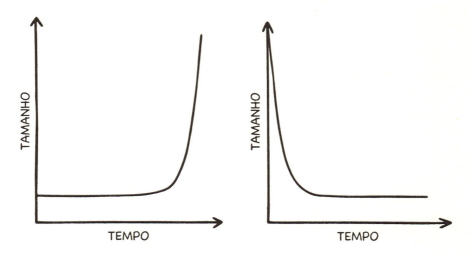

Figura 2: Curvas J do crescimento exponencial (esquerda) e do decaimento exponencial (direita).

Depois de duas horas, há quatro células da *Strep f.* no seu leite, e depois de quatro horas ainda há apenas dezesseis, o que não parece muito grave. Como acontece com a rampa do tipo quarter, contudo, a altura e a inclinação da curva exponencial aumentam rapidamente. Quantidades que crescem exponencialmente no início parecem crescer devagar, mas decolam muito rápida e inesperadamente. Se as células da *Strep f.* continuarem crescendo exponencialmente no seu leite por 48 horas, quando você se servir de outra porção de cereal com leite pode haver quase mil trilhões de células na garrafa — o suficiente para fazer até o seu sangue coalhar, que dirá o leite. A essa altura, o número de células seria 40 mil vezes maior do que o número de habitantes do planeta. Curvas exponenciais às vezes são chamadas de "curva J", uma vez que são quase idênticas à curva íngreme da letra J. Evidentemente, à medida que as bactérias consomem os nutrientes do leite e alteram seu pH, as condições de crescimento se deterioram, e o crescimento exponencial só pode ser mantido por um período de tempo relativamente curto. Em quase qualquer cenário do mundo real, o crescimento exponencial de longo prazo é insustentável, e em muitos casos patológico, pois o que cresce consome recursos de maneira inviável. Um crescimento exponencial prolongado de células no corpo, por exemplo, é um típico sinal de câncer.

Outro exemplo de uma curva exponencial é um tobogã de queda livre, assim chamado porque é tão íngreme no início que quem desce tem a sensação de queda livre. Ao escorregarmos, estamos descendo numa curva de *decaimento*, e não de *crescimento* exponencial (você pode ver um exemplo desse tipo de gráfico na segunda imagem da Figura 2). O decaimento exponencial ocorre quando uma quantidade *cai* proporcionalmente ao seu tamanho atual. Imagine-se abrindo um saco gigante de M&Ms, derramando-os na mesa e comendo todos os que caírem com o M para cima. Coloque o resto no saco para amanhã. No dia seguinte, agite o saco e derrame mais M&Ms. Novamente, coma os que caírem com o M para cima e coloque o resto no saco. Cada vez que derramar os M&Ms, você comerá por volta da metade dos que restarem, não importa com que número tenha começado. O número dos M&Ms diminui proporcionalmente ao número restante no saco, o que leva ao seu decaimento exponencial. Do mesmo modo, o tobogã exponencial começa muito alto e quase vertical, de modo que a altitude de quem desce diminui muito rápido; quando temos um grande número de doces, o número que podemos comer também é grande. Mas a curva vai gradualmente se tornando menos íngreme, até ficar quase horizontal ao se aproximar do fim do tobogã; quanto menos M&Ms restarem, menos comeremos a cada dia. Embora o pouso de um M&M com o M para cima ou para baixo seja aleatório e imprevisível, a curva previsível em forma de tobogã do decaimento exponencial fica clara nos números de doces que vão restando.

Neste capítulo, revelaremos as conexões ocultas entre o compor tamento exponencial e fenômenos corriqueiros: a disseminação de uma doença em uma população ou de um meme na internet; o rápido crescimento de um embrião ou a lentíssima multiplicação do dinheiro nas nossas contas bancárias; o modo como percebemos a passagem do tempo e até a explosão de uma bomba nuclear. Ao avançarmos, destrincharemos a tragédia da pirâmide financeira Give and Take. As histórias das pessoas cujo dinheiro foi engolido pelo esquema ilustram como é importante conseguir pensar exponencialmente, o que nos ajuda a antecipar o ritmo às vezes surpreendente da mudança no mundo moderno.

Um assunto de grande interesse

Nas raríssimas ocasiões em que consigo fazer um depósito na minha conta bancária, encontro consolo no fato de que, por menor que seja, a quantia sempre crescerá exponencialmente. Em uma conta bancária não há limites para o crescimento exponencial, pelo menos no papel. Contanto que os juros sejam compostos (isto é, quando os juros rendem tanto sobre o valor quanto sobre eles mesmos), a quantia total na conta aumenta proporcionalmente ao seu tamanho atual — o que caracteriza o crescimento exponencial. Como disse Benjamin Franklin: "Dinheiro faz dinheiro, e o dinheiro que o dinheiro faz, faz mais dinheiro." Se você pudesse esperar tempo suficiente, até o menor investimento viraria uma fortuna. Mas não se empolgue e comprometa a sua reserva de emergência. Se você investisse 100 libras com a taxa de 1% ao ano, levaria mais de novecentos anos para que você se tornasse um milionário. Embora o crescimento exponencial costume ser associado a aumentos rápidos, se a taxa de crescimento e o investimento inicial forem pequenos, ele pode ser muito lento.

O aspecto importante é que, como lhe cobram uma taxa fixa de juros sobre a quantia devida (e com frequência uma taxa alta), a dívida do cartão de crédito também pode crescer exponencialmente. Como no caso das hipotecas, quanto antes pagar seus cartões de crédito e quanto maior for o pagamento, menos pagará no total, pois o crescimento exponencial não tem chance de decolar.

•

O pagamento de hipotecas e outras dívidas foi uma das principais razões citadas pelas vítimas do esquema Give and Take para se associarem ao esquema. A tentação do dinheiro rápido e fácil para reduzir pressões financeiras foi muito grande para que muitos resistissem, apesar da suspeita de que havia algo errado. Como Caddick confessa: "O velho ditado de que 'se algo parece bom demais para ser verdade é porque, provavelmente, não é' se aplica aqui."

Quem começou o esquema foram as pensionistas Laura Fox e Carol Chalmers, amigas desde a época da escola católica que frequentaram juntas. Pilares da comunidade local — uma, vice-presidente do Rotary Club, a outra, uma avozinha respeitada —, elas sabiam exatamente o que estavam fazendo quando montaram o esquema de investimento fraudulento. O Give and Take foi projetado com inteligência para atrair investidores em potencial e ao mesmo tempo esconder as armadilhas. Ao contrário da tradicional pirâmide financeira de dois níveis, em que quem está no topo da cadeia recebe dinheiro diretamente dos investidores que recrutou, o Give and Take operava como um "avião" em quatro níveis. Nesse esquema de avião, o ocupante do topo da cadeia é conhecido como "piloto". O piloto recruta dois "copilotos", cada um dos quais recruta dois "tripulantes", que, por fim, recrutam cada um dois "passageiros". No esquema de Fox e Chalmers, quando a hierarquia de quinze integrantes estava completa, os oito passageiros pagaram suas 3 mil libras aos organizadores, que passaram o considerável montante de 23 mil libras em pagamento para o investidor inicial, com mil libras removidas do topo. Parte do dinheiro foi doada à caridade, e as cartas de agradecimento de instituições como a NSPCC só serviram para dar credibilidade ao esquema. Parte foi mantida pelos organizadores para garantir que o esquema continuasse operando sem dificuldades.

Depois de receber seu pagamento, o piloto sai do esquema e os dois copilotos são promovidos a pilotos, aguardando o recrutamento de oito novos passageiros na base de suas árvores. Os esquemas de avião são particularmente sedutores para investidores, pois os novos participantes só precisam recrutar duas outras pessoas para multiplicar seu investimento por oito (embora, é claro, essas duas precisem recrutar mais, e assim por diante). Outros esquemas mais simples requerem

PENSANDO EXPONENCIALMENTE

muito mais esforço em recrutamento por indivíduo para os mesmos retornos. Por causa da estrutura íngreme de quatro níveis do Give and Take, os membros da tripulação nunca recebiam dinheiro diretamente dos passageiros que recrutavam. Como existe grande probabilidade de os novos recrutas serem amigos e familiares de tripulantes, isso garante que o dinheiro nunca seja passado diretamente entre conhecidos. Graças a essa separação entre os passageiros e os pilotos, cujos pagamentos os primeiros financiam, o recrutamento torna-se mais fácil, e as represálias, menos prováveis. Assim, temos uma oportunidade de investimento mais atraente, que facilita o engajamento de milhares de investidores.

Além disso, muitos investidores da pirâmide financeira Give and Take ganhavam confiança para investir graças a histórias de pagamentos anteriores bem-sucedidos, e em alguns casos até testemunhavam esses pagamentos em primeira mão. As organizadoras do esquema, Fox e Chalmers, não poupavam nas festas particulares que organizavam no hotel Somerset, propriedade de Chalmers. Os panfletos distribuídos nas festas incluíam fotos de membros do esquema esparramados em camas cobertas de dinheiro ou acenando com notas de cinquenta para a câmera. As organizadoras também convidavam para todas essas festas algumas das "noivas" do esquema — a maioria mulheres, eram as pessoas que alcançavam a posição de piloto da sua pirâmide e estavam prestes a receber seu pagamento. As noivas respondiam a uma série de quatro perguntas simples, como "Que parte do Pinóquio cresce quando ele mente?" diante de uma plateia de entre duzentos e trezentos investidores em potencial.

O objetivo desse "quiz" no esquema era explorar uma brecha na lei, que Fox e Chalmers acreditavam permitir esses investimentos se houvesse um elemento de "habilidade" envolvido. Num vídeo feito com um celular de um desses eventos, Fox pode ser ouvida gritando: "Estamos apostando em nossas próprias casas, o que é permitido por lei." Ela estava errada. Miles Bennet, advogado da promotoria no caso, explicou: "O quiz era tão fácil que todos na posição de pagamento receberam o dinheiro. Eles podiam até pedir ajuda nas perguntas a um amigo ou membro do comitê, que sabia as respostas!" Isso não impediu Fox e Chalmers de usarem essas festas de distribuição de prêmios como inóculos em sua campanha de marketing de baixa tecnologia. Depois de verem as noivas receberem cheques de 23 mil libras, muitos dos convidados investiam e encorajavam amigos e familiares a fazerem o mesmo, formando a pirâmide sob si. Contanto que cada novo investidor passasse o bastão para outros dois ou mais, o esquema continuaria operando indefinidamente. Quando Fox e Chalmers o iniciaram na primavera de 2008, eram os únicos pilotos. Ao recrutarem amigos para investir e para ajudar a organizar o esquema, a dupla rapidamente trouxe mais quatro pessoas a bordo. Essas quatro recrutaram mais oito, e depois, mais dezesseis, e assim por diante. Esse crescimento exponencial dos números de novos recrutas no esquema imita rigorosamente o crescimento do número das células em um embrião.

O embrião exponencial

Quando minha esposa engravidou do nosso primeiro bebê, como muitos pais de primeira viagem ficamos obcecados tentando descobrir o que estava acontecendo dentro dela. Tomamos um monitor cardíaco fetal emprestado para ouvir os batimentos do nosso bebê; nos inscrevemos em ensaios clínicos para fazer mais ressonâncias magnéticas; e lemos vários artigos na internet descrevendo o que estava acontecendo com nossa filha enquanto ela crescia e deixava minha mulher enjoada diariamente. Entre os nossos "favoritos" estavam os sites do tipo "De que tamanho está o seu bebê", que a cada semana de gestação comparam o tamanho do seu filho a uma fruta, verdura ou qualquer outra comida de tamanho semelhante. Eles descrevem os fetos de pais ansiosos com expressões como "Com cerca de 45g e 9 centímetros de altura, seu anjinho está mais ou menos do tamanho de um limão" ou "Seu precioso nabinho agora pesa uns 142g e tem aproximadamente 13 centímetros da cabeça aos pés".

O que realmente me impressionou nas comparações desses sites foi como o tamanho aumentava rápido em uma semana. Na quarta, seu bebê tem mais ou menos o tamanho de uma semente de papoula, mas na quinta já é uma semente de gergelim! Isso representa um aumento de volume de cerca de dezesseis vezes em uma semana.

Talvez, contudo, esse rápido crescimento não devesse ser tão surpreendente. Quando um óvulo é fecundado por um espermatozoide, o zigoto resultante passa por rodadas sequenciais de divisão celular, ou "clivagem", que permitem que o número de células do embrião em desenvolvimento aumente rápido. Primeiro, ele se divide em dois. Oito horas depois, esses dois se dividem em quatro, e, após mais oito horas, os quatro se transformam em oito, que logo se transformam em dezesseis — do mesmo modo que ocorre ao número de novos investidores a cada nível da pirâmide financeira. As divisões subsequentes ocorrem quase de forma síncrona a cada oito horas. Assim, o número de células aumenta proporcionalmente à quantidade de células que formam o embrião em um dado momento: quanto mais células existem, mais novas células serão criadas na próxima divisão. Nesse caso, como cada célula gera exatamente uma filha a cada divisão, o número de células no embrião aumenta por um fator de dois; em outras palavras, o tamanho do embrião dobra a cada geração.

Durante a gestação humana, o período em que o embrião cresce exponencialmente por sorte é relativamente curto. Se ele continuasse crescendo no mesmo ritmo exponencial durante toda a gravidez, as 840 divisões celulares síncronas resultariam em um superbebê de mais ou menos 10^{253} células. Para dar uma ideia melhor, se cada átomo no universo fosse uma cópia desse mesmo universo, o número de células do superbebê seria mais ou menos equivalente ao número total de átomos de todos esses universos. Naturalmente, a velocidade da divisão celular diminui à medida que eventos mais complexos na vida do embrião são coreografados. Na realidade, o número de células do recém-nascido é, em geral, de aproximadamente modestos 2 trilhões. Esse número de células poderia ser alcançado em menos de 41 eventos de divisão síncrona.

O destruidor de mundos

O crescimento exponencial é vital para a rápida expansão do número necessário de células para a criação de uma nova vida. Entretanto, foi também o poder incrível e aterrorizante do crescimento exponencial que levou o físico nuclear J. Robert Oppenheimer a proclamar: "Agora, eu me tornei a Morte, o destruidor de mundos." Esse crescimento não era o de células, tampouco de organismos individuais, mas da energia criada pela divisão de núcleos atômicos.

Durante a Segunda Guerra Mundial, Oppenheimer era o chefe do Laboratório Nacional de Los Alamos, onde o Projeto Manhattan — para o desenvolvimento da bomba atômica — era sediado. A divisão do núcleo (prótons e nêutrons unidos por ligações fortes) de um átomo pesado em partes constituintes menores foi descoberta por químicos alemães em 1938. Foi chamada "fissão nuclear" em uma referência à "fissão binária", ou a divisão de uma célula viva em duas que ocorre no desenvolvimento do embrião. Descobriu-se que a fissão ocorria naturalmente, com o decaimento radioativo de isótopos instáveis, ou podia ser induzida artificialmente bombardeando-se o núcleo de um átomo com partículas subatômicas numa "reação nuclear". Nos dois casos, a divisão do núcleo em dois menores, ou produtos da fissão, acontecia ao mesmo tempo que a liberação de grandes quantidades de energia na forma de radiação eletromagnética, assim como a energia associada ao movimento dos produtos da fissão. Logo se percebeu que esses produtos em movimento da fissão, criados por uma primeira reação nuclear, poderiam ser usados para causar impacto em outros núcleos, dividindo mais átomos e liberando ainda mais energia em uma "reação nuclear em cadeia". Se cada fissão nuclear produzisse, em média, mais de um produto que pudesse ser usado para dividir outros átomos, em tese cada fissão podia desencadear múltiplos outros eventos de divisão. Dando continuidade a esse processo, o número de eventos de reação aumentaria exponencialmente, produzindo energia numa escala sem precedentes. Se fosse encontrado um material que permitisse essa reação nuclear em cadeia ainda não explorada,

PENSANDO EXPONENCIALMENTE

o aumento exponencial da energia emitida na curta escala de tempo das reações teria o potencial para permitir que esse material *físsil* fosse usado como arma. Em abril de 1939, às vésperas do início da guerra na Europa, o físico francês Frédéric Joliot-Curie (genro de Marie e Pierre, e também laureado pelo Prêmio Nobel em colaboração com Irène Joliot-Curie, sua esposa) fez uma descoberta crucial. Ele publicou no periódico *Nature* evidências de que, com a fissão causada por um único nêutron, átomos do isótopo do urânio, o U^{235}, emitiam em média 3,5 (revisões posteriores reduziram esse número para 2,5) nêutrons de energia elevada.[3] Esse era precisamente o material necessário para iniciar a cadeia de crescimento exponencial de reações nucleares. Era dada a largada para a "corrida pela bomba". Com o ganhador do Prêmio Nobel Werner Heisenberg e outros físicos alemães respeitados trabalhando no projeto paralelo nazista da bomba, Oppenheimer sabia que tinha um grande desafio em Los Alamos. O passo seguinte seria criar condições que facilitassem uma reação nuclear em cadeia de crescimento exponencial para permitir a liberação quase instantânea das grandes doses de energia necessárias para uma bomba atômica. A fim de produzir essa reação em cadeia autossustentável e suficientemente rápida, ele precisava garantir que uma quantidade considerável de nêutrons emitidos por um átomo do U^{235} fissurado fossem reabsorvidos pelos núcleos de outros átomos do U^{235}, fazendo-os, por sua vez, se dividirem. Ele descobriu que, no urânio naturalmente presente na natureza, grande parte dos nêutrons emitidos são absorvidos pelos átomos do U^{238} (o outro isótopo, que representa 99,3% do urânio naturalmente presente na natureza),[4] o que significa que qualquer reação em cadeia morre exponencialmente em vez de crescer. Para produzir uma reação em cadeia de crescimento exponencial, Oppenheimer precisava refinar o extremamente puro U^{235} com a remoção do máximo possível de U^{238} do minério de urânio.

Essas considerações deram origem à ideia da chamada *massa crítica* do material físsil. A massa crítica de urânio é a quantidade de massa necessária para gerar uma reação nuclear em cadeia autossustentável. Ela depende de uma variedade de fatores. Talvez, o mais crucial seja a pureza do U^{235}. Mesmo com 20% de U^{235} (isso comparado aos 0,7% naturalmente presentes), a massa crítica ainda está acima de 400 kg, tornando um alto grau de pureza essencial para uma bomba viável. Mesmo depois de ter refinado um urânio suficientemente puro para alcançar a massa supercrítica, restou a Oppenheimer o desafio do lançamento da bomba. Era óbvio que ele não podia simplesmente colocar uma massa crítica de urânio em uma bomba e esperar que ela não explodisse. Um único decaimento natural do material iniciaria a reação em cadeia e promoveria a explosão exponencial.

Com o espectro dos desenvolvedores nazistas de bombas constantemente à espreita, Oppenheimer e sua equipe chegaram às pressas a uma ideia para o lançamento da bomba atômica. O método do "tipo balístico" envolvia o disparo de uma massa subcrítica de urânio em outra, usando explosivos convencionais, para criar uma única massa supercrítica. A reação em cadeia seria, então, iniciada por um evento espontâneo de fissão emitindo os nêutrons iniciais. A separação das duas massas subcríticas garantia que a bomba não fosse detonada até a hora certa. Os elevados níveis de enriquecimento de urânio alcançados (por volta de 80%) significavam que só entre 20 kg e 25 kg eram necessários para alcançar a massa crítica. Mas Oppenheimer não podia arriscar o fracasso de seu projeto cedendo a vantagem aos rivais alemães, então insistiu em quantidades muito maiores.

Quando o urânio suficientemente puro foi conseguido, a guerra na Europa já havia acabado. No entanto, a guerra na região do Pacífico continuava, com o Japão parecendo pouco inclinado a se render, apesar das significativas desvantagens militares. Compreendendo que uma invasão por terra do Japão significaria um grande aumento do número já elevado de baixas americanas, o general Leslie Groves, diretor do Projeto Manhattan, autorizou o uso da bomba atômica no Japão assim que as condições climáticas permitissem.

Após muitos dias de clima ruim causado pelos efeitos de um tufão, no dia 6 de agosto de 1945 o sol apareceu no céu azul de Hiroshima. Às 7h09 da manhã, um avião americano foi avistado no céu da cidade,

PENSANDO EXPONENCIALMENTE   **29**

e o alerta de ataque aéreo soou por toda Hiroshima. Akiko Takakura, de 17 anos, havia recentemente conseguido um emprego como caixa de banco. A caminho do trabalho, quando as sirenes soaram, ela se refugiou com outras pessoas que iam trabalhar nos abrigos antiaéreos públicos estrategicamente posicionados por toda a cidade.

Alertas de ataque aéreo não eram uma experiência incomum em Hiroshima, uma vez que a cidade era uma base militar estratégica, abrigando os quartéis do Segundo Exército Geral do Japão. Até então, contudo, Hiroshima fora consideravelmente poupada dos bombardeios que atingiam frequentemente tantas outras cidades japonesas. Mal sabiam Akiko e os outros cidadãos que se dirigiam ao trabalho, mas Hiroshima estava sendo apenas aparentemente preservada a fim de que os americanos pudessem avaliar toda a escala de destruição da sua nova arma.

Às 7h30, o sinal indicando o fim do perigo foi acionado. O B-29 que sobrevoava a cidade não passava de um avião meteorológico. Quando Akiko saiu do abrigo antiaéreo com várias outras pessoas, respirou aliviada: não haveria ataques aéreos naquela manhã.

O que Akiko e os outros cidadãos de Hiroshima não sabiam era que, enquanto continuavam suas jornadas com destino ao trabalho, o B-29 mandava uma mensagem por rádio para o *Enola Gay* — o avião carregando a bomba de fissão do tipo balístico conhecida como "Little Boy". Enquanto crianças iam para a escola e trabalhadores davam continuidade às suas rotinas diárias, dirigindo-se a escritórios e fábricas, Akiko chegou ao banco onde trabalhava, no centro de Hiroshima. Mulheres que trabalhavam como caixas deviam chegar 30 minutos antes dos homens para deixar os escritórios limpos antes do início do dia de trabalho, de modo que, às 8h10, Akiko já estava concentrada no trabalho dentro do prédio quase deserto.

Às 8h14, o retículo do alvo da ponte Aioi, em forma de T, entrou no campo de visão do coronel Paul Tibbets, que pilotava o *Enola Gay*. Os 4.400 quilogramas de Little Boy foram lançados e iniciaram a descida de 9,5 km com destino a Hiroshima. Após passar cerca de 45 minutos em queda livre, a bomba foi acionada a cerca de 1,5 km de altitude em relação ao solo. Uma massa subcrítica de urânio foi disparada em outra, criando uma massa supercrítica pronta para explodir. Quase instantaneamente, a fissão espontânea de um átomo liberou nêutrons, pelo menos um dos quais foi absorvido por um átomo de U^{235}. Esse átomo, por sua vez, sofreu uma fissão e liberou mais nêutrons, estes absorvidos por mais átomos. O processo acelerou rapidamente, levando a uma reação em cadeia de crescimento exponencial e à liberação simultânea de imensas quantidades de energia.

Enquanto limpava as mesas de trabalho dos homens que ainda não tinham chegado, Akiko olhou pela janela e viu um flash muito claro, como uma faixa de magnésio em combustão. O que ela não sabia era que o crescimento exponencial permitira a liberação instantânea de uma energia equivalente a 30 milhões de bastões de dinamite pela bomba, cuja temperatura aumentou para vários milhões de graus, mais quente do que a superfície solar. Um décimo de segundo depois, a radiação ionizante atingiu o solo, causando danos radiológicos devastadores às criaturas expostas. Mais um segundo, e uma bola de fogo de 300 metros de diâmetro e temperatura de mil graus Celsius inflou sobre a cidade. Testemunhas oculares descrevem um segundo nascer do sol naquele dia em Hiroshima. A onda de choque, viajando à velocidade do som, derreteu prédios em toda a cidade, lançando Akiko para o outro lado da sala e deixando-a inconsciente. A radiação infravermelha queimou peles expostas num raio de milhas em todas as direções. As pessoas em solo que estavam perto do hipocentro da bomba foram instantaneamente vaporizadas ou reduzidas a cinzas.

Akiko foi protegida do pior do choque da bomba pelo sistema antiterremoto do prédio do banco. Quando recobrou a consciência, ela saiu cambaleando para a rua e descobriu que o céu azul-claro daquela manhã havia desaparecido. O segundo sol de Hiroshima pusera-se quase tão rápido quanto havia nascido. As ruas estavam escuras e cobertas de poeira e fumaça. Havia corpos caídos até onde os olhos alcançavam. A apenas 260 metros, Akiko foi uma das pessoas mais próximas ao hipocentro que sobreviveram ao terrível choque exponencial.

PENSANDO EXPONENCIALMENTE

Estima-se que a bomba em si e os incêndios resultantes que se espalharam pela cidade mataram por volta de 70 mil pessoas, das quais 50 mil eram civis. A maioria dos prédios da cidade também foi completamente destruída. As fantasias proféticas de Oppenheimer haviam se realizado. As justificativas no contexto do final da Segunda Guerra Mundial para os bombardeios tanto de Hiroshima quanto de Nagasaki, três dias depois, são debatidas até hoje.

A opção nuclear

Sem entrar na discussão moral sobre a bomba atômica, uma compreensão mais profunda das reações em cadeia exponenciais causadas pela fissão nuclear desenvolvida como parte do Projeto Manhattan nos deu a tecnologia necessária para gerar energia limpa, segura e livre de carbono através da energia nuclear. Um quilograma de urânio pode liberar por volta de 3 milhões de vezes mais energia do que a queima da mesma quantidade de carvão.[5] Apesar das evidências do contrário, a energia nuclear sofre de uma má reputação em termos de segurança e de impacto ambiental. Em parte, o culpado é o crescimento exponencial.

Na noite de 25 de abril de 1986, Alexander Akimov bateu o ponto para o turno da noite na usina onde era supervisor de turnos. Uma experiência projetada para testar o comportamento sob estresse do sistema de bombas de resfriamento seria iniciada em duas horas. Ao dar início à experiência, ele talvez tenha pensado na sorte que tinha — num período em que a União Soviética desmoronava e 20% de seus cidadãos viviam na pobreza — por ter um emprego estável na usina nuclear de Chernobyl.

Por volta das 11 horas da noite, a fim de reduzir a produção de energia para cerca de 20% da capacidade operacional normal, visando os propósitos do teste, Akimov inseriu remotamente algumas hastes de controle entre as hastes de combustível de urânio no núcleo do reator. Hastes de controle atuam absorvendo parte dos nêutrons liberados por uma fissão atômica, de modo a não permitir que causem a separação de muitos outros átomos. Isso coloca um freio no rápido crescimento da reação em cadeia que, no caso de uma bomba, pode sair exponencialmente de controle. No entanto, Akimov acidentalmente inseriu hastes demais, causando uma redução muito grande na produção de energia da usina. Ele sabia que isso causaria um envenenamento do reator — a criação de material que, como as hastes de controle, desaceleraria mais o reator e reduziria a temperatura, aumentando o envenenamento e o resfriamento em um círculo vicioso. Em pânico, ele desativou os sistemas de segurança, colocando mais de 90% das hastes de controle sob supervisão manual e removendo-as do núcleo a fim de evitar o desligamento total do reator.

Enquanto observava as agulhas indicadoras dos medidores subindo à medida que a produção de energia aumentava lentamente, os batimentos cardíacos de Akimov foram aos poucos voltando ao normal. Depois de evitar a crise, ele passou para a etapa seguinte do teste, desligando as bombas. O que Akimov não sabia era que os sistemas de apoio não estavam bombeando a água que promovia o resfriamento tão rápido quanto deveria. Embora a princípio isso não pudesse ser detectado, a água do resfriamento evaporou, comprometendo a absorção dos nêutrons e a redução do calor no núcleo. O aumento na produção de calor e energia fez mais água evaporar rapidamente, levando à produção de ainda mais energia: outro círculo vicioso ainda mais mortal. As poucas hastes de controle que restaram fora da supervisão manual de Akimov foram automaticamente reinseridas para conter a geração de calor, mas não foram suficientes. Ao perceber que a produção de energia estava aumentando rápido demais, Akimov apertou o botão de desligamento de emergência que deveria inserir todas as hastes de controle e desligar o núcleo, mas era tarde demais. Quando as hastes entraram no reator, elas causaram um pico breve, mas significativo na geração de energia, promovendo o superaquecimento do núcleo, danificando algumas das barras de combustível e bloqueando a inserção das hastes de controle. Com o aumento exponencial da

PENSANDO EXPONENCIALMENTE   33

energia térmica, a produção de energia aumentou para mais de dez vezes o nível operacional normal. A água de resfriamento logo evaporou, provocando duas explosões de pressão maciças, destruindo o núcleo e espalhando o material físsil radioativo por um enorme raio de alcance.

Recusando-se a acreditar nos relatórios da explosão do núcleo, Akimov transmitiu informações falsas sobre o estado do reator, atrasando um trabalho vital de contenção. Quando, enfim, percebeu a gravidade da destruição, ele trabalhou sem proteção com sua equipe na tentativa de bombear água para o interior do reator danificado. Enquanto trabalhavam, os membros da equipe receberam 200 grays por hora. Uma dose fatal típica fica em torno de 10 grays, o que significa que os trabalhadores desprotegidos receberam doses fatais em menos de cinco minutos. Akimov morreu duas semanas depois do acidente de síndrome aguda da radiação.

O número oficial soviético de mortes no desastre de Chernobyl foi de apenas 31, embora algumas estimativas, incluindo indivíduos envolvidos na limpeza de grande escala, sejam significativamente mais altas. Isso para não mencionar as mortes fora da vizinhança imediata da usina, causadas pela dispersão de material radioativo. Um incêndio iniciado no núcleo danificado do reator só foi contido nove dias depois. O fogo lançou na atmosfera centenas de vezes mais material radioativo do que fora lançado durante o bombardeio de Hiroshima, gerando consequências ambientais em quase toda a Europa.[6]

No final de semana de 2 de maio de 1986, por exemplo, uma forte chuva fora de época castigou a região montanhosa do Reino Unido. As gotas da chuva continham produtos radioativos da cinza nuclear da explosão — estrôncio-90, césio-137 e iodo-131. No total, cerca de 1% da radiação liberada do reator de Chernobyl caiu no Reino Unido. Esses radioisótopos foram absorvidos pelo solo, incorporados pela grama e depois comidos pelas ovelhas que pastavam na região. O resultado: carne radioativa.

O Ministério da Agricultura imediatamente lançou restrições sobre a venda e o transporte de ovelhas nas áreas afetadas, com implicações para quase 9 mil fazendas e mais de 4 milhões de ovelhas. Para o criador de Lake District, David Elwood, foi difícil acreditar no que estava acontecendo. A nuvem contendo os radioisótopos invisíveis, quase indetectáveis, deixou uma nuvem pesada sobre sua vida. Sempre que queria vender ovelhas, ele precisava isolá-las e chamar um inspetor do governo para checar seus níveis de radiação. Sempre que os inspetores vinham, diziam que as restrições durariam apenas cerca de mais um ano. Elwood viveu debaixo dessa nuvem por mais de 25 anos, até as restrições serem finalmente suspensas em 2012.

Teria sido muito mais fácil o governo informar a Elwood e a outros fazendeiros quando os níveis de radiação estariam dentro de um patamar seguro para venderem ovelhas livremente. Os níveis de radiação são muito previsíveis graças ao fenômeno do *decaimento* exponencial.

A ciência da datação

O decaimento exponencial, em uma analogia direta ao crescimento exponencial, descreve qualquer quantidade que *diminui* a uma taxa proporcional ao seu valor atual — lembre-se da redução no número de M&Ms a cada dia e da curva do tobogã que descreve o declínio. O decaimento exponencial descreve fenômenos tão variados quanto a eliminação de drogas no corpo[7] e a taxa de redução do colarinho em uma tulipa de cerveja.[8] Particularmente, faz um trabalho excelente na descrição da taxa com que os níveis de radiação emitidos por substâncias radioativas diminuem ao longo do tempo.[9]

Átomos instáveis de materiais radioativos emitem energia espontaneamente na forma de radiação mesmo sem um gatilho externo, num processo conhecido como decaimento exponencial. No nível de um átomo individual, o processo de decaimento é aleatório — a teoria quântica sugere que é impossível prever quando um dado átomo decairá. Entretanto, no nível de um material contendo grandes números de átomos, a redução da radioatividade é um decaimento exponencial

PENSANDO EXPONENCIALMENTE

previsível. O número de átomos diminui proporcionalmente ao número restante. Cada átomo decai de modo independente dos outros. A taxa do decaimento pode ser caracterizada pela meia-vida de um material — o tempo que leva para metade dos átomos instáveis decaírem. Como o decaimento é exponencial, não importa quanto do material radioativo esteja presente no início, o tempo necessário para a redução pela metade da sua radioatividade sempre será o mesmo. Derramar M&Ms na mesa todos os dias e comer os que caírem com o M para cima leva a uma meia-vida de um dia — esperamos comer metade dos M&Ms sempre que os derramarmos do saco.

O fenômeno do decaimento exponencial dos átomos radioativos é a base da datação radiométrica, o método usado para datar materiais de acordo com seus níveis de radioatividade. Comparando a abundância de átomos radioativos à dos seus produtos de decaimento conhecidos, podemos, em tese, estabelecer a idade de qualquer material que emita radiação atômica. A datação radiométrica tem utilidades conhecidas, entre as quais a determinação da idade aproximada da Terra e de artefatos antigos, como os pergaminhos do Mar Morto.[10] Se você já se perguntou como é possível saber que o arqueópterix tem 150 milhões de anos[11] ou que Ötzi, o homem do gelo, morreu 5.300 anos atrás,[12] é muito provável que seja graças à datação radiométrica.

Recentemente, técnicas de aferição mais exatas facilitaram o uso da datação radiométrica na "arqueologia forense" — o uso do decaimento exponencial de radioisótopos (entre outras técnicas arqueológicas) na solução de crimes. Em novembro de 2017, a datação por radiocarbono foi usada para expor a fraude do uísque mais caro do mundo. Provou-se que a garrafa, rotulada como um Macallan malte único de 130 anos era um blend barato dos anos 1970, para a grande decepção do hotel suíço que vendia apenas uma dose dele por 10 mil dólares. Em dezembro de 2018, em uma investigação complementar, o mesmo laboratório descobriu que mais de um terço dos uísques escoceses "vintage" que eles testaram também eram falsificações. Contudo, talvez o uso mais notório da datação radiométrica seja o da verificação da idade de obras de arte antigas.

Antes da Segunda Guerra Mundial, sabia-se da existência de apenas 35 pinturas do velho mestre holandês Johannes Vermeer. Em 1937, uma nova obra notável foi descoberta na França. Enaltecida por críticos da arte como uma das melhores obras de Vermeer, a *Ceia em Emaús* foi rapidamente adquirida por um valor elevado para o Museu Boijmans Van Beuningen, em Roterdã. Nos anos seguintes, muitas outras obras até então desconhecidas de Vermeer apareceram. Elas foram rapidamente compradas por holandeses ricos, em parte na tentativa de evitar a perda de propriedades culturais importantes para os nazistas. Ainda assim, um desses Vermeers, *Cristo e a adúltera*, acabou nas mãos de Herman Göring, nomeado sucessor de Hitler.

Depois da guerra, quando o Vermeer perdido foi descoberto em uma salina austríaca junto com grande parte das obras roubadas pelos nazistas, uma grande busca foi conduzida para descobrir quem foi o responsável pela venda das pinturas. O Vermeer acabou sendo rastreado até Han van Meegeren, um artista fracassado cujas obras foram menosprezadas por muitos críticos de arte como imitações dos velhos mestres. Como seria de se esperar, logo após sua prisão, Van Meegeren tornou-se alvo do opróbrio do povo holandês. Ele não só era suspeito de ter vendido propriedade cultural holandesa para os nazistas — crime que podia ser punido por pena de morte —, como ganhara fortunas com as vendas e levara uma vida de luxo em Amsterdã durante a guerra, enquanto muitos dos residentes da cidade passavam fome. Em uma tentativa desesperada de se salvar, Van Meegeren afirmou que a pintura vendida a Göring não era um Vermeer legítimo, mas forjada por ele mesmo. Ele também confessou ter forjado os dois outros novos "Vermeers", bem como obras recém-descobertas de Frans Hals e Pieter de Hooch.

Uma comissão especial formada para investigar as falsificações pareceu confirmar as afirmações de Van Meegeren, em parte com base em uma nova falsificação, *Cristo entre os doutores*, que o fez pintar. Quando o julgamento de Van Meegeren teve início em

PENSANDO EXPONENCIALMENTE

1947, ele foi aclamado como herói nacional por ter enganado os críticos elitistas que tanto o ridicularizaram e convencido o alto comando nazista a comprar uma falsificação sem valor. Ele foi inocentado da acusação de colaboração com os nazistas e recebeu uma sentença de apenas um ano na prisão por falsificação e fraude, mas morreu de infarto antes mesmo de começar a cumpri-la. Apesar do veredito, muitos (especialmente quem comprou os "Vermeers de Van Meegeren") continuaram acreditando que as pinturas eram legítimas e contestando as descobertas.

Em 1967, a *Ceia em Emaús* foi reexaminada através da datação radiométrica com chumbo-210. Apesar de Van Meegeren ser meticuloso em suas falsificações, usando muitos dos materiais originalmente empregados por Vermeer, ele não podia controlar o método de criação desses materiais. Para dar autenticidade, ele usava telas genuínas do século XVII e misturava suas tintas seguindo as fórmulas originais, mas o chumbo usado na tinta branca havia sido recentemente extraído do minério. O chumbo naturalmente presente na natureza contém o isótopo radioativo chumbo-210 e sua espécie radioativa ancestral (a partir da qual o chumbo é criado pelo decaimento), o rádio-226. Quando o chumbo é extraído do minério, a maior parte do rádio-226 é removido, deixando apenas pequenas quantidades, o que significa que é criada uma quantidade relativamente pequena de chumbo-210 no material extraído. Comparando a concentração do chumbo-210 e do rádio-226 nas amostras, é possível datar a tinta de chumbo com exatidão com base no fato de que a radioatividade do chumbo-210 diminui exponencialmente com uma meia-vida conhecida. Na *Ceia em Emaús*, havia uma dose muito mais alta de chumbo-210 do que haveria em uma obra genuinamente pintada trezentos anos antes. Foi a prova definitiva de que as falsificações de Van Meegeren não poderiam ter sido pintadas por Vermeer no século XVII, visto que o chumbo usado por Van Meegeren ainda não havia sido extraído.[13]

Febre do balde de gelo

Se Van Meegeren estivesse vivo hoje, é provável que suas obras tivessem sido inseridas em um artigo caça-cliques espalhado pela internet com um título como "Nove pinturas que você não vai acreditar que não são legítimas". Falsificações modernas têm alcançado a exposição global com que sonham os marqueteiros do viral — a exemplo da foto montada do candidato multimilionário à Presidência dos Estados Unidos Mitt Romney posando com uma fila de apoiadores usando camisetas com as letras do seu nome para formar "RMONEY" [RDINHEIRO] em vez de "ROMNEY", e a montagem do "Tourist Guy" posando na Torre Sul do World Trade Center, aparentemente sem perceber o avião que se aproximava ao fundo.

No fenômeno do marketing viral, os objetivos de uma propaganda são alcançados por um processo de autorreplicação semelhante à disseminação de doenças virais (analisaremos mais detalhadamente no capítulo 7 a matemática por trás delas). Um indivíduo em uma rede infecta outros, que por sua vez infectam outros. Contanto que cada novo indivíduo infectado infecte pelo menos outro, a mensagem viral crescerá exponencialmente. O marketing viral é um subcampo da área conhecida como memética em que um "meme" — um estilo, comportamento, ou, crucialmente, uma ideia — se espalha entre as pessoas em uma rede social como um vírus. Richard Dawkins cunhou o termo "meme" em seu livro *O gene egoísta,* de 1976, para explicar como as informações culturais se espalham. Ele definiu memes como unidades de transmissão cultural. Em uma analogia aos genes, as unidades da transmissão hereditária, propôs que os memes podiam se autorreplicar e sofrer mutações. Os exemplos que deu de memes incluíam músicas, ditos populares e, em uma indicação maravilhosamente inocente da época em que escreveu o livro, métodos de fabricação de potes e construção de abóbadas. É claro que, em 1976, Dawkins ainda não conhecia a internet em sua forma atual, que permitiu a disseminação de memes antes inimagináveis (e, podemos argumentar, inúteis) como #thedress, Rickrolling e Lolcats.

PENSANDO EXPONENCIALMENTE

Um dos exemplos de mais sucesso, e talvez genuinamente orgânicos, de uma campanha de marketing viral foi o desafio do balde de gelo para a esclerose lateral amiotrófica (ELA). No verão de 2014, filmar-se derramando um balde de água gelada na cabeça e depois desafiando outros para fazerem o mesmo, enquanto possivelmente fazia uma doação para a caridade, era a onda do momento no hemisfério norte. Até eu peguei o vírus.

Aderindo ao formato clássico do desafio do balde de gelo, depois de completamente encharcado, desafiei no meu vídeo outras duas pessoas, que marquei quando o publiquei nas redes sociais. Como ocorre com os nêutrons em um reator nuclear, contanto que, em média, pelo menos uma pessoa aceite o desafio para cada vídeo postado, o meme se torna autossustentável e leva a uma reação em cadeia de crescimento exponencial.

Em algumas variantes do desafio, os desafiados podiam aceitá-lo e doar uma pequena quantia para a associação da ELA ou outra instituição de caridade da sua escolha, ou rejeitar o desafio e fazer uma doação bem maior para compensar. Além de aumentar a pressão para participar do meme sobre os indivíduos desafiados, a associação à caridade tinha o bônus de dar uma sensação de gratificação às pessoas por estarem participando de uma campanha de conscientização e promovendo a própria imagem como indivíduos altruístas. Esse aspecto de autopromoção ajudou a tornar o meme ainda mais contagioso. No início de setembro de 2014, a associação da ELA informou ter recebido mais de 100 milhões de dólares em fundos adicionais de mais de 3 milhões de doadores. O resultado do financiamento recebido durante o desafio foi a descoberta por pesquisadores de um terceiro gene responsável pela ELA, o que demonstra a magnitude do impacto da campanha viral.[14]

Como alguns vírus extremamente contagiosos, a exemplo da gripe, o desafio do balde de gelo era muito sazonal (um fenômeno importante em que a disseminação das doenças varia ao longo do ano, e que abordaremos novamente no capítulo 7). Com a aproximação do outono e a chegada de um clima mais frio ao hemisfério norte, encharcar-se com água gélida de repente parecia menos divertido, mesmo por uma boa causa. Em setembro, a febre já havia praticamente passado. Assim como a gripe sazonal, contudo, voltou no verão seguinte e no outro em formatos semelhantes, mas para uma população já muito saturada. Em 2015, o desafio rendeu menos de 1% do total do ano anterior para a associação da ELA. Como de costume, as pessoas expostas ao vírus em 2014 haviam desenvolvido uma forte imunidade, até contra variantes com pequenas mutações (baldes com substâncias diferentes, por exemplo). Arrefecido pela imunidade da apatia, cada novo surto logo passava à medida que novos participantes não conseguiam transmitir o vírus para ao menos mais um.

O futuro é exponencial?

Existe uma parábola envolvendo o crescimento exponencial que é contada às crianças francesas para ilustrar os perigos da procrastinação. Certo dia, observa-se que uma colônia muito pequena de algas se formou na superfície do lago local. Nos dias seguintes, percebe-se que a área coberta pela colônia está dobrando diariamente. Se nada for feito, ela continuará crescendo assim até cobrir o lago inteiro. Incontida, levará sessenta dias para cobrir a superfície do lago, envenenando a água. Como a colônia no início é tão pequena e não há ameaça imediata, decide-se deixá-la crescer até cobrir metade da superfície do lago, quando poderá ser mais facilmente removida. É levantada, então, a seguinte questão: "Em que dia as algas terão coberto metade do lago?"

As pessoas costumam responder "no 30º" sem pensar. Contudo, como a colônia dobra de tamanho diariamente, se o lago estiver coberto pela metade um dia, estará completamente coberto no dia seguinte. A resposta talvez surpreendente, portanto, é que as algas cobrirão metade da superfície do lago no 59º dia, deixando apenas um dia para salvar o lago. Em trinta dias, as algas terão tomado menos de um bilionésimo da capacidade do lago. Se você fosse uma célula

PENSANDO EXPONENCIALMENTE

de alga no lago, quando perceberia que está ficando sem espaço? Sem entender o crescimento exponencial, se alguém lhe dissesse no 55º dia (quando as algas teriam coberto apenas 3% da superfície) que o lago estaria completamente coberto em um período de cinco dias, você acreditaria? Provavelmente, não.

Isso serve para destacar como nós, humanos, fomos condicionados a pensar. Em geral, para os nossos ancestrais, as experiências de uma geração eram muito semelhantes às da anterior: eles tinham os mesmos trabalhos, usavam as mesmas ferramentas e viviam nos mesmos lugares que seus ancestrais. Esperavam que os descendentes fizessem o mesmo. Entretanto, o desenvolvimento da tecnologia e as mudanças sociais hoje ocorrem tão rápido que conseguimos observar diferenças significativas de uma geração a outra. Alguns teóricos acreditam que o próprio ritmo do desenvolvimento tecnológico está aumentando exponencialmente.

O cientista da computação Vernor Vinge sintetizou essas ideias em uma série de romances e ensaios[15] de ficção científica, em que avanços tecnológicos sucessivos chegam com uma frequência crescente até um ponto em que as novas tecnologias fogem à compreensão humana. A explosão da inteligência artificial acaba levando a uma "singularidade tecnológica" e ao surgimento de uma superinteligência onipotente. O futurista americano Ray Kurzweil tentou tirar as ideias de Vinge do reino da ficção cientista e aplicá-las ao mundo real. Em 1999, em seu livro *A Era das Máquinas Espirituais*, Kurzweil lançou a hipótese da "Lei dos retornos acelerados".[16] Ele sugeriu que a evolução de uma grande variedade de sistemas — inclusive nossa própria evolução biológica — ocorre num ritmo exponencial. Chegou ao ponto de fixar a data da "singularidade tecnológica" de Vinge — o ponto em que experimentaremos, como descreve Kurzweil, as "mudanças tecnológicas tão rápida e profundamente que representará um rasgo no tecido da história humana" — em por volta de 2045.[17] Entre as implicações da singularidade, Kurzweil inclui "a fusão da inteligência biológica e não biológica, seres humanos imortais baseados em software e níveis ultraelevados de inteligência que se expandirão universo afora à velocidade da luz". Embora essas previsões extremas e fantásticas provavelmente devessem ter ficado restritas à ficção científica, há exemplos de avanços tecnológicos que realmente têm conservado o crescimento exponencial por longos períodos.

A lei de Moore — ou a observação de que o número dos componentes dos circuitos computacionais parece dobrar a cada dois anos — é um exemplo bastante citado do crescimento exponencial da tecnologia. Ao contrário das leis do movimento de Newton, a lei de Moore não é uma lei física ou natural, então não há razão para supor que ela continuará se aplicando para sempre. Por outro lado, entre 1970 e 2016, a lei permaneceu notadamente em vigor. A lei de Moore é implicada na aceleração mais ampla da tecnologia digital, que, por sua vez, contribuiu de modo significativo com o crescimento econômico da virada do último século.

Em 1990, quando cientistas decidiram mapear todos os 3 bilhões de letras do genoma humano, críticos torceram o nariz diante da escala do projeto, sugerindo que, no ritmo da época, levaria milhares de anos para que a tarefa fosse concluída. O "livro da vida" completo foi concluído em 2003, antes do programado, e dentro do seu orçamento de um bilhão de dólares.[18] Hoje, o sequenciamento do código genético inteiro de um indivíduo leva menos de uma hora e custa menos de mil dólares.

Explosão populacional

A história das algas no lago serve para enfatizar que a nossa incapacidade de pensar exponencialmente pode ser responsável pelo colapso de ecossistemas e populações. Uma das espécies na lista das ameaçadas de extinção, apesar dos sinais de alerta claros e persistentes, é, obviamente, a nossa própria.

Entre 1346 e 1353, a Peste Negra, uma das pandemias mais devastadoras da história humana (exploraremos a disseminação de doenças contagiosas mais profundamente no capítulo 7) varreu a Europa, ma-

PENSANDO EXPONENCIALMENTE

tando 60% da sua população. Na época, a população total do mundo foi reduzida a cerca de 370 milhões. Desde então, ela aumentou consistentemente sem reduzir o ritmo. Em 1800, a população humana quase alcançara seu primeiro bilhão. O rápido aumento observado da população na época levou o matemático inglês Thomas Malthus a sugerir que a população humana cresce a uma taxa proporcional ao seu tamanho atual.[19] Como as células nos primeiros estágios do embrião ou o dinheiro deixado em uma conta bancária, essa regra simples sugere que a população humana cresce exponencialmente em um planeta já lotado. Uma das alegorias favoritas dos romances e dos filmes de ficção científica (vide os sucessos de bilheteria recentes *Interestelar* e *Passageiros*, por exemplo) é resolver os problemas do crescimento da população mundial através da exploração espacial. Geralmente, um planeta adequado como a Terra é descoberto e preparado para ser habitado pelo excedente da humanidade. Longe de ser uma solução puramente fictícia, em 2017 o eminente cientista Stephen Hawking deu credibilidade à proposta de uma colonização extraterrestre. Ele avisou que os humanos deveriam começar a deixar a Terra nos próximos 30 anos a fim de colonizar Marte e a Lua, isso se nossa espécie quiser sobreviver à ameaça de extinção proveniente da superpopulação e das mudanças climáticas associadas. Para a nossa decepção, contudo, se o problema da taxa de crescimento não for tratado, mesmo mandando metade da população da Terra para uma nova Terra, só ganharíamos mais 63 anos até a população humana dobrar outra vez e os dois planetas alcançarem o ponto de saturação. Malthus previu que o crescimento exponencial inutilizaria a ideia da colonização interplanetária ao escrever: "Os germes da existência contidos neste ponto de terra, com uma abundância em comida e espaço para a expansão, encheria milhões de mundos no curso de alguns milhares de anos."

Entretanto, como já sabemos (lembremo-nos da bactéria *Strep f.* se multiplicando na garrafa de leite no início do capítulo), o crescimento exponencial não pode se manter para sempre. Geralmente, à medida que uma população aumenta, os recursos do ambiente que a sustenta tornam-se mais esparsamente distribuídos e a taxa líquida do crescimento (a diferença entre a taxa de natalidade e a taxa de mortalidade) cai naturalmente. Diz-se que o ambiente tem uma "capacidade de carga" para uma espécie em particular — um limite máximo sustentável inerente para a população. Darwin reconheceu que as limitações ambientais causariam uma "luta pela existência" à medida que os indivíduos "competem por lugares na economia da natureza". O modelo matemático mais simples a ter capturado os efeitos da competição por recursos limitados, dentro de ou entre espécies, é conhecido como modelo de crescimento logístico.

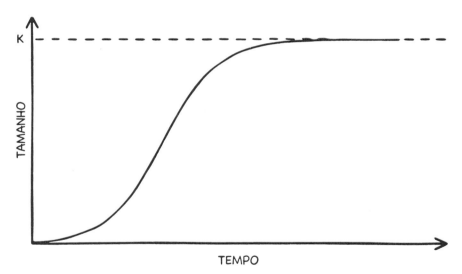

Figura 3: A curva de crescimento logístico cresce quase exponencialmente a princípio, mas depois o ritmo do crescimento diminui à medida que os recursos se tornam um fator limitante e a população se aproxima da capacidade de carga, K.

Na Figura 3, o crescimento logístico parece exponencial no início, quando a população cresce livremente em proporção ao seu tamanho atual, sem restrições provenientes de questões ambientais. No entanto, com o crescimento da população, a escassez de recursos vai gradualmente aproximando a taxa de mortalidade da taxa de natalidade. A taxa líquida de crescimento da população acaba sendo reduzida a zero:

PENSANDO EXPONENCIALMENTE

os nascimentos na população só são suficientes para substituir os indivíduos que morreram, o que significa que os números se nivelam na capacidade de carga. O cientista escocês Anderson McKendrick (um dos primeiros biomatemáticos, que conheceremos melhor no capítulo 7 ao falarmos do seu trabalho na modelagem da disseminação de doenças contagiosas) foi o primeiro a demonstrar que o crescimento logístico ocorria em populações de bactérias.[20] Desde então, o modelo logístico mostrou-se uma representação excelente de uma população introduzida em um novo ambiente, capturando o crescimento de populações de animais tão variados quanto ovelhas,[21] focas[22] e grous.[23]

As capacidades de carga de muitos animais permanecem essencialmente constantes, uma vez que eles dependem dos recursos disponíveis em seus ambientes. Já no caso dos humanos, graças a uma variedade de fatores, entre os quais a Revolução Industrial, a mecanização da agricultura e a Revolução Verde, a nossa espécie tem conseguido aumentar sua capacidade de carga. Embora as estimativas atuais da população máxima sustentável da Terra variem, muitas sugerem que ela está entre 9 e 10 bilhões de pessoas. O eminente sociobiólogo E. O. Wilson acredita que há limites rígidos inerentes para o tamanho da população humana que a biosfera terrestre é capaz de suportar.[24] Esses limites incluem: a disponibilidade de água doce, combustíveis fósseis e outros recursos não renováveis, condições ambientais (incluindo, mais notavelmente, as mudanças climáticas) e o espaço apropriado para a vida. Um dos fatores mais considerados é a disponibilidade de alimentos. Wilson estima que, mesmo que todos se tornassem vegetarianos, comendo alimentos produzidos diretamente em vez de usá-los para alimentar gado (já que o consumo de animais é um modo ineficiente de converter a energia das plantas em alimento), os atuais 1,4 bilhão de hectares de terra arável só produziria comida o suficiente para 10 bilhões de pessoas.

Se a população humana (de quase 7,5 bilhões de habitantes) continuar crescendo no ritmo atual de 1,1% ao ano, seremos 10 bilhões em 30 anos. Malthus expressou seus temores em relação à superpopulação já em 1798, quando alertou: "O poder da população é tão superior ao poder da Terra de produzir subsistência para o homem que formas diferentes da morte prematura devem visitar a raça humana." No contexto da história humana, já estamos no último dia para salvar o lago, e a hora já é avançada.

Há, contudo, razões para otimismo. Embora a população humana continue aumentando em número, o controle de natalidade eficaz e a redução da mortalidade infantil (o que leva a taxas de fecundidade menores) significam que estamos crescendo a um ritmo menor do que nas gerações anteriores. Nossa taxa de crescimento alcançou um pico de cerca de 2% ao ano no final da década de 1960, mas a previsão é de que cairá para abaixo de 1% ao ano em 2023.[25] Para dar contexto, se as taxas de crescimento tivessem permanecido no patamar dos anos 1960, teria levado apenas 35 anos para o tamanho da população dobrar. Aliás, só alcançamos a marca de 7,3 bilhões (o dobro da população mundial de 1969, 3,15 bilhões) em 2016 — quase cinquenta anos depois. A uma taxa de apenas 1% ao ano, podemos esperar que o tempo necessário para a população dobrar aumente para 69,7 anos, quase duas vezes maior do que o período para dobrar baseado nas taxas de 1969. Uma pequena queda na taxa de crescimento faz uma grande diferença quando se trata do crescimento exponencial. Parece que, ao reduzirmos o nosso crescimento populacional enquanto nos aproximamos da capacidade de carga do planeta, estamos naturalmente começando a ganhar mais tempo. Existem, contudo, razões para o comportamento exponencial nos fazer sentir, como indivíduos, que nos resta menos tempo do que pensamos.

O tempo voa quando se está ficando velho

Você lembra que, quando mais jovem, as férias de verão pareciam durar uma eternidade? Para os meus filhos, de 4 e 6 anos, a espera entre um Natal e outro parece um período inconcebível. Por outro lado, quanto mais velho fico, o tempo parece passar num ritmo alarmante, com dias fundindo-se em semanas e depois em meses, todos desaparecendo no ralo sem fundo do passado. Na minha conversa semanal com meus pais septuagenários, eles me dão a impressão de que mal têm tempo para

PENSANDO EXPONENCIALMENTE

atender ao meu telefonema, tão ocupados estão com as outras atividades em suas agendas cheias. Quando pergunto como preenchem sua semana, porém, muitas vezes me parece que seus trabalhos incansáveis poderiam ser feitos em um único dia. Mas o que eu poderia saber sobre as pressões do tempo? Só tenho dois filhos, um emprego em período integral e um livro para escrever. Mas eu não deveria ser tão sarcástico com os meus pais, pois parece que o tempo percebido de fato passa mais rápido quanto mais envelhecemos, alimentando nossas sensações crescentes de escassez de tempo e de sobrecarga.[26] Em uma experiência realizada em 1996, pediram a um grupo de pessoas mais jovens (19-24) e a um de pessoas mais velhas (60-80) que contassem três minutos mentalmente. Em média, o grupo mais jovem contou quase com precisão perfeita, ficando em três minutos e três segundos de tempo real, mas o grupo mais velho não parou até chocantes três minutos e 40 segundos, em média.[27] Em outras experiências semelhantes, pediram aos participantes que estimassem a duração de um período fixo de tempo durante o qual tivessem executado uma tarefa.[28] Os participantes mais velhos apresentaram consistentemente estimativas mais curtas para a duração do período de tempo que tinham observado do que as dos grupos mais jovens. Por exemplo, quando se passaram dois minutos de tempo real, o grupo mais velho, em média, contou menos de 50 segundos mentalmente, levando-os a questionar para onde havia ido o um minuto e dez segundos restantes.

A aceleração da nossa percepção da passagem do tempo não tem grande relação com o fato de termos deixado para trás aqueles dias despreocupados da juventude para preencher nossos calendários com responsabilidades adultas. Na verdade, várias ideias discordantes competem para explicar por que, ao envelhecermos, a nossa percepção do tempo acelera. Uma teoria está relacionada ao fato de que o nosso metabolismo se torna mais lento à medida que envelhecemos, acompanhando a redução da velocidade dos batimentos cardíacos e da respiração.[29] Assim como um cronômetro configurado para avançar mais rápido, as versões infantis desses "relógios biológicos" andam mais rápido. Em um período fixo de tempo, elas têm mais batidas desses marca-passos biológicos (respirações ou batimentos cardíacos, por exemplo), o que as leva a sentir que um período mais longo passou.

Uma teoria divergente sugere que nossa percepção da passagem do tempo depende da quantidade de novas informações percebidas a que somos submetidos no nosso ambiente.[30] Quanto mais novos estímulos, mais tempo nossos cérebros levam para processar a informação. O período correspondente de tempo, ao menos em retrospectiva, parece durar mais. Esse argumento pode ser usado para explicar a percepção cinematográfica em que os eventos que antecedem um acidente parecem transcorrer em câmera lenta. A situação é tão incomum para a vítima de acidente nesses cenários que a quantidade de novas informações percebidas é correspondentemente imensa. Pode ser que, em vez de o tempo ter ficado mais lento durante o evento, a nossa lembrança é que desacelere, já que nosso cérebro registra memórias mais detalhadas com base na enxurrada de dados recebidos. Experiências com indivíduos vivendo a desconhecida sensação de queda livre demonstraram que é isso que acontece.[31]

Essa teoria está de acordo com a aceleração do tempo percebido. À medida que envelhecemos, a tendência é nos familiarizarmos mais com os nossos ambientes e as experiências da vida em geral. Nossos deslocamentos diários, que a princípio podem ter parecido jornadas longas e desafiadoras, cheias de novas paisagens e possibilidades de errar o caminho, agora passam em um flash enquanto navegamos pelas rotas já bem conhecidas no piloto automático.

É diferente para as crianças. Seus mundos na maioria das vezes são lugares surpreendentes, cheios de experiências desconhecidas. Os jovens estão sempre reconfigurando seus modelos do mundo ao redor, o que requer esforço mental e parece fazer a areia descer mais devagar na sua ampulheta do que na dos adultos acostumados à rotina. Quanto maior a nossa familiaridade com as rotinas da vida diária, mais rápido vemos o tempo passar, e, geralmente, ao envelhecermos, essa familiaridade aumenta. Tal teoria sugere que, para fazermos nosso tempo durar mais, deveríamos preencher nossas vidas com experiências novas e variadas, evitando a rotina diária que drena o tempo.

Nenhuma das ideias acima explica o ritmo quase perfeitamente regular com que nossa percepção do tempo parece acelerar. O fato de a duração de um período fixo de tempo parecer diminuir continuamente

PENSANDO EXPONENCIALMENTE

à medida que envelhecemos sugere uma "escala exponencial" em relação ao tempo. Empregamos escalas exponenciais em vez das escalas lineares tradicionais ao medir quantidades que apresentam uma grande variação. Os exemplos mais conhecidos são as escalas de ondas energéticas como o som (medido em decibéis) ou a atividade sísmica. Na escala exponencial Richter (para terremotos), um aumento da magnitude 10 para a magnitude 11 corresponderia a um aumento dez vezes maior no movimento do solo, e não um aumento de 10%, como na escala linear. Em uma extremidade, a escala Richter conseguiu capturar o pequeno tremor sentido na Cidade do México em 2018, quando os fãs mexicanos do futebol da cidade comemoravam o gol da seleção mexicana contra a Alemanha na Copa do Mundo. Na outra, registrou o terremoto de Valdivia, no Chile, em 1960. O terremoto de magnitude 9.6 liberou uma energia equivalente a um quarto de milhão das bombas atômicas lançadas em Hiroshima.

Se a duração de um período de tempo é julgada em proporção ao tempo que já vivemos, então um modelo exponencial do tempo percebido faz sentido. Aos 34 anos, um ano corresponde a pouco menos de 3% da minha vida. Meus aniversários parecem chegar muito rápido atualmente. Para uma criança de dez anos, por outro lado, esperar 10% da vida pela próxima rodada de presentes requer quase uma paciência de Jó. Para o meu filho de 4 anos, a ideia de precisar esperar um quarto da vida até ser o aniversariante outra vez é praticamente intolerável. Nesse modelo exponencial, o aumento proporcional em idade entre os aniversários para uma criança de 4 anos equivale à espera de uma pessoa de 40 anos até os 50. Olhando por essa perspectiva relativa, faz sentido que o tempo pareça acelerar à medida que envelhecemos.

Não é incomum categorizarmos nossas vidas em décadas — nossos despreocupados 20 e poucos anos, nossos 30 e poucos anos de seriedade, e assim por diante —, o que sugere que cada período deve ser igualmente valorizado. Entretanto, se o tempo de fato parece acelerar exponencialmente, os capítulos com durações diferentes da nossa vida podem parecer ter a mesma duração. De acordo com o modelo exponencial, as idades de 5 a 10, 10 a 20, 20 a 40 e até 40 a 80 podem parecer igualmente longas (ou curtas). Não quero pressionar o leitor a iniciar listas de coisas a fazer antes de morrer, mas segundo esse modelo o período de 40 anos entre os 40 e os 80, abrangendo grande parte da nossa vida adulta e da terceira idade, pode passar tão rápido quanto os cinco anos entre o quinto e o décimo aniversário.

•

Assim, para as pensionistas Fox e Chalmers, presas por terem operado a pirâmide financeira Give and Take, deve servir de consolo o fato de que a rotina da vida na prisão, ou o simples aumento exponencial da passagem do tempo percebido, fará suas sentenças passarem muito rápido.

No total, nove mulheres foram condenadas por participação no esquema. Embora algumas tenham sido forçadas a devolver o dinheiro ganho durante a operação, dos milhões de libras investidos no esquema pouquíssimo foi recuperado. Nenhuma parte desse dinheiro voltou aos investidores defraudados — as vítimas inocentes que perderam tudo por terem subestimado o poder do crescimento exponencial.

Da explosão de um reator nuclear à da população humana, e da disseminação de um vírus à de uma campanha de marketing viral, o crescimento e o decaimento exponencial podem ter um papel invisível, mas, com frequência, crítico, na vida de pessoas comuns como você e eu. A exploração do comportamento exponencial produziu ramos da ciência que podem condenar criminosos, mas também outros que agora podem, literalmente, destruir mundos. Por não conseguirmos pensar exponencialmente, nossas decisões, como reações nucleares em cadeia descontroladas, podem ter consequências inesperadas e de um alcance exponencialmente longo. Entre outras inovações, o ritmo exponencial dos avanços tecnológicos acelerou a chegada da era da medicina personalizada, em que qualquer pessoa pode ter o DNA sequenciado por um preço relativamente baixo. A revolução genômica tem o potencial de fornecer informações sem precedentes sobre o nosso perfil de saúde, mas somente, como examinaremos no próximo capítulo, se a matemática em que se baseia a medicina moderna conseguir acompanhar o ritmo.

2

SENSIBILIDADE, ESPECIFICIDADE E SEGUNDAS OPINIÕES:

A matemática por trás da medicina

Quando vi o e-mail na minha caixa de entrada, imediatamente senti uma descarga de adrenalina. Começou no meu estômago e percorreu meus braços, fazendo meus dedos formigarem. Senti uma pulsação estranha atrás das orelhas enquanto segurava a respiração sem perceber. Abri o e-mail e, percorrendo de relance o preâmbulo, cliquei imediatamente no link "Ver seus resultados". Uma janela do navegador se abriu, eu fiz login e cliquei na seção "Risco de Doenças Genéticas". Enquanto lia a lista, fiquei aliviado ao ver "Doença de Parkinson: variantes não detectadas", "BRCA1/BRCA2: variantes não detectadas", "Degeneração macular relacionada à idade: variantes não detectadas". Minha ansiedade foi diminuindo enquanto eu passava por mais e mais doenças às quais não era geneticamente predisposto. Quando cheguei ao final da lista de resultados negativos, meus olhos retornaram a uma entrada diferente que eu não tinha observado: "Doença de Alzheimer de início tardio: risco elevado."

No momento em que comecei a escrever este livro, pensei que seria interessante investigar a matemática por trás dos testes genéticos feitos em casa. Então, eu me registrei na 23andMe, provavelmente a companhia de sequenciamento genômico mais conhecida nos Estados Unidos. Como entender melhor esses resultados do que fazendo eu mesmo o teste? Por um preço não muito baixo, eles me enviaram um tubo para coletar dois mililitros de saliva, que envelopei e enviei de volta. A 23andMe prometia mais de 90 resultados sobre as minhas características, saúde e até ancestralidade. Nos meses seguintes, não pensei mais nisso, não acreditando que daria em nada muito significativo. Quando o e-mail chegou, contudo, de repente me dei conta de que a poucos cliques estava uma previsão abrangente do futuro da minha saúde. E agora lá estava eu, sentado em frente à tela do computador, olhando para o que pareciam implicações bem sérias para a minha vida.

Para entender melhor o que significava um "risco elevado", baixei o relatório completo de catorze páginas sobre o meu risco de Alzheimer. Minha compreensão da doença era superficial, e eu queria descobrir mais. A primeira frase do relatório não ajudou muito a aliviar a minha ansiedade: "A doença de Alzheimer é caracterizada por perda de memória, declínio cognitivo e mudanças de personalidade." Enquanto lia, descobri ainda que a 23andMe detectara o épsilon-4 (ε4), variante de uma das duas cópias do gene *Apolipoproteína E* (*ApoE*). A primeira informação quantitativa no relatório dizia que, "em média, um homem de ascendência europeia com essa variante tem uma chance de 4 a 7% de desenvolver a doença de Alzheimer de início tardio aos 75 anos e de 20 a 23% de desenvolvê-la aos 85".

Embora esses números tivessem um significado abstrato, achei difícil ignorá-los. Havia três coisas que eu queria muito saber: primeiro, se podia fazer alguma coisa em relação à minha recém--descoberta situação; segundo, qual era a gravidade do meu caso em comparação ao resto da população geral; e o quanto eu podia confiar nos números fornecidos pela 23andMe. Rolando para a próxima informação, encontrei a resposta para a primeira pergunta:

SENSIBILIDADE, ESPECIFICIDADE E SEGUNDAS OPINIÕES 53

"Atualmente, não existem prevenção nem cura conhecidas para a doença de Alzheimer." A fim de encontrar as respostas para as outras perguntas, eu precisaria me aprofundar no relatório. Meu interesse pela interpretação matemática dos testes genéticos de repente havia se tornado mais urgente e pessoal.

•

À medida que a medicina se torna uma disciplina cada vez mais quantitativa, muitas vezes fórmulas matemáticas oferecem uma base imparcial para decisões cruciais, seja em relação à disponibilidade de um determinado tratamento, ou, em um nível mais pessoal, referentes às escolhas para o nosso estilo de vida. Neste capítulo, exploraremos essas fórmulas para descobrir se têm uma base sólida na ciência ou se não passam de numerologia obsoleta a ser descreditada e descartada. Por ironia, recorreremos a conceitos matemáticos de séculos de idade para sugerir substituições mais refinadas.

Com o avanço da tecnologia diagnóstica, temos sido submetidos a mais avaliações médicas do que nunca. Investigaremos os efeitos surpreendentes dos falsos positivos dos programas médicos de rastreamento mais usados, e entenderemos como os exames podem ser ao mesmo tempo extremamente exatos e imprecisos. Vamos nos deparar com dilemas introduzidos por ferramentas como exames de gravidez, que podem fornecer tanto falsos positivos quanto falsos negativos, e veremos como esses resultados incorretos podem ter um bom uso em contextos de diagnóstico diferentes.

O sequenciamento do genoma total, os dispositivos vestíveis e os avanços na ciência de dados abriram as portas para o nascimento da era da medicina personalizada. Enquanto damos os primeiros e vacilantes passos nessa nova era da saúde, reinterpretarei os resultados do meu próprio rastreamento de DNA a fim de entender realmente o meu perfil de riscos para doenças e descobrir se a metodologia matemática atualmente usada na interpretação dos exames genéticos resiste a um olhar mais crítico.

Quais são as probabilidades?

Em 2007, a 23andMe, assim chamada por causa dos 23 pares de cromossomos que formam o DNA humano comum, tornou-se a primeira companhia a oferecer testes pessoais de DNA com o propósito de determinar a ancestralidade do indivíduo. No ano seguinte, graças a um investimento de 4 milhões de dólares do Google, ela passou a comercializar um exame de saliva capaz de estimar a probabilidade de alguém sofrer de quase 100 doenças diferentes, da intolerância ao álcool à fibrilação auricular. A lista de traços era tão grande e os resultados tinham tamanho potencial de transformação que a revista *Time* elegeu o exame a invenção do ano.

Mas os bons tempos não duraram muito para a 23andMe. Em 2010, a Food and Drug Administration (FDA) notificou a companhia de genômica pessoal de que seus exames eram considerados dispositivos médicos, portanto precisavam de aprovação federal. Em 2013, como a 23andMe ainda não tinha essa aprovação, a FDA ordenou que ela parasse de fornecer fatores de risco para doenças até a exatidão de seus exames ser comprovada. Os clientes da 23andMe entraram com uma ação coletiva, alegando que haviam sido enganados quanto ao perfil pessoal que a companhia podia fornecer. No auge desses problemas, em dezembro de 2014, a 23andMe lançou seus serviços de saúde no Reino Unido. Considerando as controvérsias, tive dúvidas a respeito da confiabilidade dos testes que eles poderiam fazer com o meu DNA se eu mandasse uma amostra.

Ler sobre as experiências do desenvolvedor web Matt Fender, de 33 anos, no *New York Times* não ajudou nada a diminuir minhas preocupações. Como nerd admitido e membro da comunidade cada vez maior dos "conscientes em relação à saúde", Fender é o cliente ideal da 23andMe. Depois de ter recebido os dados do seu perfil e tê-lo submetido a um segundo intérprete, ele descobriu que tinha a mutação PSEN1, um indicador de Alzheimer de início precoce com "penetrância completa". Isso significa que todo mundo com essa mutação tem a doença: não há nenhum "se", nenhum "mas". É claro que Fender ficou perturbado

SENSIBILIDADE, ESPECIFICIDADE E SEGUNDAS OPINIÕES 55

com a ideia de perder o raciocínio abstrato, a capacidade de resolver problemas e de acessar memórias coerentes. O diagnóstico reduzia a sua expectativa de vida funcional em pelo menos trinta anos.

Sem conseguir parar de pensar nas implicações da mutação, ele começou a procurar algum consolo. Sem nenhum histórico familiar de Alzheimer, Fender não conseguiu convencer os geneticistas a pedirem um segundo exame. Assim, recorreu a outro exame feito em casa, despachando um segundo teste de saliva, dessa vez para o Ancestry.com, e aguardou os resultados. Eles vieram cinco semanas depois, e o resultado para a PSEN1 foi negativo. Um pouco aliviado, mas ainda mais confuso, Fender acabou convencendo um médico a lhe oferecer uma análise clínica, que confirmou o resultado negativo do Ancestry.com.

A tecnologia de sequenciamento empregada pela 23andMe e pelo Ancestry.com, com uma taxa de erro de apenas 0,1%, parece extremamente confiável. Mas precisamos lembrar que, como são testadas quase 1 milhão de variações genéticas, essa taxa baixa de erro corresponde a cerca de mil erros. Embora isso não surpreenda, é preocupante que haja discordância entre os resultados de duas companhias independentes. Mais preocupante ainda é a falta de apoio após o resultado. Os pacientes que solicitam perfis genéticos em casa têm que lidar com os resultados em quase total isolamento médico.

Depois que a 23andMe gradualmente recebeu aprovação da FDA para uma quantidade bem reduzida de exames genéticos, a companhia relançou seus serviços nos Estados Unidos em 2017, e seu kit de exames para fazer em casa foi um dos itens mais vendidos da Amazon na Black Friday daquele ano. Apesar (ou talvez por causa) da minha desconfiança, pedi um kit e enviei minha amostra de saliva para ser examinada.

Em quase todas as células do corpo humano, há um núcleo contendo uma cópia do nosso DNA — o chamado "livro da vida". Herdamos essas escadas retorcidas e compridas de aminoácidos em 23 pares de cromossomos, um de cada par proveniente do nosso pai ou da nossa mãe. Cada cromossomo de um par contém cópias dos mesmos genes que seu companheiro, cujas sequências são semelhantes, mas não necessariamente iguais. Por exemplo, o gene associado ao Alzheimer ApoE acusado pelo teste da 23andMe tem duas variantes principais, chamadas ε3 e ε4. A variante ε4 é associada a um risco elevado de Alzheimer com início tardio. Como são dois cromossomos, você pode ter ou uma cópia do ε4 (e uma cópia do ε3), duas cópias do ε4 (e nenhuma do ε3), ou nenhuma cópia do ε4 (e duas cópias do ε3) — o número de cópias é conhecido como genótipo. O genótipo mais comum consiste em duas cópias do ε3 e serve de parâmetro para a identificação do Alzheimer. Quanto mais cópias da variante ε4 você tiver, mais alto o risco associado ao desenvolvimento do Alzheimer.

Mas o que realmente quer dizer um "risco elevado"? Considerando que a 23andMe identificara um dado genótipo em mim, qual era o meu "risco previsto" — a probabilidade de desenvolver a doença? Para acreditar nos riscos que eles haviam previsto para mim, eu precisava verificar se sua análise matemática tinha uma base sólida antes de tirar conclusões precipitadas.

•

A melhor maneira de prever o risco do Alzheimer seria selecionar um grande número de indivíduos representando a população total, identificar o genótipo dessa amostra e verificar cada um dos integrantes do grupo regularmente para observar quem desenvolve Alzheimer. Com esses dados representativos, seria fácil comparar o risco de se ter Alzheimer com um genótipo em particular ao risco da população geral — o chamado "risco relativo". Esse tipo de estudo longitudinal, contudo, costuma ter um preço estratosférico devido ao grande número de participantes necessários (especialmente para doenças raras) e ao longo período durante o qual eles precisam ser observados.

Mais comum, mas menos eficaz, é um estudo caso-controle, com a seleção de um grupo de indivíduos que já sofrem de Alzheimer e de um grupo de "controle" — indivíduos com históricos semelhantes, mas sem a doença. (Veremos no capítulo 3 por que controlar com cuidado o histórico dos indivíduos é muito importante.) Ao contrário do estudo longitudinal, em que os participantes são selecionados independentemente de estarem ou não doentes, a tendência dos analisados pelo

SENSIBILIDADE, ESPECIFICIDADE E SEGUNDAS OPINIÕES 57

estudo caso-controle é ter a doença, de modo que não podemos extrair uma estimativa para a incidência da doença na população geral. Isso significa que a previsão obtida do risco relativo da doença é tendenciosa. Entretanto, esses estudos permitem calcular algo chamado "razões de chances" (*odds ratio*), que não requerem o conhecimento da incidência total na população. Se você já esteve em uma corrida de galgos ou ficou com o coração acelerado em uma corrida de cavalos, deve se lembrar que a chance de um animal em particular vencer a corrida costuma ser expressa como *odds* [ou cotas]. Em uma dada corrida, um azarão pode ter *odds against* [a chance de não vencer] de 5 para 1. Isso significa que, se a mesma corrida fosse realizada um total de seis vezes, a expectativa seria ver esse azarão perder cinco vezes e ganhar uma. A probabilidade de ele vencer, portanto, é de 1 em 6, ou 1/6. O modo natural de pensar em *odds against* é como a proporção da probabilidade de um evento não ocorrer em relação à probabilidade de ocorrer (5/6 para 1/6, nesse caso, ou simplesmente 5 para 1). Por outro lado, o favorito na corrida pode ter *odds on* de 2 para 1. Nas apostas esportivas, a tradição é sempre colocar o número maior primeiro, então precisamos fazer uma distinção entre *odds on* e *odds against*. *Odds on*, o contrário de *odds against*, expressa a proporção da probabilidade de um evento ocorrer em relação à probabilidade de não ocorrer. Com *odds on* de 2 para 1, se a mesma corrida fosse realizada três vezes, poderíamos esperar que o favorito vencesse duas e perdesse uma. A probabilidade de o favorito vencer, portanto, é de 2 em 3 ou 2/3, e a probabilidade de perder é 1/3, sendo assim que chegamos às *odds on* de 2/3 para 1/3, ou mais simplesmente 2 para 1.

Quando ouvimos comentaristas descrevendo um "favorito *odds on*", geralmente é em corridas com um número pequeno de cavalos. A frase é uma tautologia. Qualquer cavalo *odds on* é o favorito, pois só pode haver um cavalo em qualquer corrida com uma probabilidade maior de vencer do que de perder. Em uma corrida com um número maior de cavalos, é incomum um cavalo só vencer mais corridas do que perder. Por exemplo, na corrida de cavalos mais famosa do Reino Unido, a Grand National, um total de 40 cavalos competem entre si. Até o vencedor de 2018, Tiger Roll, que começou como favorito (e acabou vencendo) também na corrida de 2019, tinha *odds against* de 4

58 AS MATEMÁTICAS DA VIDA E DA MORTE

para 1. Como não é provável que a maioria dos cavalos vença a maioria das corridas, a não ser que seja explicitamente afirmado o contrário, as *odds* na pista de corrida em que o maior número vem primeiro geralmente são *odds against*. Em cenários médicos, é o contrário. As *odds* geralmente são expressas como *odds on* — a probabilidade de um evento ocorrer vs. a probabilidade e não ocorrer —, e, como falamos muito de doenças raras (com uma prevalência inferior a 50% na população), o número menor geralmente vem primeiro.

Para vermos como calcular as probabilidades médicas e a razão desejada de probabilidades, consideremos o estudo caso-controle hipotético sobre os efeitos de se ter uma única variante ε4 (como foi identificado no meu perfil genético) sobre a incidência do Alzheimer aos 85 anos, apresentados na Tabela 1. Se você tiver uma cópia da variante ε4 (como eu), a probabilidade de desenvolver Alzheimer aos 85 anos é o número de pessoas com a doença (100) dividido pelo número de pessoas sem a doença (335): 100 para 335, ou, em fração, 100/335. Pela mesma lógica, extraindo os números da segunda coluna da tabela, se você tiver duas cópias da variante comum ε3, a probabilidade de desenvolver a doença aos 85 anos é de 79 para 956 ou 79/956. A razão de chances, portanto, é uma comparação das probabilidades de se ter a doença com um dado genótipo (uma cópia da variante ε4 e uma cópia da variante ε3, por exemplo) em relação às probabilidades de se ter a doença com o genótipo mais comum (duas cópias da variante ε3). Para os números hipotéticos apresentados na Tabela 1, a razão de chances é 100/335 dividido por 79/956, ou 3,61. Crucialmente, razões de chances não requerem que conheçamos a incidência na população total, podendo ser facilmente calculadas a partir de estudos caso-controle.

	Alzheimer aos 85	Sem Alzheimer aos 85
ε3/ε4	100	335
ε3/ε3	79	956

Tabela 1: Resultados de um estudo caso-controle hipotético acerca do impacto de uma única variante ε4 sobre a ocorrência do Alzheimer aos 85 anos.

SENSIBILIDADE, ESPECIFICIDADE E SEGUNDAS OPINIÕES 59

Embora as razões de chances não forneçam o risco relativo (a proporção entre o risco de ter a doença com o genótipo ε3/ε4 e o risco de ter a doença com o genótipo ε3/ε3), elas podem ser combinadas ao risco de desenvolvimento da doença da população geral e às frequências conhecidas dos genótipos para fornecer a probabilidade da doença no caso de um dado genótipo. Esse cálculo não é simples. Aliás, não há sequer uma única forma de fazê-lo. Tentei replicar os riscos do Alzheimer de início tardio no meu relatório genético usando o mesmo método que a 23andMe e dados extraídos diretamente do relatório ou de artigos citados por ele.[1] (Caso haja interesse, o cálculo que fiz para encontrar as probabilidades da doença envolveu o uso de um software de solução de sistemas dinâmicos não lineares a fim de resolver um sistema de três equações para três probabilidades condicionais — o tipo de coisa com que gosto de me ocupar no meu trabalho cotidiano.) Encontrei discrepâncias pequenas, mas potencialmente importantes, entre os meus números e os deles. Meus cálculos pareceram sugerir que eu deveria encarar a precisão dos números da 23andMe com certo ceticismo.

Minha conclusão foi reforçada quando me deparei com os resultados de um estudo de 2014 que investigou os métodos de cálculo de riscos de três das principais companhias de genômica pessoal, incluindo a 23andMe.[2] Os autores identificaram que as diferenças no risco da população geral, nas frequências genotípicas e nas fórmulas matemáticas usadas contribuíam para diferenças consideráveis nas previsões de riscos das companhias. Quando os riscos previstos eram usados para colocar os indivíduos em categorias de risco elevado, reduzido ou inalterado, as discrepâncias tornavam-se mais gritantes. O estudo descobriu que 65% de todos os indivíduos testados para câncer de próstata foram colocados em categorias de risco diferentes (elevado ou reduzido) por pelo menos duas das três companhias. Em quase dois terços dos casos, uma companhia podia ter dito ao indivíduo que ele era saudável, enquanto outra dizia que ele tinha um risco muito elevado de ter câncer de próstata.

Deixando de lado o potencial para erro dos testes genéticos propriamente ditos, cheguei a uma resposta para o meu terceiro questionamento: as inconsistências na abordagem matemática significam que os cálculos numéricos de riscos apresentados nos relatórios de saúde da genômica pessoal devem ser encarados com certo ceticismo.

Um momento Eureca

Os testes genéticos personalizados não são a única área em que ferramentas relacionadas à saúde são colocadas nas nossas mãos. Hoje, há aplicativos para monitorar os batimentos cardíacos ou estimar a forma aeróbica e testes para fazer em casa que afirmam diagnosticar qualquer coisa, de alergias e de hipertensão, passando por problemas de tireoide, à infecção pelo HIV. Contudo, antes do advento desses aplicativos, veio a ferramenta de diagnóstico pessoal mais barata, fácil de calcular e tecnologicamente simples: o índice de massa corporal (IMC). O IMC de um indivíduo é calculado dividindo-se sua massa em quilogramas pelo quadrado da estatura em metros.

Para propósitos de registro e diagnóstico, qualquer um com IMC abaixo de 18,5 é classificado "abaixo do peso". O "peso normal" varia de 18,5 a 24,5, e a classificação "sobrepeso" vai de 24,5 a 30. A "obesidade" é definida como um IMC acima de 30. Embora seja difícil estimar com exatidão, a obesidade pode estar envolvida em 23% das mortes nos Estados Unidos. Essa tendência se reflete, em teor um pouco menos extremo, por todo o mundo. Na Europa, a obesidade só perde para o fumo como causa de mortes prematuras. A obesidade em adultos e crianças está se disseminando em quase todos os países, e sua prevalência dobrou nos últimos 30 anos. Quem tem um IMC de obeso recebe alertas em relação aos riscos de doenças que podem matar, como o diabetes do tipo 2, infartos, doença coronária e alguns tipos de câncer, além dos riscos mais elevados de problemas psicológicos como a depressão. Hoje, mais pessoas no mundo morrem por estar acima do que abaixo do peso.

SENSIBILIDADE, ESPECIFICIDADE E SEGUNDAS OPINIÕES 61

Dadas as implicações para a saúde de um diagnóstico de obesidade, ou até de se estar acima do peso, você provavelmente presumiu que a métrica usada nesses diagnósticos, o IMC, tem uma base teórica e experimental forte. Infelizmente, isso está longe de ser verdade. O índice foi criado em 1835 pelo belga Adolphe Quetelet, renomado astrônomo, estatístico, sociólogo e matemático — mas não médico.[3] Usando uma matemática definitivamente suspeita, Quetelet concluiu que "o peso de pessoas desenvolvidas, de diferentes estaturas, é quase proporcional ao quadrado dessa estatura". É de se notar, contudo, que Quetelet extraiu essa estatística de dados da população geral e não sugeriu que ela se aplicava a qualquer indivíduo. Tampouco sugeriu que a proporção, a ser conhecida como índice de Quetelet, poderia ser usada para fazer inferências sobre o quão abaixo ou acima do peso um indivíduo estava, e muito menos sobre a sua saúde. Isso só aconteceria em 1972. Em reação aos níveis inéditos de obesidade, o fisiologista americano Ancel Keys (que mais tarde estabeleceria a relação entre a gordura saturada e a doença cardiovascular) conduziu um estudo para identificar o melhor indicador do excesso de peso.[4] Ele chegou à mesma proporção da massa em relação ao quadrado da estatura que Quetelet, afirmando que ela seria um bom indicador da obesidade na população.

Em tese, quem está acima do peso tem uma massa maior do que sua estatura sugere; portanto, um IMC mais alto. Pessoas abaixo do peso teriam, por sua vez, um IMC mais baixo. A fórmula do IMC de Keys ganhou popularidade por ser muito simples. À medida que fomos ficando mais acima do peso como espécie e consequências prejudiciais à saúde passaram a ser definitivamente associadas à obesidade, os epidemiologistas começaram a usar o IMC como uma forma de rastrear fatores de risco associados ao sobrepeso. Nos anos 1980, a Organização Mundial da Saúde, o Serviço Nacional de Saúde do Reino Unido (NHS) e os Institutos Nacionais de Saúde dos Estados Unidos (NIH) adotaram oficialmente o IMC para definir a obesidade para todos os indivíduos. Companhias de seguros dos dois lados do Atlântico hoje usam o IMC para determinar indenizações e até quem pode ser um segurado.

Embora seja verdade que pessoas mais gordas costumam ter um IMC mais alto, talvez não surpreenda que nem todo mundo cabe nessa categoria fenomenológica. O principal problema do IMC é que ele não distingue músculo de gordura. Isso é importante, pois excesso de gordura corporal é um bom indicador do risco cardiometabólico. O IMC não é. Se a definição da obesidade fosse baseada na alta porcentagem de gordura corporal, entre 15% e 35% dos homens com IMCs fora da categoria da obesidade seriam reclassificados como obesos.[5] Por exemplo, os que têm obesidade sarcopênica — com baixa densidade muscular, mas altos níveis de gordura corporal, portanto um IMC normal — caem na categoria não acusada de "obesidade de peso normal". Um estudo transversal de base populacional recente com 40 mil indivíduos identificou que 30% das pessoas com um IMC dentro do patamar normal apresentavam risco cardiometabólico. Parece que a crise da obesidade pode ser muito pior do que os números baseados no IMC sugerem. Entretanto, o IMC gera tanto falsos negativos quanto falsos positivos. O mesmo estudo constatou que até metade dos indivíduos classificados pelo IMC como acima do peso mais um quarto dos que são considerados, de acordo com o indicador, pessoas obesas estavam metabolicamente saudáveis.

Essas classificações incorretas têm implicações em como medimos e registramos a obesidade no nível populacional. Talvez, contudo, o mais preocupante seja o fato de o diagnóstico de indivíduos saudáveis como acima do peso ou obesos com base no seu IMC também poder ter efeitos prejudiciais para a sua saúde mental.[6] Na adolescência, a jornalista e autora Rebecca Reid enfrentou distúrbios alimentares. Ela cita uma aula de biologia em que aprendeu a calcular o IMC como o gatilho para seus problemas. Embora estivesse satisfeita com seu corpo, quando Rebecca calculou seu IMC, caiu na categoria de sobrepeso. Ela ficou obcecada com a métrica ao ponto de começar uma dieta rígida e um programa de exercícios cujo resultado foi a perda de 4,5 kg em apenas algumas semanas. Chegou a desmaiar sozinha no quarto enquanto tentava se limitar a ingerir apenas 400 calorias por dia. Quando não estava fazendo dieta, ela se punia comendo em excesso e depois provo-

SENSIBILIDADE, ESPECIFICIDADE E SEGUNDAS OPINIÕES 63

cando vômitos para compensar. Em vez de servir de um leve alerta para motivá-la a praticar mais exercícios, Rebecca diz que sua classificação como alguém acima do peso foi uma "buzina que destruiu sua autoconfiança". Por ironia, independentemente do formato e do tamanho do seu corpo, indivíduos em recuperação de distúrbios alimentares com frequência são classificados como "recuperados" quando seu IMC chega a 19 — entrando no patamar "saudável". Depois de darem o passo extremamente difícil de admitir para si mesmos que têm um problema e procurar ajuda, algumas vítimas de distúrbios alimentares têm um tratamento negado por causa de seus IMCs "saudáveis".

Está claro que o IMC não é um indicador exato de saúde para nenhum extremo da escala. Em vez disso, deveríamos recorrer a uma medida da porcentagem da gordura corporal, diretamente ligada à saúde cardiometabólica. Para isso, podemos recorrer a uma ideia de 2 mil anos da antiga cidade-estado de Siracusa, na ilha da Sicília.

•

Por volta de 250 a.C., Arquimedes, o proeminente matemático da Antiguidade (e, convenientemente, cidadão local) recebeu de Hierão II, rei de Siracusa, o pedido de ajudar a resolver uma questão controversa. O rei havia encomendado uma coroa de ouro puro a um ferreiro. Ao receber a coroa e ouvir rumores de uma reputação de desonestidade do ferreiro, o rei ficou preocupado com a possibilidade de ter sido enganado e de o ferreiro ter usado uma liga de ouro e outros metais mais leves e baratos para cortar custos. Coube a Arquimedes descobrir se a coroa era pura ou não sem colher uma amostra ou desfigurá-la de alguma forma.

O ilustre matemático percebeu que, para resolver o problema, precisaria calcular a densidade da coroa. Se ela fosse menos densa do que ouro puro, ele saberia que o ferreiro havia sido desonesto. A densidade do ouro puro era facilmente obtida calculando-se o volume de um bloco de ouro de formato regular e pesando-o para descobrir sua massa. O resultado da divisão da massa pelo volume era a densidade. Até aí, tudo bem. Se ele conseguisse repetir o procedimento com a coroa, poderia comparar as duas densidades. Pesar a coroa era fácil. O problema era calcular seu volume por causa da forma irregular. Arquimedes passou algum tempo sem conseguir progredir por causa desse obstáculo. Um dia, ao decidir tomar um banho e entrar na banheira completamente cheia, ele percebeu que parte da água transbordou. Enquanto afundava, ele se deu conta de que o volume da água que transbordava da banheira completamente cheia era igual ao volume submerso do seu corpo de forma irregular. Foi assim que ele encontrou um método para determinar o volume, e, portanto, a densidade da coroa. Vitrúvio conta que Arquimedes ficou tão feliz com a descoberta que saiu imediatamente da banheira e correu nu e molhado pela rua gritando "Eureca!" ("Descobri!"), dando origem ao primeiro momento Eureca.

O método de "deslocamento" de Arquimedes é usado até hoje no cálculo do volume de objetos com formato irregular. Se você está pensando em adotar hábitos mais saudáveis, pode usá-lo para calcular o volume de uma vitamina feita a partir da combinação de frutas e verduras com formas irregulares batidas no liquidificador. Ou você pode soprar o máximo de ar que puder em um saco hermeticamente fechado, selá-lo e submergi-lo em água e usar o princípio de Arquimedes para estimar a sua capacidade pulmonar algumas semanas depois de ter iniciado um novo programa de exercícios.

Infelizmente, apesar da utilidade do método de deslocamento descrito na narrativa comum da história, é improvável que Arquimedes tenha resolvido o problema dessa maneira. A exatidão necessária para as medidas do volume de água deslocado pela coroa não poderia ser alcançada por esse método de cálculo. Em vez disso, é mais provável que ele tenha usado uma ideia relacionada que mais tarde passou a ser chamada na hidrostática de princípio de Arquimedes.

O princípio afirma que um objeto colocado em um fluido (líquido ou gás) é submetido a um empuxo igual ao peso do fluido deslocado por ele. Isto é, quanto maior o objeto submerso, mais fluido ele desloca — consequentemente, maior é o empuxo necessário para suportar seu peso. Isso explica por que navios de carga gigantescos flutuam, contanto que o peso combinado do navio e da carga seja menor do que o da água deslocada. O princípio também apresenta forte relação com a propriedade da densidade — a massa dividida pelo volume de um objeto. Um objeto cuja densidade é maior do que a da água pesa mais do que o líquido que desloca, então o empuxo não é suficiente para suportar o peso do objeto, e ele afunda.

Usando essa ideia, tudo o que Arquimedes precisava fazer era colocar a coroa de um lado de uma balança e uma massa igual de ouro puro do outro. No ar, a balança ficava equilibrada. Entretanto, quando ela era submersa, uma coroa falsa (com volume maior do que a mesma massa de ouro mais denso) era submetida a um empuxo maior ao deslocar mais água, fazendo com que seu lado subisse.

É precisamente esse princípio de Arquimedes que é usado no cálculo exato da porcentagem de gordura corporal. O indivíduo primeiro é pesado em condições normais, e depois é pesado completamente submerso em uma cadeira ligada a uma balança. A diferença entre os pesos obtidos dentro e fora da água é usada para calcular o empuxo que atua sobre o indivíduo quando submerso. Conhecendo-se a densidade da água, o resultado é usado para determinar o volume. Associado a cálculos da densidade da gordura e de componentes magros do corpo humano, o volume pode nos dar a estimativa da porcentagem da gordura corporal e fornecer análises mais exatas dos riscos à saúde.

A equação de Deus

O IMC é só uma entre várias ferramentas matemáticas usadas regularmente na prática da medicina moderna. As outras variam de simples frações para o cálculo de doses de medicamentos a algoritmos complexos de reconstrução de imagens a partir de ressonâncias magnéticas. Na medicina do Reino Unido, existe uma fórmula que provavelmente se destaca entre todas as outras em termos de controvérsia, importância e abrangência das implicações. A "equação de Deus" dita quais novos medicamentos serão pagos pelo NHS:

ela, literalmente, determina quem vive e quem morre. Se você tem um filho com uma doença terminal, provavelmente afirmará que nenhum preço é alto demais para comprar mais algum tempo com o seu pequeno. Não é o que diz a "equação de Deus".

Em novembro de 2016, o filho de 14 meses de Daniella e John Else, Rudi, foi levado às pressas para o Sheffield Children's Hospital. Ele foi conectado a um respirador para continuar respirando, e os médicos disseram a Daniella e John que Rudi talvez não sobrevivesse àquela noite. A causa dessa preocupação era uma infecção pulmonar que a maioria das crianças superaria. A maioria das crianças, contudo, não sofre de atrofia muscular espinhal (AME).

Quando Rudi tinha seis meses, depois que os médicos não conseguiram descobrir qual era o problema dele, Daniella e John ajudaram a diagnosticar o filho com AME ao descobrirem que o primo de John fora acometido pelo mesmo distúrbio. Para a doença degenerativa muscular progressiva de Rudi, a expectativa de vida é de apenas dois anos. Milagrosamente, existe um medicamento chamado Spinraza, desenvolvido pela Biogen, que pode interromper e até reverter alguns dos debilitantes efeitos da AME. A droga pode melhorar e prolongar a vida de vítimas da AME como Rudi, mas em 2016 na Inglaterra, quando Rudi lutava pela vida no hospital, não era disponibilizada gratuitamente.

Em tese, nos Estados Unidos, assim que a FDA aprova a comercialização de um remédio, ele é disponibilizado para os pacientes. O Spinraza foi aprovado pela FDA em dezembro de 2016. Na prática, a maioria dos planos de saúde tem uma lista de "autorização prévia" para medicamentos caros ou com alto risco em potencial. Para cada tratamento, a lista estipula uma série de condições que devem ser atendidas antes de ele ser lançado para um paciente em particular. O Spinraza está nas listas de autorização prévia de todos os planos de saúde. É claro que, para ter acesso aos serviços de saúde nos Estados Unidos, também é necessário poder arcar com o custo de um plano de saúde. Em 2017, 12,2% dos americanos não tinham plano, e os Estados Unidos até hoje são a única nação altamente industrializada sem cobertura universal de saúde.

Em contraste a essa situação, na Inglaterra, a cobertura de saúde está disponível para todos, paga essencialmente pelos impostos e gratuita no momento do uso. A Agência Europeia de Medicamentos (EMA) e a Agência Reguladora de Medicamentos e Produtos de Saúde são as responsáveis pela aprovação da segurança e da eficácia dos medicamentos na Inglaterra. Em maio de 2017, a EMA aprovou o Spinraza para uso. Entretanto, como o NHS tem um orçamento limitado, não pode sancionar todos os novos tratamentos que chegam ao mercado. Qualquer decisão pode levar, por exemplo, a cortes na prestação de serviços sociais, à falta de diagnósticos ou de equipamentos para o tratamento de pacientes com câncer, ou ainda à insuficiência de pessoal nas unidades de cuidado neonatal. O Instituto Nacional para a Saúde e Excelência Clínica do Reino Unido (NICE, na sigla em inglês) é o órgão responsável por essas decisões difíceis. Quando se trata de medicamentos, uma fórmula consagrada é usada pelo NICE para garantir decisões objetivas.

A equação de Deus tenta avaliar o nível do "benefício para a saúde" que um medicamento oferece a um paciente em relação à quantia adicional solicitada ao NHS. Avaliar o primeiro fator é difícil. Como alguém pode comparar as vantagens de um remédio que reduz a incidência de doenças cardíacas, por exemplo, aos benefícios de outro que prolonga a vida de um paciente com câncer?

O NICE usa um referencial bastante disseminado conhecido como anos de vida ajustados por qualidade de vida, ou AVAQ. Ao comparar um novo tratamento a uma terapia preexistente, o AVAQ leva em conta não só o quanto uma droga pode prolongar a vida, mas também a qualidade que ela dá a essa vida prolongada. Um medicamento para o câncer que prolonga a vida por mais dois anos, mas deixa os pacientes com apenas 50% da saúde, ou uma cirurgia para colocação de uma prótese no joelho, que não prolonga a expectativa de vida de dez anos do paciente, mas melhora a qualidade em 10% são exemplos de tratamentos que podem gerar só um AVAQ. Já o tratamento bem-

-sucedido do câncer de testículo pode gerar um grande número de AVAQs, visto que os pacientes, geralmente jovens, têm a expectativa de vida dramaticamente prolongada sem redução da qualidade.

Depois que um cálculo confiável de AVAQs é estabelecido, é feita uma comparação entre a diferença nos AVAQs e a alteração nos custos do tratamento novo em relação ao antigo. Se o número de AVAQs diminuir, o novo tratamento é imediatamente rejeitado. Se o número de AVAQs aumentar e o custo diminuir, o financiamento de um tratamento mais eficaz e barato é uma escolha óbvia. Entretanto, se o caso for o mais comum, com um aumento tanto do número de AVAQs quanto dos custos, resta ao NICE tomar uma decisão. Nesses casos, a relação de custo-efetividade incremental (ICER) é calculada com a divisão do aumento dos AVAQs pelo aumento do custo. O ICER nos dá o aumento do custo por AVAQ ganho. Geralmente, o NICE estabelece o limite máximo de 20 a 30 mil libras por AVAQ para o ICER financiado.

Em agosto de 2018, vítimas de AME e suas famílias, incluindo Daniella, John e Rudi, aguardaram ansiosamente pela decisão do NICE quanto ao uso do Spinraza no NHS. O NICE reconheceu que o Spinraza "oferece importantes benefícios para a saúde" de pacientes com AME. Os resultados da melhoria na qualidade de vida também foram extremamente positivos. Esperava-se que o Spinraza gerasse 5,29 AVAQs adicionais. O custo adicional, porém, alcançou colossais 2.160.048 libras, produzindo um ICER de mais de 400 mil libras por AVAQ ganho: muito, muito acima do limite do NICE. Apesar dos testemunhos comoventes de vítimas de AME e seus cuidadores, seguindo a equação de Deus a única opção era proibir o uso do Spinraza no NHS.

Felizmente para a família Else, Rudi está num programa de acesso ampliado da produtora Biogen que permite que crianças com AME tipo 1 recebam o medicamento. Em fevereiro de 2019, ele recebeu sua décima injeção, e agora é uma criança de 3 anos em franco desenvolvimento, superando em muito a expectativa de vida para vítimas da AME tipo 1 sem o Spinraza. Entretanto, o Spinraza, um medicamento que salva e prolonga vidas, continua sem a aprovação do NICE para as vítimas de AME na Inglaterra.

Alarmes falsos

A aplicação da equação de Deus pode ser vista como uma tentativa de tirar as difíceis decisões de vida ou morte do campo da subjetividade e colocá-las sob o controle de uma fórmula matemática objetiva. Esse ponto de vista vem das aparentes imparcialidade e objetividade da matemática, mas não reconhece que decisões subjetivas estão sendo apenas disfarçadas sob a forma de julgamentos sobre limites de qualidade de vida e custo-efetividade nas primeiras etapas do processo de tomada de decisão. Analisaremos em mais detalhes a aparente imparcialidade da matemática no capítulo 6, quando considerarmos as implicações da otimização algorítmica em nosso cotidiano.

Longe da burocracia dos bastidores que orienta as decisões que são tomadas nos nossos sistemas de saúde e, frequentemente, não vistas pelo público, a matemática está sendo usada nas linhas de frente dos hospitais para salvar vidas. Como logo veremos, um resultado particularmente importante que ela está começando a produzir é a redução de alarmes falsos na unidade de tratamento intensivo (UTI).

Alarmes falsos geralmente se referem a um alarme disparado por algo que não o estímulo esperado. Acredita-se que impressionantes 98% de todos os alarmes de roubo nos Estados Unidos sejam falsos. Isso nos leva à pergunta: "Por que, então, ter um alarme?" À medida que nos acostumamos a alertas incorretos, tornamo-nos mais relutantes em investigar suas causas.

Alarmes de roubo não são os únicos com os quais nos acostumamos. Quando o detector de fumaça é ativado, geralmente já estamos abrindo a janela e raspando a parte queimada da torrada. Quando ouvimos o alarme de um carro na rua, poucos de nós sequer se levantam do sofá e colocam a cabeça para o lado de fora da janela a fim de investigar. A condição em que os alarmes deixam de ser úteis para se tornarem uma inconveniência que não inspira confiança tem nome: fadiga de alarmes. Isso é um problema, pois, quando os alarmes se tornam tão rotineiros a ponto de serem ignorados ou desativados, a situação pode ser bem mais grave do que não ter um alarme, como a família Williams, infelizmente, descobriu. Michaela Williams passou grande parte do primeiro ano do colegial sonhando em se tornar uma estilista. Por algum tempo, ela sofrera com inflamações de garganta renitentes, duradouras e dolorosas. Apesar de a cirurgia de retirada das amídalas ter um potencial maior para complicações em adolescentes do que em crianças, Michaela e a família decidiram recorrer a ela para melhorar a qualidade de vida da garota. Três dias depois do 17º aniversário, Michaela deu entrada no centro cirúrgico local. Após um procedimento de rotina que levou menos de uma hora, ela foi levada para a sala de recuperação, enquanto a mãe recebia a notícia de que a operação fora um sucesso e de que poderia levar a filha para casa mais tarde no mesmo dia. Para aliviar seu desconforto na sala de recuperação, Michaela tomou fentanil, um potente analgésico. Um dos efeitos colaterais conhecidos, mas relativamente raro, do fentanil é a hipoventilação. Para prevenir, a enfermeira conectou Michaela a um monitor registrando seus sinais vitais antes de se afastar para checar outros pacientes. Apesar de ela estar com as cortinas fechadas, o monitor alertaria rapidamente a enfermeira sobre qualquer piora na condição de Michaela.

Ou teria alertado, se não estivesse no modo silencioso.

Enquanto cuidavam de vários pacientes ao mesmo tempo na sala de recuperação, os alarmes falsos persistentes impediam sistematicamente as enfermeiras de trabalharem com eficiência. Interromper um procedimento em um paciente para reiniciar o alarme de outro não só estava custando um tempo vital às funcionárias, mas também tirando a concentração delas. Assim, as enfermeiras haviam encontrado uma solução simples para concluir suas tarefas sem interrupção. Tornara-se uma prática de rotina na sala de recuperação abaixar o volume dos monitores ou silenciá-los completamente.

Pouco depois de as cortinas terem sido fechadas ao seu redor, o fentanil provocou uma forte obstrução na respiração de Michaela. O alarme indicando hipoventilação foi acionado, mas ninguém viu a luz piscando por trás da cortina, e tampouco o ouviu. À medida que os níveis de oxigênio de Michaela caíam, seus neurônios começaram a

SENSIBILIDADE, ESPECIFICIDADE E SEGUNDAS OPINIÕES 71

disparar incontrolavelmente, desencadeando uma tempestade caótica cujo resultado foi um dano cerebral irreparável. Quando ela voltou a ser observada, 25 minutos depois da administração do fentanil, já sofrera um dano tão grave que não tinha mais chance de sobrevivência. Ela morreu quinze dias depois.

•

Para pacientes como Michaela, que estão se recuperando de operações ou precisam passar um tempo no tratamento intensivo, o monitoramento dos sinais vitais com alarmes automáticos para detectar da frequência cardíaca e pressão sanguínea à oxigenação do sangue e pressão intracraniana tem benefícios óbvios. Esses monitores geralmente são configurados para soar o alarme ao detectarem sinais acima ou abaixo de um patamar. Porém, aproximadamente 85% dos alertas automáticos nas UTIs são alarmes falsos.[7]

Há dois fatores que causam essa alta frequência de alarmes falsos. Em primeiro lugar, por razões óbvias, os alarmes das UTIs são configurados de modo a serem extremamente sensíveis: os patamares ficam muito próximos dos níveis fisiológicos normais para garantir que as menores anomalias sejam apontadas. Em segundo, os alarmes são disparados no instante em que um patamar é cruzado, não dando espaço para qualquer duração da anomalia. A combinação desses dois fatores faz com que até o mais breve e menor aumento na pressão sanguínea dispare um alarme. Embora o pico possa indicar um quadro perigoso de hipertensão, eles são muito mais frequentemente causados por uma variação normal ou um ruído no equipamento de aferição. Entretanto, se a pressão sanguínea elevada persistisse por um dado período, seria muito menos provável atribuí-la a um erro de aferição. Por sorte, a matemática tem uma solução simples para esse problema.

A solução é conhecida como filtragem, isto é, o processo pelo qual um sinal em um dado ponto é substituído pela média dos pontos vizinhos. Parece complicado, mas os dados filtrados fazem parte da nossa rotina. Quando climatólogos afirmam que "acabamos de ter o ano mais quente já registrado", não estão comparando as temperaturas diárias. Em vez disso, podem extrair a média de todos os dias do ano, nivelando as temperaturas diárias flutuantes, para chegar a um resultado que facilita a comparação.

A filtragem tende a atenuar os sinais, tornando os picos menos pronunciados. Ao tirarmos uma foto com uma câmera digital em condições de baixa luminosidade, as exposições mais longas requeridas costumam gerar imagens granuladas. Pixels claros dispersos aparecem em áreas escuras da imagem, e vice-versa. Como a intensidade dos pixels em uma foto digital é representada numericamente, a filtragem pode substituir o valor de cada pixel pelo valor médio dos seus vizinhos, filtrando o ruído e produzindo uma imagem menos granulada.

Também podemos usar diferentes tipos de médias na filtragem. A mais usada é a *média aritmética*. Para descobrirmos a média aritmética, somamos todos os valores de um conjunto de dados e os dividimos pela quantidade de valores. Se, por exemplo, quiséssemos descobrir a estatura média de Branca de Neve e dos sete anões, somaríamos as alturas e dividiríamos por oito. Essa média seria desviada por Branca de Neve, cuja altura relativa a torna um ponto discrepante (*outlier*) na série de dados. Outra medida seria uma representante melhor nesse caso: a *mediana*. Para descobrir a estatura mediana da turma, colocamos os anões e Branca de Neve em ordem de estatura (Branca de Neve na frente e Dunga por último), e medimos a estatura da pessoa do meio. Como temos oito (um número par) pessoas na fila, não temos uma única no meio. Em vez disso, extraímos a média aritmética das duas pessoas do meio (Zangado e Soneca) como mediana. Usando a mediana, removemos com sucesso a estatura discrepante de Branca de Neve, que estava tornando a média tendenciosa. Pela mesma razão, a mediana costuma ser aplicada a dados da renda média. Como fica evidente na Figura 4, os elevados salários de indivíduos muito abastados nas nossas sociedades tendem a distorcer a média — uma ideia que reencontraremos no próximo capítulo ao falarmos sobre os equívocos gerados pela matemática no Direito. A mediana fornece uma ideia melhor em relação à média aritmética do que esperar da renda disponível de uma família "típica". Pode-se argumentar que nem a estatura de Branca de Neve nem a renda dos ricos deveriam ser negligenciadas nas estatísticas, pois são tão válidas quanto todos os outros pontos da série. Embora seja verdade, a questão é que nem a média aritmética nem a mediana são corretas em nenhum sentido objetivo. As diferentes medidas simplesmente são úteis para aplicações diferentes.

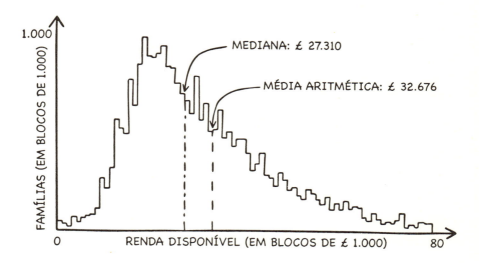

Figura 4: A frequência das famílias do Reino Unido com uma dada renda disponível (em blocos de mil libras e extraídos os impostos) em 2017. A mediana (27.310 libras) pode ser considerada uma representação melhor da renda líquida da família "típica" do que a média aritmética (32.676 libras).

Ao filtrarmos uma imagem digital granulada, queremos remover os efeitos de valores inválidos de pixels. No cálculo da média de valores de pixels vizinhos, a filtragem da média aritmética modula, mas não remove completamente esses valores extremos. Já a filtragem mediana ignora os valores de pixels que representam ruídos extremos sem perdas.

Pela mesma razão, a filtragem mediana está começando a ser usada nos monitores das UTIs para evitar alarmes falsos.[8] Extraindo a mediana de uma série de leituras sequenciais, os alarmes são acionados apenas quando os patamares são ultrapassados por um período contínuo (em-

AS MATEMÁTICAS DA VIDA E DA MORTE

bora ainda curto) e não por um único pico ou mergulho. A filtragem mediana pode reduzir a ocorrência de alarmes falsos nos monitores das UTIs em até 60% sem ameaçar a segurança dos pacientes.[9]

•

Os alarmes falsos são uma subcategoria de erros conhecidos como falsos positivos. Um falso positivo, como o nome sugere, é o resultado de um teste indicando a presença de uma condição ou atributo na sua ausência. Falsos positivos geralmente ocorrem em testes binários, que só podem ter um de dois resultados: positivo ou negativo. Quando ocorrem em exames médicos, os falsos positivos levam pessoas saudáveis a ouvirem que estão doentes. No Direito, fazem inocentes serem condenados por crimes que não cometeram. (Conheceremos muitas dessas vítimas no próximo capítulo.)

Um teste binário pode estar errado de duas maneiras. Os quatro resultados possíveis de um teste binário (dois corretos e dois incorretos) podem ser analisados na Tabela 2. Além de falsos positivos, também existem falsos negativos.

Condição prevista	Condição verdadeira	
	Positivo	Negativo
Positivo	Verdadeiro positivo	Falso positivo
Negativo	Falso negativo	Verdadeiro negativo

Tabela 2: Os quatro resultados possíveis de um teste binário.

É natural presumir que nos diagnósticos de doenças falsos negativos podem ser mais prejudiciais, uma vez que informam aos pacientes que eles não têm a doença testada pelo exame quando na verdade a têm. Conheceremos algumas das vítimas dos falsos negativos ainda neste capítulo. Mas os falsos positivos podem ter implicações surpreendentes e sérias, ainda que por razões completamente diferentes.

Rastreamento

Tomemos como exemplo o rastreamento. O rastreamento é o exame maciço de pessoas assintomáticas em um grupo de alto risco em busca de uma doença em particular. Por exemplo, no Reino Unido as mulheres com mais de 50 anos são convidadas a fazer rastreamentos de rotina para a identificação do câncer de mama, visto que correm um risco maior de desenvolver a doença. A ocorrência de falsos positivos nos programas de rastreamento médico atualmente é tema de debates intensos.

A prevalência do câncer de mama entre as mulheres do Reino Unido fica em torno de 0,2%. Ou seja, em qualquer momento, para cada 10 mil mulheres vivas no Reino Unido, espera-se que 20 tenham câncer de mama. Não parece um número muito alto, mas é, pois, na maioria dos casos, o câncer de mama é curado rapidamente. Nos poucos casos em que não é, a expectativa de vida não é muito longa. Uma em cada oito mulheres será diagnosticada com câncer de mama ao longo da vida. No Reino Unido, aproximadamente uma em cada dez dessas mulheres é diagnosticada em estágio avançado (estágio três ou quatro). O diagnóstico tardio reduz consideravelmente as chances de sobrevivência a longo prazo, o que serve para reforçar a importância vital das mamografias regulares, especialmente para mulheres em faixas etárias vulneráveis. Porém, há um problema matemático nos rastreamentos do câncer de mama que é ignorado pela maioria das pessoas.

Kaz Daniels é de Northampton e tem três filhos. Em 2010, aos 50 anos, ela fez sua primeira mamografia de rotina. Uma semana depois do exame, recebeu uma carta pelo correio solicitando seu retorno em dois dias para outros exames. Como seria natural, a urgência solicitada para o retorno a perturbou. Ela passou os dois dias seguintes preocupada demais para comer e para dormir, pensando obsessivamente nas possíveis consequências de um diagnóstico positivo.

A maioria das pacientes que fazem mamografia vê o exame como uma forma exata de rastreamento do câncer de mama. De fato, para quem tem a doença, o exame a identifica cerca de nove em cada dez vezes. Para quem não a tem, os resultados do exame também são corretos nove em cada dez vezes.[10] Conhecendo essas dez, ao receber um resultado positivo da mamografia Kaz considerou provável que tivesse a doença. Entretanto, um argumento matemático simples demonstra que, na verdade, é o oposto.

A prevalência do câncer de mama entre as mulheres com mais de 50 anos — as convidadas para exames de rastreamento de rotina — é um pouco mais alta do que na população feminina em geral: 0,4%. Os destinos de 10 mil dessas mulheres são analisados na Figura 5. Podemos ver que, em média, só 40 delas terão câncer de mama, enquanto 9.960 não o terão. Porém, 1 em cada 10, ou 996 das mulheres que não têm a doença receberão um diagnóstico positivo incorreto. Em comparação às 36 mulheres corretamente diagnosticadas com a doença, isso significa que um resultado positivo do exame só está correto em 36 de 1.032 casos, ou 3,48% das vezes. A proporção dos resultados positivos que são verdadeiros representa a precisão do exame. Das 1.032 mulheres que recebem um resultado positivo, apenas 36 delas de fato têm câncer de mama. Reformulando, se a sua mamografia tiver um resultado positivo, é bem provável que você não tenha câncer de mama. Apesar de parecer um exame muito exato, a baixa prevalência da doença na população o torna extremamente impreciso.

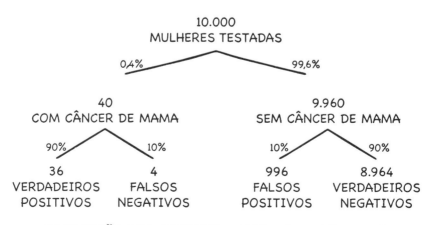

Figura 5: Das 10 mil mulheres com mais de 50 anos examinadas, 36 receberão um resultado positivo correto, enquanto 996 receberão o mesmo resultado sem ter a doença.

SENSIBILIDADE, ESPECIFICIDADE E SEGUNDAS OPINIÕES 77

Para sua infelicidade, Kaz não sabia disso, e o mesmo acontece a muitas das mulheres que fazem o exame. Aliás, muitos médicos não sabem interpretar mamografias positivas. Em 2007, um grupo de 160 ginecologistas recebeu a seguinte informação sobre a exatidão das mamografias e a prevalência do câncer de mama na população:[11]

- A probabilidade de uma mulher ter câncer de mama é de 1% (prevalência).
- Se uma mulher tem câncer de mama, a probabilidade de receber um resultado positivo é de 90%.
- Se uma mulher não tem câncer de mama, a probabilidade de ainda assim receber um resultado positivo é de 9%.

Com base nessas informações, os médicos tinham que responder qual das seguintes afirmações caracterizava melhor as chances de uma paciente com uma mamografia positiva realmente ter câncer de mama:

- A. A probabilidade de ela ter câncer de mama é de cerca de 81%.
- B. De dez mulheres com uma mamografia positiva, cerca de nove têm câncer de mama.
- C. De dez mulheres com uma mamografia positiva, cerca de uma tem câncer de mama.
- D. A probabilidade de ela ter câncer de mama é de cerca de 1%.

A resposta mais frequente entre os ginecologistas foi A — que o resultado positivo de uma mamografia estaria correto 81% das vezes (por volta de oito vezes em cada dez). Eles acertaram? Bem, podemos encontrar a resposta certa considerando a árvore de decisão atualizada exibida na Figura 6. Com uma prevalência na população geral de 1%, de 10 mil mulheres selecionadas aleatoriamente, em média 100 terão câncer de mama. Dessas 100, 90 receberão um resultado positivo correto da mamografia. Das 9.900 mulheres que não têm câncer de mama, 891 receberão um resultado positivo incorreto. De um total de 981 mulheres com um resultado positivo, apenas 90 — ou cerca de 9% — têm de fato a doença. É alarmante que as estimativas dos ginecologistas tenham ficado tão acima do verdadeiro valor. Só cerca de um quinto dos testados escolheram a alternativa certa, que corresponde à letra C; um resultado pior do que se todos os médicos tivessem chutado.

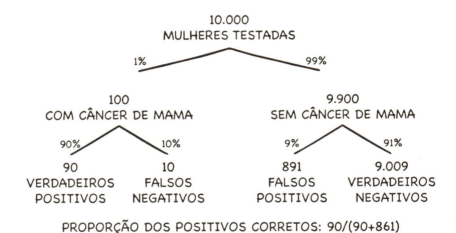

Figura 6: Das 10 mil mulheres hipotéticas no teste de múltipla escolha, 90 receberão um resultado positivo correto, enquanto 891 receberão o mesmo resultado positivo sem ter a doença.

Como era de se esperar, o segundo exame de Kaz foi negativo. O sofrimento que ela viveu, contudo, ocorre com a maioria das mulheres que recebem um resultado positivo da mamografia. Com mamografias repetidas, como orienta a maioria dos programas de rastreamento, as chances de se receber um falso positivo aumentam. Presumindo que a probabilidade de um falso positivo seja igualmente de 10% (ou 0,1), em cada exame a probabilidade de um diagnóstico negativo correto é de 90% (ou 0,9). Após sete exames independentes, a probabilidade de nunca receber um falso positivo (o número 0,9 multiplicado por si mesmo sete vezes, ou $0,9^7$) cai para menos de metade (aproximadamente 0,47). Em outras palavras, só são necessárias sete mamografias para uma mulher sem câncer de mama ter maior probabilidade de receber um falso positivo do que de não o receber. Como é recomendado fazer mamografias a cada triênio depois dos 50 anos, as mulheres que participam do programa de rastreamento podem esperar pelo menos um falso positivo ao longo da vida.

A ilusão da certeza

É claro que essa frequência alta de falsos positivos levanta questões sobre o custo-benefício dos programas de rastreamento. Taxas elevadas de falsos positivos podem ter efeitos psicológicos prejudiciais e levar pacientes a adiar ou cancelar futuras mamografias. Mas os problemas relacionados à mamografia vão além de simples falsos positivos. Escrevendo no *British Medical Journal*,[12] Muir Gray, ex-diretor do Programa de Rastreamento Nacional do Reino Unido, admitiu que: "Todos os programas de rastreamento têm consequências negativas; alguns também têm positivas; e, entre estes, alguns têm mais consequências positivas do que negativas a um custo razoável."

O rastreamento pode levar ao fenômeno do sobrediagnóstico. Embora mais casos de câncer sejam detectados pelo rastreamento, muitos são cânceres tão pequenos ou de desenvolvimento tão lento que nunca representariam ameaça à saúde da mulher, não causando nenhum problema se não fossem detectados. Acontece que a palavra com C provoca tanto medo da morte na maioria de nós que muitas mulheres, com frequência por recomendação médica, submetem-se a cirurgias invasivas ou tratamentos dolorosos sem necessidade.

Há debates semelhantes em torno de outros programas de rastreamento em massa, incluindo o teste de Papanicolau para a identificação do câncer do colo do útero (uma doença que revisitaremos no capítulo 7, quando reconsiderarmos o custo-benefício e a equidade dos programas de vacinação), o teste do PSA para o câncer de próstata e rastreamentos para o câncer de pulmão. Assim, é importante entendermos a diferença entre rastreamentos e exames diagnósticos.

80   AS MATEMÁTICAS DA VIDA E DA MORTE

Podemos pensar no rastreamento como uma analogia à busca por emprego. A candidatura inicial para uma vaga permite que o empregador faça uma triagem eficiente dos aspirantes para a entrevista com base em algumas características desejadas. Do mesmo modo, os rastreamentos lançam uma grande rede menos discriminatória sobre uma grande população para identificar pessoas que ainda não desenvolveram sintomas claros. Geralmente, são testes menos exatos, mas podem ser aplicados com bom equilíbrio custo-benefício a grandes números de pessoas. Os empregadores usam métodos com mais recursos e mais informativos, como dinâmicas de grupo e entrevistas, para decidir quais candidatos contratarão. Analogamente, assim que uma população de pessoas potencialmente doentes é identificada através de um rastreamento, elas podem ser submetidas a exames diagnósticos mais caros e mais discernentes, para confirmar ou descartar os resultados iniciais do rastreamento. Você não presumiria que conseguiu o emprego só porque foi convidado para a entrevista. Igualmente, não deveria presumir que tem uma doença com base no resultado positivo de um rastreamento. Quando a prevalência de uma doença é baixa, os rastreamentos produzem muito mais falsos do que verdadeiros positivos.

Os problemas causados pelos falsos positivos nos rastreamentos médicos devem-se, em parte, à nossa aceitação cega da exatidão dos exames médicos. Esse fenômeno costuma ser chamado de *ilusão da certeza*. Também estamos tão desesperados por uma resposta definitiva, seja qual for, especialmente no quesito saúde, que nos esquecemos de encarar os resultados dos nossos exames com a dose necessária de ceticismo.

Em 2006, perguntaram a mil adultos na Alemanha se uma série de exames produzia resultados 100% corretos.[13] Embora 56% tenham identificado corretamente as mamografias como caracterizadas por certo grau de imprecisão, a grande maioria acreditava que os testes de DNA, as análises de impressões digitais e os exames de HIV eram 100% conclusivos, o que, conforme já demonstrado, não o são.

SENSIBILIDADE, ESPECIFICIDADE E SEGUNDAS OPINIÕES 81

Em janeiro de 2013, o jornalista Mark Stern passou uma semana de cama com febre. Ele marcou uma consulta com o novo médico, que decidiu colher sangue para uma série de exames. Algumas semanas depois, sentindo-se melhor após um tratamento com antibióticos, Mark estava sozinho no seu apartamento em Washington DC quando o telefone tocou. Era o médico com os resultados. A conversa que teriam pegou Mark completamente despreparado.

"O seu teste ELISA deu positivo", o médico disse, e acrescentou sem rodeios: "É melhor admitir de uma vez que você é portador de HIV." Apesar de sequer saber que o médico havia feito um teste ELISA para checar se ele tinha HIV (ou o segundo exame, o Western Blot), diante dessa evidência e do conselho do médico Mark não tinha opção além de processar o choque de ser soropositivo. Antes de desligar, o médico sugeriu que ele fosse fazer exames de confirmação no dia seguinte.

Naquela noite, Mark e o namorado revisaram seus exames negativos de HIV de meses recentes e tentaram pensar em todas as situações que poderiam ter ocasionado o contágio no período posterior aos testes. Por estarem comprometidos em uma relação monogâmica e praticarem sexo seguro, foi difícil identificar possibilidades. Mais difícil ainda foi dormir naquela noite.

Na manhã seguinte, em pânico, confuso e exausto por não ter dormido, Mark chegou ao centro cirúrgico. Enquanto coletava sangue do braço do paciente para um exame confirmatório de RNA, o médico reiterou a convicção de que Mark era soropositivo e sugeriu um imunoensaio para a confirmação. Durante os 20 minutos de espera pelo resultado, os mais longos da sua vida, Mark pensou em como ela mudaria com o HIV. Embora não seja mais a sentença de morte estigmatizada de outrora, ele sabia que um diagnóstico o faria reavaliar e questionar muitos aspectos da sua vida — para começar, como se tornara soropositivo.

Ao final da espera agonizante, nenhuma linha vermelha aparecera na janela de resultados. Em vez disso, surgira um raio de esperança entre as nuvens da paisagem mental agitada de Mark. O resultado do exame foi negativo. Duas semanas depois, Mark recebeu os resultados do teste mais exato de RNA — também negativos. Depois de mais um imunoensaio ter dado negativo, as nuvens se dissiparam com a conclusão do médico de que Mark não tinha HIV.

Na verdade, os testes ELISA e Western Blot originais de Mark eram ambíguos. O teste ELISA de fato apresentara níveis elevados de anticorpos, indicando um resultado positivo. Entretanto, quando ele fez o teste, o ELISA tinha uma taxa conhecida de falsos positivos de cerca de 0,3%.[14] O resultado do Western Blot — um teste mais exato projetado para identificar esses falsos positivos — apontava para um erro do laboratório. Porém, como nunca tinha visto esse erro, o médico de Mark se equivocou na interpretação dos resultados. Seu diagnóstico pode ter sido influenciado pelo conhecimento de que Mark era gay, o que o colocava em uma categoria de risco para o HIV. A cegueira provocada pela ilusão da certeza fez Mark confiar no julgamento do médico e na exatidão dos exames.

Dois testes são melhores do que um

Muitos não entendem o conceito de exatidão para testes binários. Do ponto de vista da proporção da população que não tem a doença (geralmente, a grande maioria), poderíamos definir a "exatidão" do teste como a proporção das pessoas identificadas corretamente como não portadoras da doença — os "verdadeiros negativos". Quanto maior a proporção de verdadeiros negativos (e, portanto, menor a de falsos positivos), mais exato é o teste. Na verdade, a proporção dos verdadeiros negativos é conhecida como "especificidade" de um teste. Se um teste é 100% específico, só pessoas que tiverem de fato a doença receberão resultados positivos — não há falsos positivos.

Mesmo os testes completamente específicos não têm garantia de identificar *todo mundo* que tem a doença. Talvez, devêssemos classificar a exatidão com base no ponto de vista das pessoas que têm a doença. Se você estivesse no lugar delas, não consideraria uma prioridade que sua doença fosse identificada no primeiro teste? Assim, talvez a "exatidão"

SENSIBILIDADE, ESPECIFICIDADE E SEGUNDAS OPINIÕES 83

de um teste pudesse ser a proporção de "verdadeiros positivos" — as pessoas que têm a doença e são corretamente identificadas como tal. Essa proporção é conhecida como "sensibilidade" do teste. Um teste com 100% de sensibilidade alertaria corretamente todos os pacientes afetados sobre a sua condição.

A precisão de um teste é encontrada calculando o número de verdadeiros positivos e dividindo-o pelo total de positivos, tanto verdadeiros quanto falsos. A baixa precisão dos rastreamentos de câncer de mama, de apenas 3,48%, foi o que tanto nos surpreendeu no início do capítulo. O termo "exatidão", todavia, geralmente é reservado ao número de verdadeiros positivos e verdadeiros negativos dividido pelo número total das pessoas que fazem o teste. Isso faz sentido, visto que é a proporção de vezes que um teste gera o resultado correto, seja qual for.

É difícil determinar taxas definitivas de erro para o teste ELISA de HIV que gerou um resultado errado para Mark Stern. Mas a maioria dos estudos admite uma especificidade de por volta de 99,7% e uma sensibilidade de muito aproximadamente 100%. Um resultado negativo do teste sugere que o paciente quase certamente não tem HIV, mas, em média, três em cada mil pessoas que não têm HIV receberão um diagnóstico positivo incorreto. O Reino Unido tem uma prevalência de HIV de apenas 0,16%. Dos 1 milhão de cidadãos representados na Figura 7, em média 1.600 têm HIV, e 998.400, não. Dos 998.400 pacientes que não têm HIV e fazem um teste ELISA, mesmo com uma especificidade de 99,7%, 2.995 receberão um diagnóstico positivo incorreto. O número de falsos positivos supera os 1.600 verdadeiros positivos na proporção de quase dois para um. Como ocorre no rastreamento do câncer de mama, como a prevalência do HIV é baixa, e visto que o teste ELISA não tem 100% de especificidade, a proporção de pessoas com diagnósticos positivos que de fato estão doentes (a precisão do teste) é baixa, de apenas um terço. A exatidão do teste, por sua vez, é extremamente alta. Ele gera 997.005 resultados corretos (positivos ou negativos) para cada milhão de pessoas testadas — uma acurácia de mais de 99,7%. Até testes muito exatos podem sofrer de uma imprecisão alarmante.

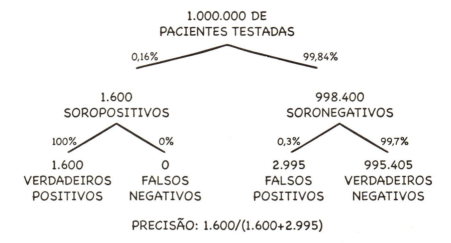

Figura 7: De 1 milhão de cidadãos do Reino Unido que fazem o teste ELISA, 1.600 receberão um diagnóstico positivo correto de HIV, enquanto 2.995 receberão um resultado positivo sem ter a doença.

Uma forma simples de melhorar a precisão de um teste é fazer outro. É por isso que o primeiro exame para muitas doenças (como vimos ser o caso na identificação do câncer de mama) é um rastreamento de baixa especificidade. É projetado para apontar a um baixo custo o máximo possível de casos em potencial e deixar passar o mínimo possível. O segundo teste em geral é diagnóstico e tem uma especificidade muito mais alta, eliminando a maioria dos falsos positivos. Mesmo que um teste mais específico não esteja disponível, refazer o mesmo teste nos pacientes que tiveram resultados positivos pode melhorar dramaticamente a precisão. No caso do ELISA, a primeira tentativa aumenta a prevalência dos indivíduos com resultados positivos de HIV na população que realiza novamente o teste de 0,16% para cerca de 34,8%: o valor da precisão do primeiro teste. Ao repetirmos o procedimento, como na árvore de decisão da Figura 8, a maioria dos falsos positivos originais é eliminada pela alta precisão do teste, enquanto os verdadeiros positivos continuam sendo identificados. A precisão aumenta para 1.600/1.609, o que equivale a cerca de 99,4%.

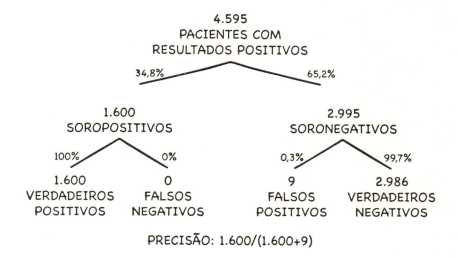

Figura 8: Dos 4.595 pacientes que originalmente receberam resultados positivos, os 1.600 verdadeiros positivos ainda serão diagnosticados corretamente, mas o número de falsos positivos será reduzido a apenas 9.

•

Em tese, é possível ter um teste ao mesmo tempo completamente sensível e específico: um teste que identifique todas as pessoas, e apenas elas, que tenham a doença. Esse teste poderia ser genuinamente descrito como 100% exato.

Testes completamente exatos não são inéditos. Em dezembro de 2016, uma equipe global de pesquisadores desenvolveu um exame de sangue para a doença Creutzfeldt-Jakob (DCJ).[15] Um estudo controlado sobre a doença neurodegenerativa fatal, supostamente causada pelo consumo de carne de animais infectados com a doença da vaca louca, identificou corretamente todos os 32 pacientes portadores (sensibilidade completa) sem falsos positivos (especificidade completa) entre os 391 pacientes de controle.

Embora não precisemos, necessariamente, trocar sensibilidade por especificidade, na prática é isso que costuma acontecer. Em geral, falsos positivos e negativos são inversamente proporcionais: quanto menos falsos positivos, mais falsos negativos e vice-versa. Na prática, testes

eficazes encontram um patamar onde traçar a linha entre a especificidade completa e a sensibilidade completa, equilíbrio que fica em algum
ponto entre os dois extremos, o mais próximo possível de ambos.

A razão para esse conflito é que geralmente estamos procurando
fatores relacionados, e não os fenômenos em si. O teste que diagnos-
ticou Mark Stern erroneamente como soropositivo não identifica o
vírus do HIV. Em vez disso, identifica os anticorpos que o sistema
imunológico aciona na tentativa de enfrentar o vírus. Entretanto,
os níveis de anticorpos associados ao HIV podem ser elevados por
algo tão inofensivo quanto a vacina contra a gripe. Analogamente, a
maioria dos testes domésticos de gravidez não identifica a presença de
um embrião viável no útero. Geralmente, esses testes acusam níveis
elevados do hormônio hCG, produzido depois da implantação do
embrião. Esses indicadores costumam ser chamados de marcadores
substitutos. Marcadores semelhantes aos substitutos podem produzir
um resultado positivo, gerando um diagnóstico errado para o teste.

A base mais comum dos exames diagnósticos para a DCJ, por
exemplo, são as tomografias cerebrais e biópsias que avaliam o efeito
em potencial no cérebro das proteínas defeituosas que são a raiz do
problema. Infelizmente, as características avaliadas por esses testes são
semelhantes a características de pessoas com demência, o que dificulta
diagnósticos claros. Em vez de procurar sintomas sutilmente diferentes
que poderiam ser confundidos com outras doenças, o novo exame
sanguíneo para a acusação da DCJ detecta as proteínas infecciosas
que sempre originam a doença. É por isso que o teste pode ser tão
conclusivo: se as proteínas malformadas forem encontradas, a pessoa
tem a doença; se não, a pessoa não tem. Se o teste é feito para encontrar
a raiz da doença, e não um fator relacionado, é simples assim.

•

Outra razão comum para a falha dos testes que procuram fatores relacionados ocorre quando o marcador substituto é produzido por algo
diferente do fenômeno que queremos identificar. Anna Howard tinha

SENSIBILIDADE, ESPECIFICIDADE E SEGUNDAS OPINIÕES 87

só 20 anos quando acordou enjoada numa manhã de junho de 2016. Apesar de ela e o namorado, Colin, com quem já se relacionava fazia nove meses, não estarem tentando ter um bebê, Anna decidiu fazer um teste de gravidez para checar. Ficou surpresa quando a linha azul surgiu lentamente, como por mágica, enquanto observava o bastão. Não era algo que nenhum dos dois planejara, mas, depois de terem se convencido de que seriam bons pais, Colin e Anna decidiram ficar com o bebê e até começaram a pensar em nomes.

Com oito semanas de gravidez, Anna começou a sangrar. Seu clínico a mandou ao hospital para uma ultrassonografia com o intuito de verificar se o bebê estava bem. Depois da ultrassonografia, os médicos informaram a Anna que ela estava abortando. Disseram-lhe que voltasse no dia seguinte para exames que confirmassem o quadro. Ao retornar, contudo, um teste hormonal não muito diferente do teste de gravidez para fazer em casa mostrou que os níveis de hCG, o "hormônio da gravidez", de Anna continuavam altos o bastante para indicar uma gestação viável. Assim, os médicos informaram que o diagnóstico de aborto fora um alarme falso.

Uma semana depois, Anna estava sangrando novamente e com uma dor intensa, então voltou ao hospital. Desta vez, temendo uma gravidez ectópica, os médicos realizaram uma inspeção do aparelho reprodutivo de Anna com uma câmera de fibra ótica. Felizmente, não encontraram evidências de um feto crescendo no lugar errado. Mas o que estava crescendo no útero de Anna sequer era um feto. Em vez de um bebê saudável, Anna tinha uma neoplasia trofoblástica gestacional (NTG), ou gravidez molar — um tumor canceroso —, crescendo no útero. O tumor estava crescendo em um ritmo muito semelhante ao de um feto e produzindo hCG, o indicador relacionado à gravidez, enganando os testes de gravidez, Anna e os médicos, e os fazendo pensar que o câncer que ameaçava sua vida era um bebê saudável.

Embora tumores como a NTG de Anna sejam raros, outros tipos de tumor também podem gerar falsos positivos em testes de gravidez por produzirem o indicador substituto hCG. A Teenage Cancer Trust afirma que testes de gravidez têm sido usados pelo menos na última década para ajudar no diagnóstico do câncer de testículo. De fato, só uma pequena minoria dos tumores de testículo gera resultados positivos. Mas o fato de nesses casos quaisquer resultados positivos de gravidez serem reconhecidamente falsos significa que níveis elevados de hCG têm grande probabilidade de serem resultado de um tumor.

Os testes de gravidez são patentemente passíveis de produzir falsos positivos (em alguns casos muito úteis). No entanto, os níveis de hCG na urina podem ser tão baixos que esses testes também são capazes de produzir falsos negativos. Embora menos comuns do que os falsos positivos, os falsos negativos dos testes de gravidez podem ter efeitos adversos significativos para as futuras mães. Em um caso, uma mulher abortou ao ser submetida a um procedimento cirúrgico que nunca teria sido realizado se ela soubesse que estava grávida.[16] Em outro caso, uma mulher teve uma gravidez ectópica ignorada pelos exames de urina, o que levou à ruptura de uma das trompas de Falópio e a uma hemorragia que poderia ter sido fatal.[17]

•

Na maioria dos casos, quando a gravidez está bem estabelecida — no Reino Unido considera-se que isso ocorra geralmente por volta da 12ª semana —, abandonamos os marcadores hormonais relacionados trocando-os por ultrassonografias, que demonstram diretamente a presença de um feto em desenvolvimento no útero. Porém, o propósito da ultrassonografia raramente é estabelecer a gravidez, mas sim verificar se o feto está se desenvolvendo normalmente. Um dos testes realizados nessa etapa é o da translucência nucal. O objetivo da ultrassonografia é detectar anomalias cardiovasculares no feto, geralmente associadas a anomalias cromossômicas como a síndrome de Patau, a de Edwards e a de Down. O DNA da maioria das pessoas é agrupado em 23 pares numerados de cromossomos. Nessas três condições verificadas pela translucência nucal, um dos pares numerados possui um cromossomo extra — ou seja, na verdade é um trio cromossômico, ou "trissomia".

SENSIBILIDADE, ESPECIFICIDADE E SEGUNDAS OPINIÕES 89

A translucência nucal não é tão simples quanto um teste binário. Não prevê categoricamente se uma criança ainda não nascida tem síndrome de Down. Em vez disso, oferece aos futuros pais uma análise do risco da condição. Não obstante, com base no teste, uma gravidez é categorizada como de alto risco ou de baixo risco, distinção usada na informação dos resultados aos pais. Se um bebê não nascido é categorizado como em baixo risco (chance inferior a uma em 150) de ter síndrome de Down, não são necessários outros testes. Mas, se o bebê está na categoria de alto risco, costuma-se oferecer a amniocentese, mais precisa. Um fluido contendo células da pele fetal é extraído com uma agulha da bolsa amniótica que envolve o feto. A perfuração do útero e da bolsa amniótica tem um risco: entre cinco e dez de cada mil grávidas que fazem a amniocentese sofrem abortos em seguida. Mas a maior especificidade do teste torna o risco oferecido pela amniocentese aceitável para muitos futuros pais. O teste pode ser mais exato do que uma ultrassonografia por detectar explicitamente o cromossomo extra no DNA do bebê (extraído das células da pele fetal), e não um marcador relacionado. Ele elimina os falsos positivos do primeiro teste e dá aos pais com verdadeiros positivos tempo para tomar uma decisão informada quanto a dar ou não continuidade à gravidez. Os casos que acabam passando são os falsos negativos — pais que recebem o resultado incorreto de que o filho tem um risco baixo de ter síndrome de Down e não são orientados a fazer mais testes.

Flora Watson e Andy Burrell estão nesse grupo de pais. Em 2002, depois de um susto na quarta semana da segunda gravidez, Flora decidiu pagar pelo relativamente novo teste de translucência nucal, a ser realizado com dez semanas de gestação. Após a ultrassonografia, ela foi informada de que tinha uma chance extremamente baixa de ter um filho com síndrome de Down. Na verdade, a probabilidade de Flora ter um bebê com Down foi comparada à de ganhar na loteria — por volta de uma em 14 milhões. É uma garantia maior do que a maioria dos pais pode esperar desse tipo de rastreamento. Flora ficou feliz por não precisar passar pelo procedimento arriscado da amniocentese para confirmar o que a translucência nucal já havia lhe dito. Em vez disso, poderia prosseguir animada com os preparativos para o nascimento do segundo filho.

Cinco semanas antes da data do parto, contudo, Flora percebeu algo preocupante. O bebê em seu ventre começara a se mexer cada vez menos. Três semanas depois, ela estava no hospital dando à luz Christopher. Ele saiu rápido, apenas meia-hora depois de Flora ter chegado. Quando saiu, estava tão roxo e contorcido que Flora achou que estava morto. As enfermeiras garantiram a ela e a Andy que ele estava muito vivo, mas a notícia que deram em seguida mudaria o futuro da família.

Christopher tinha síndrome de Down. Ao ouvir a notícia, Andy saiu correndo da sala e Flora começou a chorar. O que deveria ter sido uma celebração para eles se transformou quase em luto pela perda do "bebê saudável". Flora lembra que nas 24 horas seguintes "Eu simplesmente não consegui tocar nem me aproximar dele". Então, Christopher passou a primeira noite de sua vida só, cuidado apenas pelas enfermeiras no berçário. Quando a família chegou para conhecer o recém-nascido, as coisas pioraram. Tendo criado outro filho com dificuldades de aprendizagem, o pai de Andy os incentivou a deixar Christopher no hospital. A mãe de Flora se recusava a sequer olhar para o bebê.

A vida que os aguardava quando levaram Christopher para casa era muito diferente da que haviam esperado com tanta ansiedade nos meses anteriores, depois do resultado da translucência nucal. A família inteira acabou aceitando a condição de Christopher, mas cuidar de uma criança deficiente teve um custo. O tempo, a pressão e a exaustão deixaram a relação tensa, e Flora e Andy acabaram se separando. Flora insiste que não teria interrompido a gravidez se Christopher tivesse sido diagnosticado antes. Sua revolta se deve a não ter tido tempo para se adaptar e se preparar para a condição do filho — uma queixa que voltaremos a ouvir no capítulo 6, quando descobrirmos os perigos do algoritmo para diagnóstico automático. Talvez, o sofrimento vivido pela família depois do nascimento de Christopher tivesse sido evitado se não fosse pelo falso resultado negativo do teste.

•

SENSIBILIDADE, ESPECIFICIDADE E SEGUNDAS OPINIÕES 91

Gostemos ou não, os falsos positivos e negativos são inevitáveis. A matemática e a tecnologia moderna podem nos ajudar a lidar com alguns desses problemas, com ferramentas como a filtragem, mas há outros problemas com os quais precisamos aprender a lidar sozinhos. Devemos nos lembrar de que rastreamentos não são exames diagnósticos, e que seus resultados devem ser questionados. Isso não quer dizer que devemos ignorar completamente o resultado positivo de um rastreamento, mas devemos esperar os resultados de outros testes mais exatos antes de perdermos o sono. O mesmo se aplica aos testes genéticos personalizados. As categorias de risco nas quais um indivíduo pode ser colocado variam de uma companhia para outra, e é impossível todas estarem certas. Como Matt Fender descobriu ao se deparar com um diagnóstico de Alzheimer que poderia ter limitado sua vida, um segundo exame pode ajudar a fornecer uma resposta mais definitiva.

Para alguns testes, não há uma versão mais exata. Nesses casos, precisamos nos lembrar de que até mesmo repetir o exame pode aumentar dramaticamente a precisão dos resultados. Nunca devemos ter medo de pedir uma segunda opinião. É nítido que mesmo os médicos — os supostos especialistas — nem sempre compreendem os números completamente, apesar da confiança que inspiram. Antes de começar a se preocupar sem motivo com base em um único exame, descubra qual é a sensibilidade e a especificidade do teste que realizou, e calcule a probabilidade de um resultado incorreto. Questione a ilusão da certeza e recupere o poder da interpretação. Como veremos no próximo capítulo, deixar de questionar figuras de autoridade, principalmente as que exploram os princípios da matemática, já colocou mais de uma pessoa do lado certo da lei, mas do lado errado da grade na prisão.

3

AS LEIS DA MATEMÁTICA:

Investigando o papel da matemática no Direito

Sally Clark entrou no quarto do seu chalé, onde o marido, Steve, deixara o filho de oito semanas, Harry, dormindo minutos antes. Ela gritou. Harry estava caído no bebê conforto, o rosto azul e sem respirar. Apesar das tentativas de reanimação feitas por Steve e pela equipe da ambulância, Harry foi declarado morto pouco mais de uma hora depois. Uma terrível tragédia para qualquer mãe. Mas era a segunda vez que algo semelhante acontecia com Sally Clark.

Pouco mais de um ano antes, Steve saíra de casa no bairro arborizado de Wilmslow, Manchester, para o jantar de Natal do seu departamento. Naquela noite, Sally colocou sozinha o filho de 11 semanas, Christopher, para dormir no cesto Moisés. Por volta de duas horas depois, ao encontrar o bebê inconsciente e cinza, ela chamou a ambulância. Apesar dos esforços, Christopher não acordou. Uma autópsia realizada três dias depois atribuiria a morte a uma infecção no trato respiratório inferior.

Depois da morte de Harry, contudo, os resultados da autópsia de Christopher foram reexaminados. Um corte no lábio e hematomas nas pernas, originalmente atribuídos às tentativas de reanimação, receberam uma interpretação mais assustadora. Quando as amostras de tecido preservadas de Christopher foram reanalisadas, evidências pouco anteriores à morte de um sangramento nos pulmões, ignoradas no primeiro exame, levaram o patologista a sugerir um possível estrangulamento do bebê.

A autópsia de Harry indicou hemorragia na retina, danos na coluna e lágrimas no tecido cerebral: fortes indícios de que Harry poderia ter sido sacudido até morrer. Reunindo as duas autópsias, a polícia concluiu ter evidências para prender Sally e Steve Clark. O Crown Prosecution Service decidiu não processar Steve (uma vez que ele não estava presente no momento da morte de Christopher), mas Sally foi acusada de ter assassinado os dois filhos.

O julgamento não teria um, mas quatro erros matemáticos que contribuiriam para o desfecho que não raro é chamado de o maior erro da justiça da Grã-Bretanha. Com a narrativa da história de Sally, investigaremos, neste capítulo, os erros às vezes trágicos, mas comuns que podem resultar de confusões com dados matemáticos no Direito. Conheceremos personagens de dramas semelhantes: o criminoso cuja condenação foi anulada por um detalhe técnico matemático; o juiz cuja compreensão equivocada da matemática pode ter ajudado a libertar Amanda Knox, a infame estudante americana acusada de assassinato. Mas primeiro conheceremos o caso do oficial militar francês exilado em um campo de detenção por um crime que não cometeu.

O caso Dreyfus

A matemática nos tribunais tem uma longa e pouco ilustre história. O primeiro uso (equivocado) notável foi num escândalo político que dividiu a República Francesa e se tornou mundialmente conhecido

AS LEIS DA MATEMÁTICA 95

como "o caso Dreyfus". Em 1894, uma faxineira francesa que trabalhava disfarçada na embaixada alemã em Paris coletou um memorando descartado. A descoberta da mensagem escrita à mão oferecendo segredos militares aos alemães disparou uma caça às bruxas de um possível espião alemão infiltrado no exército francês. A busca culminou na prisão de um oficial de artilharia judeu francês, o capitão Alfred Dreyfus.

Na corte marcial, insatisfeito com a opinião do grafólogo inclinado a acreditar na inocência de Dreyfus, o governo francês recorreu à opinião não qualificada de Alphonse Bertillon, diretor da agência de identificação de Paris. Curiosamente, Bertillon afirmou que Dreyfus escrevera o bilhete para fazê-lo parecer uma falsificação da sua própria caligrafia — uma prática conhecida como autofalsificação. Bertillon concebeu uma complexa análise matemática baseada em uma série de semelhanças nos traços de palavras polissilábicas repetidas no memorando. Ele declarou que a probabilidade de uma semelhança entre os traços da caneta nos inícios ou finais de qualquer par de palavras repetidas era de 1/5. Calculou que a probabilidade das quatro coincidências identificadas entre os 26 inícios e finais de treze palavras polissilábicas repetidas era de 1/5 multiplicado por si mesmo quatro vezes (ou míseros dezesseis em 10 mil), fazendo uma coincidência parecer extremamente improvável. Bertillon sugeriu que as semelhanças não eram coincidências, mas "deviam ter sido feitas cuidadosamente de propósito, denotando intencionalidade, provavelmente um código secreto".[1] Seu argumento foi o suficiente para convencer, ou ao menos confundir, um júri de sete homens. Dreyfus foi condenado e sentenciado à prisão perpétua na solitária da remota colônia penal da Ilha do Diabo, a muitos quilômetros do litoral da Guiana Francesa.

Tão confuso foi o argumento matemático de Bertillon na época que nem a equipe de defesa de Dreyfus nem o representante do governo presente no tribunal conseguiram entender. É provável que os juízes tenham ficado igualmente confusos, mas, ao mesmo tempo, intimidados demais pelos argumentos pseudomatemáticos para fazer qualquer objeção. Foi necessário Henri Poincaré, um dos matemáticos mais prodigiosos do século XIX (e que reencontraremos no capítulo 6, quando falaremos do seu problema de um milhão de dólares), esclarecer os cálculos misteriosos de Bertillon. Convocado mais de uma década depois da condenação original, Poincaré identificou rapidamente o erro nos cálculos de Bertillon. Em vez de calcular a probabilidade de quatro coincidências na lista dos 26 inícios e finais das treze palavras repetidas, Bertillon calculara a probabilidade de quatro coincidências em quatro palavras, o que, naturalmente, é muito menos provável.

Em uma analogia, imagine-se inspecionando silhuetas no formato de pessoas ao final de um treino de tiro em um estande. Ao ver dez tiros na cabeça ou no peito, você pode concluir que o atirador é bom. Se descobrir que a sessão envolveu o disparo de 100 ou até mil tiros, talvez fique menos impressionado. O mesmo se aplica à análise de Bertillon. Quatro coincidências em quatro possibilidades são mesmo muito improváveis, mas há 14.950 formas diferentes de escolher quatro opções a partir dos 26 inícios e finais das palavras analisadas por Bertillon. A probabilidade real das quatro coincidências identificadas por Bertillon era de cerca de 18 em 100, mais de 100 vezes maior do que o número que ele usou para convencer o júri. Quando levamos em conta o fato de que Bertillon teria ficado igualmente satisfeito ao encontrar cinco, seis, sete ou mais coincidências, podemos calcular a probabilidade de encontrar quatro ou mais coincidências como cerca de oito em dez. Identificar o que Bertillon considerou um número "incomum" de coincidências é muito mais provável do que não identificar. Ao expor o erro nos cálculos de Bertillon e argumentar que a mera tentativa de aplicar a teoria da probabilidade à questão não era legítima, Poincaré conseguiu derrubar a aberrante análise da caligrafia e inocentar Dreyfus.[2] Após sofrer quatro anos de condições insuportáveis na Ilha do Diabo e mais sete anos em desgraça na França, Dreyfus finalmente foi solto em 1906 e promovido a major no Exército francês. Com a honra recuperada e grande magnanimidade, ele

AS LEIS DA MATEMÁTICA

serviu ao país na Primeira Guerra Mundial, destacando-se na linha de frente de Verdun.

O caso Dreyfus demonstra tanto o poder dos argumentos com base matemática quanto como é fácil abusar deles. Revisitaremos o tema várias vezes nos próximos capítulos: a tendência de aceitarmos fórmulas matemáticas sem pedir maiores explicações em deferência aos sábios que as conjuram. O mistério em torno de muitos argumentos matemáticos é, em parte, o que os torna tão impenetráveis e tão impressionantes — muitas vezes imerecidamente. Pouquíssimos são desafiados. Uma forma matemática da ilusão da certeza (o fenômeno, encontrado no capítulo anterior, que leva as pessoas a aceitarem resultados de exames médicos sem questionar) confunde quem em outras circunstâncias seria cético. A tragédia é que não aprendemos a lição nem com o julgamento de Dreyfus nem com inúmeros outros erros matemáticos cometidos no Direito ao longo da história. A consequência é que vítimas inocentes sofreram o mesmo destino repetidamente.

Culpado até prova em contrário?

Assim como vimos no caso dos exames médicos no capítulo anterior, o Direito está repleto de exemplos que demandam julgamentos binários: certo ou errado, verdadeiro ou falso, inocente ou culpado. Os tribunais de muitas democracias ocidentais seguem a máxima "inocente até prova em contrário" — de que o ônus da prova recai sobre o acusador, e não sobre o acusado. Quase todos os países eliminaram a suposição oposta "culpado até prova em contrário", prática que gera mais falsos positivos do que falsos negativos. Entretanto, ainda há alguns países onde o equilíbrio pende para a suposição da culpa, e não da inocência. O sistema criminal japonês, por exemplo, tem uma taxa de condenações de 99,9%, a maioria baseada em confissões.[3] Comparativamente, em 2017/2018 a Corte da Coroa do Reino Unido teve uma taxa de condenações de 80%. A elevada taxa de condenações do Japão parece uma estatística impressionante, mas é provável que a polícia japonesa capture a pessoa certa em mais de 999 em cada mil casos?

Essa elevada taxa de condenações em parte se deve às duras técnicas de interrogatório praticadas pelos investigadores japoneses. Eles podem deter suspeitos por até três dias sem acusação, interrogá-los sem a presença de um advogado e não são obrigados a gravar os interrogatórios. Essas técnicas inflexíveis de interrogatório resultam do sistema legal japonês, em que estabelecer um motivo pela confissão é um fator extremamente importante para a obtenção de um veredito de culpado. Acrescente-se a isso a pressão exercida sobre os inquisidores por seus superiores para a extração de confissões antes da investigação física de evidências relacionadas ao caso. Sua tarefa é facilitada pela aparente inclinação dos suspeitos japoneses a confessarem a fim de evitar a vergonha causada às famílias por um julgamento. A incidência de confissões falsas no sistema legal japonês recentemente se destacou com as prisões de quatro inocentes por ameaças maliciosas pela internet. Antes de o verdadeiro criminoso acabar admitindo seus crimes, dois dos acusados já haviam sido coagidos a apresentar confissões falsas.

A preferência do Japão pela suposição da culpa é uma exceção notável. A máxima "inocente até prova em contrário" é tão forte na maior parte do mundo que foi sacramentada como direito humano internacional na Declaração Universal dos Direitos Humanos das Nações Unidas. O juiz e político inglês do século XVIII William Blackstone chegou ao ponto de quantificar o sentimento em relação à máxima, afirmando: "Antes a impunidade de dez culpados ao sofrimento de um inocente." Esse ponto de vista nos coloca firmemente no campo do falso negativo, absolvendo pessoas que podem muito bem ter cometido um crime, mas cuja culpa não pode ser provada. Mesmo havendo evidências da culpa do acusado, se elas não convencerem categoricamente jurados e juízes, o acusado com frequência fica em liberdade. Nos tribunais escoceses, existe um terceiro veredito que reduz a frequência de falsos negativos, ainda que só simbolicamente.

O veredito "não provado" pode ser aplicado a absolvições em que o juiz ou o júri não estejam suficientemente convencidos para declarar a inocência do acusado. Nesses casos, embora o acusado seja absolvido, o veredito em si não está errado.

73 milhões para um

No julgamento de Sally Clark num tribunal inglês, as evidências conflitantes dificultaram um veredito claro de culpada ou inocente pelo júri. Sally insistia que não havia matado os filhos. O patologista do Ministério do Interior e testemunha especialista da promotoria doutor Alan Williams afirmava o contrário. As evidências médicas forenses que ele apresentou eram complexas e confusas para o júri. Antes do julgamento, as lágrimas no tecido cerebral, o trauma na coluna vertebral e as hemorragias na retina "encontradas" por Williams na autópsia de Harry haviam sido prontamente desacreditados por especialistas independentes. Assim, a promotoria mudou de estratégia e tentou convencer o júri de que Harry havia sido estrangulado, e não sacudido como originalmente declarado. Até Williams mudou de ideia. Nada nas evidências médicas estava claro.

Para piorar, o conflito acirrado entre a defesa e a acusação quanto às evidências circunstanciais em torno das duas mortes só serviu para fomentar a tempestade de confusão. A acusação pintou uma imagem de Sally como uma mulher fútil e egoísta, que só se importava com a carreira e se ressentia das mudanças impostas ao seu estilo de vida e ao seu corpo pelo nascimento dos filhos. Uma mulher tão desesperada para recuperar a vida anterior à maternidade que matara os próprios bebês. Por que, então, argumentava a defesa, ela tivera um segundo filho logo depois do primeiro, e por que ficara grávida e dera à luz um terceiro enquanto o julgamento era preparado? A defesa apontava ainda que Sally ficara claramente perturbada depois da morte do primeiro filho. A promotoria distorceu o argumento, sugerindo que a intensidade do seu sofrimento era suspeita. O primeiro médico a ter examinado Christopher no hospital discordou, afirmando que o sofrimento de Sally depois da perda do primeiro filho não tinha nada de incomum. Os argumentos iam e voltavam, aumentando a nuvem de dúvidas que turvava a visão dos jurados.

Foi no meio dessa confusão que chegou uma nova testemunha especialista, o professor Sir Roy Meadow. Enquanto os patologistas discutiam a extensão da "hemorragia pulmonar" e dos "hematomas subdurais", Meadow guiou os jurados da confusão à segurança de um veredito com um farol claro: uma única estatística. Ele declarou que a chance de dois filhos de uma família próspera serem vítimas da síndrome da morte súbita do lactente (SMSL — também chamada de morte no berço) era de uma em 73 milhões. Para muitos dos jurados, essa foi a informação mais relevante prestada no julgamento: 73 milhões era um número grande demais para ser ignorado.

Em 1989, Meadow, na época um respeitado pediatra britânico, editara o livro *ABC of Child Abuse*, contendo o aforismo que ficaria conhecido como a lei de Meadow: "Uma morte súbita é uma tragédia, duas são suspeitas e três são assassinatos até prova em contrário."[4] Essa máxima irrefletida, contudo, baseia-se em um erro fundamental de interpretação da probabilidade. O mesmo erro ao qual Meadow induziria o júri no caso de Sally Clark: a diferença simples entre eventos dependentes e independentes.

O erro independente

Dois eventos são dependentes se o conhecimento de um evento influencia na probabilidade do outro. Do contrário, são independentes. Diante das probabilidades de eventos individuais, é comum multiplicar essas probabilidades para se chegar à da ocorrência combinada dos eventos. Por exemplo, a probabilidade de uma pessoa selecionada aleatoriamente na população ser do sexo feminino é de 1/2. Conforme ilustrado na Tabela 3, de mil pessoas em média

AS LEIS DA MATEMÁTICA

500 são mulheres. A probabilidade de uma pessoa selecionada aleatoriamente na população ter uma pontuação de mais de 110 em um determinado teste de QI é de 1/4. Isso corresponde a um total de 250 das mil pessoas consideradas na Tabela 3. Para descobrir a probabilidade de alguém ser do sexo feminino *e* ter um QI superior a 110, multiplicamos as probabilidades 1/2 por 1/4 para chegar à probabilidade de 1/8. Isso está de acordo com o número de 125 (1000/8) pessoas do sexo feminino e de QI alto apresentado na Tabela 3. Multiplicar as duas probabilidades para encontrar a probabilidade combinada de ser do sexo feminino e ter um QI alto é perfeitamente aceitável, pois o QI e o sexo são independentes: ter certo QI não diz nada sobre o seu sexo, e ser de certo sexo não diz nada sobre o seu QI.

QI	Sexo		Total
	Homens	Mulheres	
>110	125	125	250
<110	375	375	750
Total	500	500	1.000

Tabela 3: 1.000 pessoas divididas pelo QI e pelo sexo.

A prevalência do autismo no Reino Unido é de cerca de um em cada 100,[5] ou o equivalente a dez por mil. Podemos presumir que para encontrar a probabilidade de ser do sexo feminino e autista basta multiplicar as duas probabilidades (1/2 por 1/100), chegando à de 1/200, ou uma prevalência de cinco em cada mil pessoas. Acontece que o autismo e o sexo não são independentes. Ao analisarmos mil pessoas escolhidas aleatoriamente na população, como na Tabela 4, vemos que o autismo entre os homens (oito em quinhentos) é quatro vezes mais provável do que entre as mulheres (duas em quinhentas). Só uma em cada cinco pessoas que estão no espectro do autismo é do sexo feminino.[6] Precisamos dessa informação adicional para calcular a probabilidade de uma pessoa selecionada aleatoriamente na população ser ao mesmo tempo do sexo feminino e autista, que é de duas em mil, e não cinco em mil, como teríamos erroneamente calculado ao presumirmos a independência. Isso ilustra como é fácil cometer erros consideráveis ao partirmos de suposições equivocadas sobre a independência dos eventos.

Autista	Sexo		Total
	Homens	Mulheres	
Sim	8	2	10
Não	492	498	990
Total	500	500	1.000

Tabela 4: 1.000 pessoas divididas pelo sexo e pela condição de serem ou não autistas.

Os eventos considerados por Meadow em seu testemunho foram as mortes de cada um dos filhos de Sally Clark por SMSL. Para chegar aos números que apresentou, Meadow usou um relatório — na época inédito — sobre a SMSL, cujo prefácio fora convidado a escrever.[7] O relatório baseado no Reino Unido estudou 363 casos de SMSL de um total de 473 mil nascidos vivos ao longo de um período de três anos. Além de apresentar uma taxa populacional total da ocorrência da SMSL, o relatório estratificou os dados de acordo com a idade da mãe, a renda familiar e a presença de fumantes na casa. Para uma família próspera sem fumantes como os Clark, com uma mãe de mais de 26 anos, havia apenas um caso de SMSL para cada 8.543 nascidos vivos.

O primeiro erro de Meadow foi presumir que a incidência dos casos de SMSL eram eventos completamente diferentes. Com isso, ele achou que podia calcular a probabilidade das mortes por SMSL na família elevando o número 8.543 ao quadrado para chegar à probabilidade de aproximadamente uma ocorrência em cada 73 milhões de pares de nascidos vivos. Para justificar suas suposições, ele chegou

AS LEIS DA MATEMÁTICA

ao ponto de afirmar: "Não há evidência de que as mortes no berço se repetem nas famílias, mas há muitas de que o abuso infantil sim." A partir desse número, ele sugeriu que, com uma taxa de natalidade no Reino Unido de cerca de 700 mil ao ano, duas mortes no berço ocorriam por volta de uma vez a cada 100 anos.

Essa suposição passou muito longe do número correto. Há muitos fatores de risco conhecidos associados à SMSL, inclusive o fumo, o nascimento prematuro e o compartilhamento da cama. Em 2001, pesquisadores da Universidade de Manchester também identificaram marcadores genéticos associados à regulação do sistema imunológico que colocavam as crianças em um risco elevado de manifestarem SMSL.[8] Muitos outros fatores de risco genéticos foram identificados desde então.[9] Quando duas crianças compartilham tanto o pai quanto a mãe, há a probabilidade de compartilharem os mesmos genes, e talvez um risco elevado de SMSL. Se uma criança morre de SMSL, é provável que a família apresente fatores de risco. Assim, a probabilidade de mortes subsequentes é maior do que a média da concentração de fundo populacional. Na verdade, acredita-se que cerca de uma família sofra uma segunda morte por SMSL ao ano.

Uma analogia da probabilidade da SMSL é imaginar dez sacos de bolas de gude. Nove contêm, cada um, dez bolas brancas. O último saco contém nove bolas brancas e só uma preta. Esse estado inicial é ilustrado do lado esquerdo da Figura 9. Primeiro, você escolhe um saco ao acaso e pega uma bola de gude também ao acaso. Como há 100 bolas de gude, todas com a mesma chance de serem selecionadas, a probabilidade de escolher a preta primeiro é de uma em cem. Na segunda seleção, você devolve a primeira bola que foi retirada ao saco e tira outra do mesmo saco, ignorando completamente os outros nove. Se sua primeira escolha foi a bola preta, você já sabe que está fazendo a segunda seleção exatamente no saco que contém essa bola. Isso aumenta muito a probabilidade de escolher a bola preta, de uma em dez em vez de uma em cem. Esse cenário aumenta bem mais a probabilidade de escolher duas bolas pretas (uma em mil) do que se a probabilidade original fosse elevada ao quadrado (quando o resultado seria de uma em 10 mil). Do mesmo modo, depois que uma criança morre em decorrência da SMSL, sabe-se que a probabilidade de a segunda ser vítima da mesma condição aumenta.

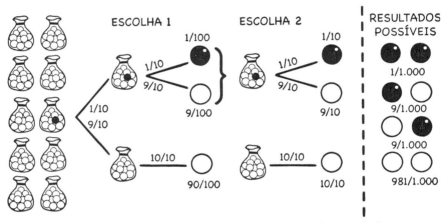

Figura 9: Árvore de decisão para encontrar a probabilidade de pegar bolas pretas ou brancas. Para calcular a probabilidade de pegar uma bola preta ou branca a cada seleção, siga os devidos ramos e multiplique as probabilidades em cada um. Por exemplo, a probabilidade de pegar uma bola branca na primeira seleção é de 1/100. Escolhido um saco na primeira tentativa, pegamos do mesmo saco na segunda. As probabilidades de cada uma das combinações das duas escolhas estão ilustradas à direita da linha pontilhada.

Na verdade, no caso da SMSL, os fatores de risco para a sua família não são escolhidos ao acaso quando seu primeiro filho nasce, mas são preexistentes — digamos que você tem a mesma probabilidade de escolher do saco com a bola preta ou não. Essa interpretação alternativa é ilustrada como uma árvore de decisão na Figura 10. Se você escolhe do saco com a bola preta nas duas ocasiões, a probabilidade de escolher duas bolas pretas aumenta para uma em cem. É claro que é um erro simplesmente elevar o risco de ocorrência da SMSL na população geral ao quadrado para encontrar a probabilidade de duas mortes por SMSL.

AS LEIS DA MATEMÁTICA

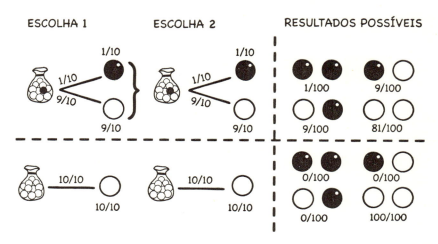

Figura 10: Duas árvores de decisão alternativas em que o saco selecionado para a escolha é predeterminado, mas é o mesmo saco para as duas escolhas. Para cada árvore, as probabilidades de cada uma das combinações das duas escolhas são ilustradas à direita da linha pontilhada. É claro que, se escolhermos de um saco sem bolas pretas, a única possibilidade é pegar duas bolas brancas.

•

Havia outros problemas no uso de Meadow da taxa estratificada de um caso de SMSL em 8.543 nascidos vivos. O relatório em que ele escolheu a dedo esse número também apresentava um risco populacional geral muito mais alto — de um em 1.303 — calculado sem a estratificação dos dados de acordo com indicadores socioeconômicos. Meadow optou por não usar esse número alternativo. Em vez disso, levando especificamente em conta as circunstâncias particulares dos Clark, Meadow produziu um número que fazia um único caso de SMSL parecer muito menos provável (e, por causa do erro de ter ignorado a dependência entre as mortes, um caso duplo de SMSL menos provável ainda), ao mesmo tempo negligenciando os fatores que o faziam parecer mais provável. Por exemplo, ele preferiu ignorar que os dois filhos de Sally eram meninos e que a SMSL é quase duas vezes mais provável nesse caso do que para meninas. Levar isso em conta teria enfraquecido o argumento da acusação, pois faria duas mortes subsequentes por SMSL parecerem mais prováveis. A probabilidade de Sally ter matado os dois filhos pareceria proporcionalmente menos provável.

Embora o enviesamento das evidências estatísticas pela acusação ao escolher seletivamente apenas traços negativos como pano de fundo pudesse em si ter sido considerado antiético ou indutor de erro, essa prática apresenta um problema ainda mais profundo. A estratificação dos dados no relatório original, do qual Meadow tirou as estatísticas, foi aplicada com o objetivo de identificar grupos demográficos de alto risco, de modo a direcionar com mais eficiência os escassos recursos dos serviços de saúde. Jamais deveria ter sido usada para inferir o risco de SMSL para um indivíduo desses grupos. O relatório era uma investigação abrangente de quase meio milhão de nascimentos no Reino Unido, o que significa que as circunstâncias individuais de cada nascimento não puderam ser investigadas em detalhes. Por outro lado, o exame de Sally Clark foi submetido a uma investigação extremamente detalhada de uma alegação específica. A acusação só escolheu os aspectos das circunstâncias de Sally e Steve que se encaixavam no relatório e presumiu que poderia usá-los para caracterizar o risco de SMSL dos filhos dos Clark. Mas isso leva à suposição errada de que as características do indivíduo são iguais às da população. É um exemplo clássico do que é conhecido como falácia ecológica.

A falácia ecológica

A suposição rudimentar de que uma única estatística pode caracterizar uma população variada é um tipo de falácia ecológica. Em 2010, as mulheres no Reino Unido tinham uma expectativa de vida média de 83 anos. Os homens, por outro lado, tinham uma expectativa de vida de apenas 79 anos. A expectativa de vida da população geral era de 81 anos. Um exemplo simples de uma falácia ecológica seria afirmar que, como a expectativa de vida média das mulheres é mais alta do que a dos homens, qualquer mulher escolhida aleatoriamente viverá mais do que qualquer homem escolhido aleatoriamente. Essa falácia tem um nome especial (e

AS LEIS DA MATEMÁTICA

apropriado): "falácia do acidente". Outra falácia ecológica rudimentar e comum baseada no *aumento* da expectativa de vida é a afirmação de que "Todos estamos vivendo mais", muito usada por jornalistas preguiçosos. Não é que todo mundo vai viver mais do que poderia ter esperado no passado. É claro que essas sugestões são no mínimo ingênuas.

Porém, as falácias ecológicas podem ser muito mais sutis. Talvez, você se surpreenda ao saber que, apesar de terem uma expectativa de vida média de apenas 78,8 anos, a maioria dos homens britânicos viverá mais de 81 anos, a expectativa de vida da população *geral*. À primeira vista, parece uma afirmação contraditória, mas é o resultado de uma discrepância nas estatísticas que usamos para resumir os dados. O número pequeno, mas considerável, de pessoas que morrem jovens provoca uma redução na média da idade da morte (a expectativa de vida mais citada, em que as idades da morte de todo mundo são somadas e o resultado é dividido pelo número total de pessoas). Surpreendentemente, essas mortes prematuras deixam a média aritmética muito abaixo da mediana (a idade que fica exatamente no meio, localizando-se tanto antes quanto depois das idades nas quais muitos morrem). A idade mediana de morte para os homens no Reino Unido é de 82 anos, o que significa que metade desses homens terá pelo menos essa idade quando morrerem. Nesse caso, a síntese estatística apresentada — a média aritmética da idade da morte, de 78,8 anos — é uma descrição indutora de erro da população.

A distribuição normal (uma curva em forma de sino), que pode ser usada para caracterizar muitos conjuntos de dados comuns, de estaturas a pontuações de QI, apresenta uma simetria belíssima em que metade dos dados fica de um lado da média aritmética e a outra metade fica do outro. Isso sugere que a média aritmética e a mediana — o valor do dado mais próximo do centro — tendem a coincidir para características que seguem essa distribuição. Como conhecemos a ideia de que essa curva proeminente pode descrever informações da vida real, muitos presumem que a média aritmética é um bom marcador do "meio" do conjunto de dados. Assim, não raro nos surpreendemos com distribuições em que a média aritmética fica longe da mediana. A distribuição das idades em que os homens britânicos morrem, exibida na Figura 11, está claramente longe de ser simétrica. Costumamos nos referir a esse tipo de distribuição como "assimétrica".

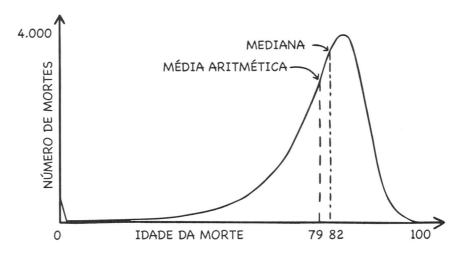

Figura 11: A dependência entre idade e o número de mortes por ano para os homens na Grã-Bretanha segue uma distribuição assimétrica. A média aritmética da idade da morte fica pouco abaixo de 79, enquanto a mediana é de 82 anos.

Como vimos no capítulo anterior (quando introduzimos a mediana com propósito de evitar alarmes falsos), a distribuição da renda familiar é outra estatística para a qual a mediana pinta um quadro muito diferente do ilustrado pela média aritmética. A distribuição da renda familiar do Reino Unido, exibida na Figura 4, por exemplo, também é muito assimétrica, lembrando uma versão virada e um pouco mais bagunçada da Figura 11. A maioria das famílias do Reino Unido tem uma renda disponível baixa, mas há um número pequeno, porém significativo, de pessoas com uma renda elevada que distorce a distribuição. Em 2014 no Reino Unido, dois terços da população tinham uma renda semanal abaixo da "média".

Um exemplo mais ainda surpreendente é a velha charada: "Qual é a probabilidade de a próxima pessoa que você encontrar na rua ter

AS LEIS DA MATEMÁTICA

um número de pernas maior do que a média?" A resposta é: "Quase certa." As pouquíssimas pessoas que não têm nenhuma das pernas ou só têm uma são responsáveis por uma pequena redução na média aritmética, de modo que quem tem duas pernas tem mais do que a média. Nesse caso, seria ridículo presumir que a média aritmética caracteriza corretamente qualquer indivíduo da população.

Fica claro que o uso da média errada para descrever uma população pode produzir uma falácia ecológica. Outro tipo de falácia ecológica, conhecida como paradoxo de Simpson, ocorre quando tentamos calcular uma média de médias. O paradoxo de Simpson tem ramificações em diversas áreas, da avaliação da saúde da economia[10] à compreensão dos perfis dos eleitores,[11] e, talvez a mais importante, no desenvolvimento de medicamentos.[12] Imagine, por exemplo, que fomos encarregados do estudo controlado de uma nova droga fictícia, o fantasticol, desenvolvida para ajudar a reduzir a pressão sanguínea. Candidataram-se 2 mil pessoas, com paridade de homens e mulheres. Para propósitos de controle, nós os dividimos em dois grupos de mil. Os pacientes do grupo A receberão o fantasticol, e os do grupo B receberão um placebo. Ao final do estudo, constatamos que 56% (560 de mil) das pessoas que receberam a droga tiveram a pressão sanguínea reduzida, enquanto o mesmo aconteceu com apenas 35% (350 de mil) do grupo do placebo (vide a Tabela 5). Parece que o fantasticol realmente faz diferença.

Tratamento	A: Fantasticol	B: Placebo
Melhora	560	350
Sem melhora	440	650
Percentual de melhora	56%	35%

Tabela 5: O fantasticol parece gerar uma taxa de melhora geral superior à do placebo.

Para determinar corretamente o público-alvo da droga, é importante saber se há efeitos específicos para um sexo ou outro. Assim, separamos os números para descobrir como os efeitos afetam homens e mulheres separadamente. Essa análise mais detalhada é apresentada na Tabela 6. A análise dos resultados estratificados pode nos surpreender. Entre os homens do estudo, 25% (200 dos 800 do grupo B) dos que tomaram o placebo apresentaram melhora nos resultados das aferições da pressão sanguínea, mas só 20% (40 dos 200 do grupo A) dos que tomaram o fantasticol melhoraram. Entre as mulheres, observou-se a mesma tendência: 75% (150 de 200) das mulheres que tomaram o placebo melhoraram, enquanto entre as que tomaram o fantasticol foram apenas 65% (520 de 800). Para os dois sexos, uma proporção maior dos pacientes que tomaram o placebo melhorou em comparação aos que tomaram o medicamento. Encarando os dados dessa forma, parece que o fantasticol é menos eficaz do que o placebo. Como é possível o estudo contar a história oposta quando os dados são estratificados à contada pelos dados amalgamados? E qual é a certa?

Sexo	Homens		Mulheres	
Tratamento	Fantasticol	Placebo	Fantasticol	Placebo
Melhora	40	200	520	150
Sem melhora	160	600	280	50
Total	200	800	800	200
Taxa de melhora	20%	25%	65%	75%

Tabela 6: Quando os participantes são divididos por sexo, os pacientes de ambos os sexos que estão tomando o placebo se saem melhor do que quem está tomando o fantasticol.

A resposta está em algo chamado variável — ou fator — de confusão. Nesse caso, a variável desse tipo é o sexo. A questão é que o sexo é muito importante para os resultados. Ao longo do estudo, a pressão arterial das mulheres melhorou naturalmente com mais frequência do que a dos homens. Como a divisão dos participantes por sexo era diferente nos dois grupos (800 mulheres e 200 homens no grupo A, do medicamento, e 200 mulheres e 800 homens no grupo B, do placebo),

AS LEIS DA MATEMÁTICA   111

o grupo A se beneficiou significativamente por um número bem maior de mulheres ter melhorado naturalmente, fazendo o fantasticol parecer mais eficaz do que o placebo. Apesar de haver paridade nos números de homens e mulheres no estudo, como eles não foram distribuídos igualmente dentro dos dois grupos, calcular a média das taxas de sucesso separadas por sexo (20% para os homens e 65% para as mulheres) não resulta na taxa geral de sucesso de 56% para o fantasticol que foi observada na Tabela 5. Não podemos calcular a média de uma média.

Só é aceitável calcular a média de uma média se tivermos certeza de que as variáveis de confusão estão controladas. Se soubéssemos de antemão que o sexo era uma dessas variáveis, saberíamos que era necessário estratificar os resultados por sexo para obtermos o verdadeiro quadro da eficácia do fantasticol. Ou poderíamos ter controlado a variável do sexo com números iguais de homens e mulheres em cada grupo, como na Tabela 7. As taxas de melhora de homens e mulheres que tomaram o fantasticol ou o placebo continuam as mesmas que na Tabela 6. Entretanto, quando os resultados são amalgamados na Tabela 8 e observamos a taxa de melhora do fantasticol (42,5%), fica claro que a droga se sai pior do que o placebo (taxa de melhora de 50%). É claro que pode haver outras variáveis de confusão, como idade ou grupo social, por exemplo, que ainda não foram consideradas.

Sexo	Homens		Mulheres	
Tratamento	Fantasticol	Placebo	Fantasticol	Placebo
Melhora	100	125	325	375
Sem melhora	400	375	175	125
Total	500	500	500	500
Taxa de melhora	20%	25%	65%	75%

Tabela 7: A proporção de homens e mulheres que melhoram com cada tratamento permanece a mesma que na Tabela 6, quando homens e mulheres são distribuídos igualmente entre os dois grupos.

Tratamento	A: Fantasticol	B: Placebo
Melhora	425	500
Sem melhora	575	500
Taxa de melhora	42,5%	50%

Tabela 8: Agora que controlamos a variável de confusão do sexo, fica claro que o fantasticol se sai pior do que o placebo.

Falácias ecológicas e controles bem regulados são considerações sérias para quem projeta ensaios clínicos (como vimos no capítulo 2 e voltaremos a ver, mas por razões diferentes, no capítulo 4), mas é notório que também confundem outras áreas da medicina. Nas décadas de 1960 e 1970, um fenômeno curioso foi observado entre crianças cujas mães haviam fumado durante a gravidez. Crianças nascidas com peso baixo de mães fumantes apresentavam uma probabilidade bem menor de morrer no primeiro ano de vida do que filhos de mães não fumantes. O baixo peso ao nascer era associado a uma mortalidade infantil mais elevada, mas parecia que fumar durante a gravidez conferia certa proteção a bebês com baixo peso ao nascer.[13] Na verdade, não era nada disso.[14] A solução para o paradoxo estava na variável de confusão.

Embora o peso mais baixo ao nascer *esteja* correlacionado a uma mortalidade infantil maior, ele não *causa* uma mortalidade infantil maior. Geralmente, ambos podem ser causados por outra condição adversa: uma variável de confusão. Tanto o tabagismo quanto outras condições de saúde adversas podem reduzir o peso ao nascer e aumentar a mortalidade infantil, mas em níveis diferentes. O tabagismo pode deixar abaixo do peso muitas crianças que de outro modo seriam saudáveis. Outras causas de um baixo peso ao nascer podem ser mais prejudiciais à saúde do bebê, levando a taxas de mortalidade maiores nesses casos. A proporção muito maior de bebês com baixo peso nascidos de mães fumantes, combinada à sua taxa só um pouco maior de mortalidade, significa que uma parcela menor desses bebês morre no primeiro ano do que entre os de baixo peso ao nascer devido a uma condição com potencial maior de ser fatal.

AS LEIS DA MATEMÁTICA

A falácia ecológica cometida por Meadow ao colocar os Clark na categoria de baixo risco de SMSL fez as mortes de seus dois filhos parecerem muito mais suspeitas do que se a taxa mais alta de SMSL da população tivesse sido usada. Até usar a taxa de SMSL da população geral seria cometer uma falácia ecológica. Mas podemos argumentar que a suposição do nível do público em geral é menos simpática — e, portanto, mais apropriada — para uma situação em que a liberdade de uma mulher está em jogo. A suposição errônea da independência das mortes por SMSL piorou a situação.

A falácia do promotor

A mancada estatística de Meadow não parou por aí. Permitiram que ele cometesse um erro ainda mais grave, comum nos tribunais e conhecido como falácia do promotor. O argumento começa mostrando que, se o suspeito é inocente, identificar uma evidência em particular é extremamente improvável. Para Sally Clark equivalia a afirmar que, se ela era inocente de matar os dois filhos, a probabilidade das duas mortes era de apenas uma em 73 milhões. O promotor, então, deduz incorretamente que uma explicação alternativa — a culpa do suspeito — é extremamente provável. O argumento ignora a possibilidade de haver qualquer outra explicação alternativa em que o suspeito seja inocente: a morte dos filhos de Sally por causas naturais, por exemplo. Também negligencia a possibilidade de a explicação proposta pela promotoria, em que o suspeito é culpado (assassinato de dois filhos, no caso de Sally), ser igualmente ou mais improvável ainda.

Para explicar os problemas da falácia do promotor, imaginemo-nos investigando um crime. A única evidência que temos é parte da placa de um carro, que pode ter sido o do criminoso, deixando a cena do crime. Para os propósitos desse exemplo, suponhamos que todas as placas numéricas sejam compostas por sete números, cada um selecionado a partir dos dígitos de zero a nove. Há dez possibilidades para cada um dos sete números, o que significa que há $10 \times 10 \times 10 \times 10 \times 10 \times 10$

× 10, ou 10.000.000 (10 milhões) placas numéricas dessas na estrada. A testemunha ocular que informou a placa se lembrava dos cinco primeiros números, mas não conseguiu ler os dois últimos. Depois que esses cinco primeiros dígitos são especificados, o grupo de carros possíveis diminui muito com apenas dois números desconhecidos. Há dez opções para cada um desses dois dígitos desconhecidos, o que significa que há apenas cem (10 × 10) placas possíveis lá fora com os cinco primeiros dígitos informados.

É encontrado um suspeito cuja placa bate com os cinco dígitos lembrados pela testemunha. Se o suspeito for inocente, há apenas 99 outros carros lá fora, de 10 milhões de carros na estrada, que batem com os primeiros cinco dígitos. Portanto, a probabilidade de a testemunha ter observado a placa se o suspeito for inocente é de 99/10.000.000 (quase cem em 10 milhões), menos de uma em 100 mil (1/100.000). Essa probabilidade minúscula de ter visto a evidência se o suspeito for inocente parece uma indicação extremamente convincente de que ele é culpado. Entretanto, fazer essa suposição é cometer a falácia do promotor.

A probabilidade de a evidência ter sido vista se o suspeito for inocente não é a mesma que a probabilidade de o suspeito ser inocente tendo sido a evidência observada. Lembremos que 99 dos 100 carros que batem com a descrição da testemunha não pertencem ao suspeito. O suspeito é apenas uma entre as 100 pessoas que dirigem esse tipo de carro. A probabilidade de o sujeito ser culpado considerando a placa numérica, portanto, é de apenas 1/100 — extremamente improvável. É claro que outras evidências atenuantes ligando o suspeito à área onde o crime ocorreu ou eliminando os outros carros da área aumentaria a probabilidade da culpa do suspeito. Entretanto, com base na única evidência, a conclusão extremamente provável deveria ser de que o suspeito é inocente.

A falácia do promotor só é realmente eficaz quando a chance da explicação do inocente é extremamente pequena, de outro modo é muito fácil identificar o argumento falacioso. Por exemplo, imagine a investigação de um arrombamento em Londres. Verifica-se que o

AS LEIS DA MATEMÁTICA

sangue do criminoso, encontrado na cena do crime, coincide com o tipo sanguíneo de um suspeito, mas nenhuma outra evidência é encontrada. Apenas 10% da população tem esse tipo sanguíneo. Assim, a probabilidade de encontrar sangue desse tipo na cena sendo o acusado inocente (isto é, que outro integrante da população tenha cometido o crime) é de 10%. A falácia do promotor seria inferir que a probabilidade de o suspeito ser inocente à luz da evidência do sangue é de apenas 10% — ou de que a probabilidade da culpa é de 90%. Claramente, em uma cidade como Londres, com uma população de 10 milhões de pessoas, há por volta de 1 milhão de outras pessoas (10% da população total) com o mesmo tipo do sangue encontrado na cena do crime. Isso quer dizer que a probabilidade de o suspeito ser culpado, com base unicamente na evidência do sangue, é de literalmente uma em um milhão. Apesar de esse tipo sanguíneo ser relativamente raro (uma em dez vezes), como tantas pessoas o compartilham essa evidência por si só diz muito pouco sobre a culpa ou inocência de um suspeito com o mesmo tipo.

•

No exemplo anterior, a falácia foi relativamente óbvia. Parece absurdo presumir que a probabilidade da inocência poderia ser de apenas uma em dez só com base no tipo sanguíneo de um indivíduo em uma população grande. Entretanto, no caso de Sally Clark, os números eram pequenos a ponto de tornar a falácia sutil para um júri sem treinamento em estatística. Não se sabe se o próprio Meadow sequer tinha consciência de que cometia uma falácia ao afirmar que "a chance de as crianças morrerem de causas naturais nessas circunstâncias são muito, muito baixas: de uma em 73 milhões".

A inferência que um júri leigo poderia extrair dessa declaração é mais ou menos a seguinte: "A morte de dois bebês por causas naturais é extremamente rara; então, se dois bebês da mesma família morrem, as probabilidades de essas mortes *não terem sido naturais* são correspondentemente elevadas."

Meadow reforçou esse conceito equivocado enfeitando o cálculo de um em 73 milhões com um contexto atrativo, mas espúrio. Ele afirmou que a chance de duas mortes por SMSL em uma família equivale a apostar no azarão de 80 para 1 na Grand National quatro anos seguidos e ganhar em todos eles. Isso fez qualquer argumento defendendo a inocência das mortes dos bebês parecer extremamente improvável, restando ao júri presumir que a explicação alternativa — de que Sally assassinara os dois filhos — era, portanto, muito provável.

A morte de duas crianças por SMSL *é* um evento muito improvável. Esse fato individual, contudo, não nos oferece muitas informações sobre a probabilidade de Sally ter assassinado os filhos. Aliás, a explicação alternativa proposta pela promotoria é ainda mais improvável. Calcula-se que um duplo infanticídio é entre dez e cem vezes menos frequente do que duas mortes por SMSL.[15] Com esse número, a probabilidade de culpa é de apenas uma em cem, isso antes sequer de qualquer outro atenuante ser considerado. Acontece que a probabilidade de um duplo assassinato nunca foi apresentada para que o júri pudesse fazer uma comparação. A defesa de Sally em nenhum momento fez um questionamento crítico da estatística de Meadow, então ela não foi desafiada.

•

Depois de ter passado dois dias deliberando, no dia 9 de novembro de 1999 o júri concluiu que Sally era culpada, condenando-a por dez votos a dois. Segundo relatos, um dos jurados confidenciou a um amigo que as estatísticas de Meadow foram a evidência determinante para o veredito da maioria do júri. Sally foi condenada à prisão perpétua. Enquanto sua sentença era lida, Sally olhou para o marido, Steve, que sem emitir som formou as seguintes palavras: "Eu te amo." Ele foi seu maior defensor, e não desistiu de lutar por ela enquanto Sally viveu na prisão, período que ela chamou de "inferno em vida". Enquanto era levada, ela olhou para trás e devolveu silenciosamente as palavras de Steve: "Eu te amo."

AS LEIS DA MATEMÁTICA

A mídia não perdeu tempo para fazer a festa. A manchete do *Daily Mail* dizia: "Levada pelo álcool e pelo desespero, a advogada que matou seus bebês." Enquanto o *Daily Telegraph* propôs: "Assassina de bebês era 'bêbada solitária'." A reputação de Sally no mundo fora da prisão ficou em frangalhos, mas, como infanticida condenada e filha de um policial, a vida como interna prometia ser um tormento.

Sally passou um ano na prisão, longe do marido e do filho pequeno. Seu único consolo eram as cartas recebidas de estranhos que acreditavam na sua inocência. Lá fora, Steve manteve a crença. Após quase doze meses de trabalho duro, eles enfim estavam prontos para enfrentar os juízes novamente na corte de apelações. A base primária para a apelação era a inexatidão das estatísticas. Estatísticos especialistas explicaram aos juízes a falácia ecológica na classificação dos Clark em uma categoria de baixo risco de SMSL, a suposição equivocada da independência feita por Meadow ao elevar a probabilidade de uma única morte por SMSL ao quadrado, e a falácia do promotor a que o júri fora submetido.

Os juízes responsáveis pareceram entender todos esses argumentos, e os levaram em conta. Em suas considerações finais, admitiram que as estatísticas de Meadow não eram exatas, mas argumentaram que seu único objetivo era apresentar números aproximados. Eles acreditavam que a falácia do promotor era tão óbvia que deveria ter sido contestada pelo advogado de Sally. Encararam o fato de nenhuma objeção ter sido feita como evidência de que a falácia estava clara demais para todos.

É afirmar o óbvio dizer que a declaração "Em famílias com dois bebês, a chance de ambos serem vítimas de mortes por SMSL é de uma em 73 milhões" não é o mesmo que declarar "Se em uma família houve duas mortes de bebês, a chance de ambas serem inexplicadas sem circunstâncias suspeitas é de uma em 73 milhões". Não é necessário o rótulo "falácia do promotor" para que isso fique claro.

Os juízes concluíram que o papel da evidência estatística no julgamento fora tão insignificante que não havia possibilidade de o júri ter sido induzido a erro. Longe de ter sido a evidência crucial para a decisão do júri em meio a uma tempestade de evidências médicas contraditórias, as estatísticas não pareciam ter sido mais do que uma gota no oceano — nas palavras dos juízes, um "espetáculo secundário". A condenação original de Sally foi mantida, e na mesma noite ela voltou à prisão.

•

O caso de Sally Clark não foi o único em que a probabilidade foi erroneamente usada e interpretada. Em 1990, Andrew Deen sofreu as consequências da mesma falácia do promotor no julgamento pelo estupro de três mulheres na sua cidade natal, Manchester, no noroeste da Inglaterra. Ele foi condenado e sentenciado a dezesseis anos de prisão. No julgamento, o advogado de acusação Howard Bentham apresentou como evidência o DNA extraído do sêmen encontrado em uma das vítimas. Bentham afirmou que o DNA de uma amostra do sangue de Deen batia com o DNA do sêmen. Ele perguntou à testemunha especialista: "Então, a probabilidade de ter sido qualquer outro homem que não Andrew Deen é de uma em 3 milhões?" A resposta foi: "Sim." E o especialista acrescentou: "Minha conclusão é de que o sêmen veio de Andrew Deen." Até o juiz em suas considerações finais afirmou que o número de um em 3 milhões "ficava bem próximo da certeza".

Na verdade, o número de um em 3 milhões deveria ser interpretado como a probabilidade de um indivíduo escolhido aleatoriamente a partir da população ter um perfil de DNA que batesse com o sêmen encontrado na cena do crime. Considerando que havia por volta de 30 milhões de homens no Reino Unido na época, poderíamos esperar que dez deles se encaixassem no perfil, um aumento dramático da probabilidade da inocência de Deen de um em 3 milhões para nove em dez. É claro que nem todos os 30 milhões de homens do Reino

AS LEIS DA MATEMÁTICA

Unido são possíveis suspeitos. Mas, mesmo se nos restringíssemos aos 7 milhões de pessoas vivendo a uma hora de carro do centro de Manchester, ainda poderíamos esperar que ao menos um outro homem se encaixasse no perfil, empatando a probabilidade da inocência de Deen: um para um. A falácia do promotor levara o júri a acreditar que Deen tinha milhões de vezes mais probabilidade de ser culpado do que a evidência de fato sugeria.

Aliás, nem a evidência de DNA ligando Deen aos crimes era tão convincente quanto a testemunha especialista afirmara. Foi mostrado na apelação que o DNA de Deen e o encontrado na cena do crime não chegavam nem perto de serem tão semelhantes quanto a princípio fora pensado. Em vez de uma em 3 milhões, a probabilidade de o DNA ser compatível com um indivíduo aleatório que não Deen era, na verdade, de cerca de um em 2.500, tornando sua inocência dramaticamente mais provável. Combinada aos mais de 3 milhões de homens na área da cena do crime, resultando em mais de mil outros indivíduos compatíveis, a probabilidade da culpa de Deen com base no DNA caía para menos de um em mil. A interpretação revisada das evidências forenses e o reconhecimento de que tanto o juiz quanto a testemunha especialista originais haviam cometido a falácia do promotor levaram a condenação de Deen a ser anulada.

Knox e a faca

Outro caso em que o entendimento de evidências de DNA e da probabilidade se combinaram para ter um papel crucial foi o da estudante britânica assassinada Meredith Kercher. Em 2007, Kercher foi morta a facadas no apartamento que dividia com outra estudante de intercâmbio, Amanda Knox, em Perúgia, Itália. Dois anos depois, em 2009, Knox e seu ex-namorado italiano Raffaele Sollecito foram condenados por unanimidade pelo assassinato de Kercher. A promotoria apresentou como evidência crucial uma faca de tamanho e formato consistentes com alguns dos ferimentos no corpo de Kercher. Como foi encontrada na cozinha de Sollecito e havia DNA de Knox no punho, os dois estavam ligados à faca. Também havia uma segunda amostra de DNA na lâmina da faca, embora pequena, de apenas algumas células. O perfil de DNA produzido a partir das células era compatível com o da vítima, Kercher.

Em 2011, Knox e Sollecito apelaram contra as longas sentenças à prisão. A estratégia principal dos advogados de defesa foi desacreditar a única evidência ligando Knox e Sollecito fisicamente ao assassinato — o DNA na faca.

Quase todos (exceto os gêmeos idênticos) têm um genoma — a leitura de todos os As, Ts, Cs e Gs que caracterizam as longas sequências de DNA em cada uma de suas células — único. Se todos os cerca de 3 bilhões de pares de bases nitrogenadas do genoma de uma pessoa fossem extraídos e armazenados, a sequência resultante constituiria um identificador genuinamente único para esse indivíduo. Um perfil de DNA usado em um tribunal ou armazenado em uma base de dados de DNA, contudo, não é uma leitura exata do genoma completo de um indivíduo. Quando os perfis de DNA foram concebidos, produzir um perfil de genoma completo geraria dados demais, levaria muito tempo e teria um custo astronômico. As comparações de dois perfis também teriam levado um tempo inviável.

Em vez disso, um perfil de DNA é produzido a partir da análise de treze regiões específicas, conhecidas como *loci*, do DNA de uma pessoa. Como herdamos um cromossomo de cada um dos nossos pais, duas regiões de DNA estão associadas a cada lócus. Cada uma dessas regiões é composta, em parte, de uma "repetição consecutiva curta": um pequeno segmento de DNA repetido várias vezes. O número de repetições em um dado lócus varia consideravelmente entre os indivíduos. Aliás, esses treze *loci* são especificamente selecionados por causa da diversidade do número de segmentos repetidos, o que significa que existem números astronomicamente grandes de combinações diferentes de números de repetições ao longo dos treze *loci*. O perfil de DNA, portanto, é apenas a lista de números de repetições em cada lócus, que podem ser lidas em um gráfico conhecido como eletroferograma. O eletroferograma representa a sequência bruta de DNA e lembra um pouco a leitura de um sismógrafo (usado para medir terremotos) com ruído baixo de fundo intercalado com picos em determinadas posições, correspondentes a cada um dos *loci* usados no perfil. O eletroferograma da amostra extraída da lâmina da faca é exibido na Figura 12.

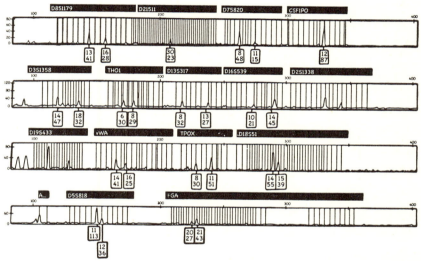

Figura 12: O eletroferograma da amostra de DNA na lâmina da faca, que supostamente pertencia a Meredith Kercher: Os picos que correspondem aos treze *loci* usados em um perfil de DNA padrão estão rotulados. Em alguns casos, só um pico fica visível, indicando que o dono da amostra herdou o mesmo número de repetições para aquele lócus do pai e da mãe. O maior número em cada caixa dá o número de repetições de segmentos de DNA. O menor número dá a força do sinal. A maioria das forças do sinal dos picos é menor do que o mínimo desejado de 50.

Criar um eletroferograma individual pode ser comparado a registrar os resultados de dois lançamentos de cada um de treze dados de dezoito faces. Podemos comparar a compatibilidade exata de dois indivíduos selecionados ao acaso a lançar exatamente a mesma sequência duas vezes. Em condições ideais, a probabilidade de compatibilidade entre os perfis de dois indivíduos sem parentesco selecionados aleatoriamente é mais baixa do que uma em 100 trilhões — o que na prática torna o perfil de DNA um identificador único. Se os picos de dois perfis do eletroferograma são exatamente compatíveis, é razoável presumir-se que eles pertencem à mesma pessoa.

Às vezes, a compatibilidade genética pode ser ambígua, pois a idade ou a qualidade da amostra do DNA podem levar à extração apenas de perfis parciais — o sinal não pode ser obtido em todos os *loci*. Perfis parciais não podem resultar numa compatibilidade definitiva. Também é possível, especialmente para amostras pequenas, que o sinal apresentado no eletroferograma acabe encoberto pelo ruído de fundo produzido durante a análise. Por essa razão, há padrões aceitos para a força dos sinais no perfil de DNA. Era a única esperança que restava à defesa de Knox.

Na época do julgamento original, a doutora Patrizia Stefanoni, diretora técnica chefe do departamento de investigação genética forense da Polícia de Roma, decidiu que, com base no tamanho minúsculo, em vez de dividir a amostra de DNA encontrada na faca em duas, ela precisava usar todo o DNA disponível para criar um perfil forte o suficiente. Isso ia definitivamente contra as boas práticas: com duas amostras, os efeitos da fraqueza ou de perfis ambíguos podem ser revalidados usando-se a segunda amostra. A aposta dela falhou. Como observado no julgamento original, o eletroferograma possuía picos claros em todos os lugares certos, e apresentava uma compatibilidade fortíssima com o perfil de Kercher. Entretanto, como podemos verificar nas caixas numeradas da Figura 12, a maioria das alturas dos picos no perfil ficou bem abaixo até dos padrões mais flexíveis. Como ela não havia seguido os devidos procedimentos para gerar o perfil, a equipe de defesa conseguiu desacreditar a evidência genética da faca na apelação.

A reação da acusação foi requisitar a confirmação dos resultados do primeiro teste com um pequeno número de células que haviam passado despercebidas na análise original, mas foram descobertas por especialistas forenses independentes. O juiz Claudio Hellman rejeitou as solicitações feitas pela acusação para que o teste com a amostra minúscula fosse repetido.

AS LEIS DA MATEMÁTICA

No dia 3 de outubro de 2011, o júri misto de juízes e leigos se retirou para ponderar sobre o veredito. Quando eles voltaram, mais tarde do que esperado, a atmosfera do tribunal agitara-se gradualmente para alcançar um pico de tensão com emoções reprimidas. Apesar de todas as evidências revisadas, ninguém sabia para que lado o pêndulo iria. Quando os veredictos foram lidos, Knox caiu na cadeira e começou a chorar — lágrimas de alegria e alívio. O júri a inocentou do assassinato de Kercher. No documento em que resumiu as "motivações", ao justificar sua recusa a permitir que a segunda amostra de DNA da faca fosse testada, o juiz Hellman afirmou que "A combinação de dois resultados, ambos duvidosos por não terem sido obtidos por um procedimento científico correto, não pode produzir um resultado seguro." Mas Leila Schneps e Coralie Colmez, autoras do livro de 2013 *Math on trial: how numbers get used and abused in the courtroom* [A matemática nos tribunais: uso e abuso dos números em julgamento], sugerem que o Juiz Hellmann errou; às vezes, dois testes duvidosos são melhores do que um.[16]

Para entender o argumento delas, imagine que, em vez de testar a compatibilidade de um DNA, vamos lançar um dado. Gostaríamos de determinar se o dado está neutro — nesse caso, um seis deve cair em um sexto dos lançamentos — ou se está viciado — quando temos a informação de que deve cair 50% das vezes. Como não queremos fazer nenhuma pressuposição sobre a situação, antes de fazer os testes, presumimos que os dois cenários são igualmente prováveis.

Começamos com um teste em que lançamos o dado sessenta vezes. Se ele estiver neutro, ele deve cair com a face do seis virada para cima, em média, dez vezes. Se estiver viciado, isso deve ocorrer, em média, trinta vezes. Por um lado, se o seis cair trinta vezes ou mais no teste, concluiremos que o dado está viciado, pois seria extremamente improvável que isso acontecesse com um dado neutro. Por outro lado, se o seis cair dez ou menos vezes, concluiremos que o dado é neutro. Se o seis cair entre dez e trinta vezes, poderemos calcular a probabilidade de o dado estar viciado comparando a probabilidade de o seis aparecer o mesmo número de vezes na série de jogadas à probabilidade de o mesmo evento ocorrer com um dado neutro.

No teste, registramos os resultados vistos na metade superior da Figura 13 — com o seis caindo um total de 21 vezes. A probabilidade de vermos o seis cair tantas vezes com um dado neutro é baixa, de apenas 0,000297. Mesmo com um dado viciado, a probabilidade de ver o seis cair 21 vezes é bem pequena, mas de 0,00693, ou vinte vezes maior do que com um dado neutro. É muito mais provável que o seis tenha caído 21 vezes com um dado viciado do que com um neutro. Podemos encontrar a probabilidade combinada de obtermos o seis 21 vezes nesses dois cenários somando as duas probabilidades. O resultado será 0,00722. A proporção dessa probabilidade proveniente do dado viciado é de 0,00693/0,00722, o que dá 0,96. A probabilidade de o dado estar viciado, portanto, é de 96%. Muito convincente, mas talvez não o bastante para condenar um assassino.

TESTE 1. 21 OCORRÊNCIAS DO SEIS. PROBABILIDADE DE O DADO ESTAR VICIADO – 96%

TESTE 2. 20 OCORRÊNCIAS DO SEIS. PROBABILIDADE DE O DADO ESTAR VICIADO – 82%

Figura 13: Dois testes separados com o dado. Obtemos o seis 21 vezes de 60 lançamentos no primeiro teste, mas apenas 20 vezes no segundo. O segundo teste parece questionar o primeiro.

AS LEIS DA MATEMÁTICA

Para termos certeza, realizamos um segundo teste em que lançamos o dado mais 60 vezes. Agora, se contarmos o número de vezes em que o seis aparece na segunda metade da Figura 13, encontraremos apenas vinte. Como resumido na Tabela 9, a probabilidade de ver esse número de ocorrências do seis com um dado neutro é de 0,000780, e se o dado estiver viciado é de 0,00364 — apenas cerca de cinco vezes mais provável. Apesar da pequena diferença em relação aos resultados do primeiro teste, a aplicação do mesmo cálculo nos dá uma chance menos convincente de 82% de o dado estar viciado. Parece que a realização do segundo teste lançou dúvidas sobre os resultados do primeiro. O segundo teste certamente não parece confirmar a nossa convicção de que o dado está viciado.

	Probabilidade considerando que esteja neutro	Probabilidade considerando que esteja viciado	Probabilidade total para os dois cenários	Probabilidade de o dado estar viciado
Teste 1	0,000297	0,00693	0,00722	96%
Teste 2	0,000780	0,00364	0,00442	82%
Combinação	0,00000155	0,000168	0,000170	99%

Tabela 9: As probabilidades de ver os números diferentes de ocorrências do seis em cada um dos testes se o dado estiver neutro (colunas 1) ou viciado com peso no seis (coluna 2). A probabilidade total com os dois dados (coluna 3) e a probabilidade de o dado estar viciado (coluna 4).

Porém, quando combinamos os resultados, como na Figura 14, descobrimos que lançamos o dado 120 vezes. Para um dado neutro, o seis deve cair uma média de 20 vezes. Mas ele caiu 41 vezes. A probabilidade de ver o seis cair 41 vezes em 120 lançamentos é de apenas 0,00000155 se o dado estiver neutro, enquanto se estiver viciado é 100 vezes maior, em 0,000168. A probabilidade de o dado estar viciado considerando as 41 ocorrências do seis, portanto, é maior do que 99%.

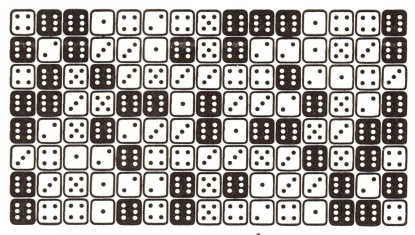

TESTES COMBINADOS. 41 OCORRÊNCIAS DO SEIS.
PROBABILIDADE DE O DADO ESTAR VICIADO - 99%

Figura 14: Quando os testes são combinados, encontramos 41 ocorrências do seis de um total de 120 lançamentos. Isso sugere uma enorme probabilidade de o dado estar viciado.

Surpreendentemente, a combinação das duas investigações menos persuasivas produz um resultado muito mais convincente do que qualquer um dos testes individuais. Uma técnica semelhante é empregada com frequência na prática científica das revisões sistemáticas. As revisões sistemáticas na medicina, por exemplo, consideram vários ensaios clínicos, que individualmente podem não ser conclusivos a respeito da eficácia de um dado tratamento em virtude do pequeno número de participantes. Quando os resultados de vários ensaios independentes são combinados, por outro lado, muitas vezes é possível tirar conclusões estatisticamente significativas sobre a eficácia ou ineficácia da intervenção. Talvez, o uso mais conhecido da revisão sistemática seja na análise das medicinas alternativas (cujos aparentes "resultados positivos", como explicaremos no próximo capítulo, são causados principalmente por subterfúgios matemáticos), que não contam com patrocínios substanciais para ensaios clínicos de grande escala. Combinando vários testes aparentemente inconclusivos, as revisões sistemáticas vêm desmascarando terapias alternativas, do uso de amoras no tratamento de infecções urinárias[17] ao consumo de vitamina C para evitar o resfriado comum.[18]

AS LEIS DA MATEMÁTICA

Analogamente, Schneps e Colmez argumentam que a combinação de dois testes potencialmente inconclusivos de DNA poderia ter oferecido uma evidência muito mais forte para a ligação entre o DNA de Kercher e a faca na cozinha de Sollecito. A decisão do juiz Hellman privou a corte da oportunidade de considerar essas evidências, negando ao mundo a oportunidade de ver os efeitos que elas poderiam ter causado no resultado do julgamento.

Confundidos pela matemática

As probabilidades astronomicamente pequenas geradas por uma amostra completa de DNA parecem estatísticas muito convincentes, mas devemos evitar sermos confundidos por números muito grandes ou pequenos no tribunal. Devemos ter sempre o cuidado de considerar as circunstâncias que levam à sua produção e lembrar que, sem a devida interpretação, a simples citação de um número extremamente pequeno fora de contexto não demonstra por si só a culpa ou inocência de um suspeito.

O número de "um em 73 milhões" produzido por Meadow no caso de Sally Clark é um caso que deve nos servir de alerta. Pela combinação entre suposições erradas de independência (presumir que o fato de um bebê ter morrido de SMSL não altera a probabilidade de um segundo sofrer o mesmo destino) e falácias ecológicas (encaixar equivocadamente os Clark em uma categoria de baixo risco com base em detalhes demográficos escolhidos a dedo), foi gerado um número muito menor do que deveria ter sido. Para agravar esses problemas, o número também foi apresentado de forma a levar qualquer júri razoável a deduzir que um em 73 milhões era a probabilidade da inocência de Sally, e não a probabilidade de uma possível explicação alternativa para as mortes dos bebês — a falácia do promotor. De fato, um júri a considerou culpada com base, em grande parte, na apresentação de Meadow desse número incorreto.

128 AS MATEMÁTICAS DA VIDA E DA MORTE

Se, por um lado, devemos evitar ser convencidos da culpa de alguém com base em probabilidades extremamente pequenas, tampouco podemos aceitar a refutação desses números como indício de inocência. Andrew Deen teve a imagem prejudicada pela falácia do promotor, fazendo a probabilidade de sua culpa com base unicamente na evidência do DNA parecer muito maior do que de fato era. Em sua apelação, a defesa de Deen argumentou com base no número revisado de um em 2.500 para a probabilidade de uma compatibilidade genética, que o tornava um entre milhares de suspeitos potencialmente compatíveis na área do crime. Poder-se-ia argumentar que isso invalida a evidência do DNA. Tal raciocínio, todavia, é igualmente incorreto, e é conhecido como falácia do advogado de defesa. A evidência do DNA não deve ser descartada, mas assimilada em conjunto com os outros indícios que implicam ou livram o suspeito. A condenação de Deen foi considerada um erro judicial, em parte porque a falácia do promotor levou o júri ao erro. Em seu segundo julgamento, no entanto, Deen declarou-se culpado e foi condenado por estupro.

Schneps e Colmez também apresentam um forte argumento matemático apontando que, ao negar um segundo teste do DNA, o juiz Hellman, que presidiu a apelação de Amanda Knox, pode ter ajudado a garantir a liberdade da estudante. Em 2013, a soltura obtida por Knox na apelação foi anulada, e um juiz ordenou que a segunda amostra de DNA fosse testada novamente. Verificou-se que o DNA realmente pertencia a Knox. Na sua última apelação, em 2015, os juízes ouviram evidências de que a obtenção e o exame da faca haviam sido gravemente comprometidos. Os erros eram muitos: a faca havia sido recolhida e armazenada primeiro em um envelope aberto e depois em uma caixa de papelão que não fora esterilizada; os policiais não haviam usado proteção; e um deles estivera no apartamento de Kercher antes de manusear a faca mais tarde no mesmo dia. Também era difícil descartar uma possível contaminação no laboratório, com ao menos 20 das amostras de Kercher tendo sido anteriormente testadas lá antes do exame da suposta arma do assas-

AS LEIS DA MATEMÁTICA

sinato. Se o DNA original encontrado na faca tivesse de fato chegado lá por contaminação, não importa quantas vezes o teste tivesse sido repetido, isso não mudaria o fato de o DNA pertencer a Kercher ou esclareceria como ele fora parar na faca. Se houvesse acesso a uma quantidade maior da amostra contaminada de DNA, a sugestão da repetição do teste poderia ter levado a uma maior confiança equivocada na culpa de Knox.

Ao nos atermos aos resultados de um elegante argumento matemático, a um cálculo complexo ou a um número memorável, muitas vezes nos esquecemos de fazer a pergunta mais pertinente: o cômputo em questão é sequer relevante?

•

No caso de Sally Clark, a estatística que mais influenciou os jurados foi a estimativa de Meadow da ocorrência de duas mortes por SMSL na mesma família. Com uma análise mais detalhada, podemos questionar por que esse número sequer foi calculado. Ninguém no julgamento estava argumentando que os dois filhos dos Clark haviam morrido de SMSL. À época da morte de Christopher, o patologista responsável pela autópsia declarou que a causa da morte fora uma infecção no trato respiratório inferior. Isso não equivale a um diagnóstico de SMSL, que na verdade é o adotado depois de todas as alternativas terem sido descartadas. A defesa alegou causas naturais, a acusação alegou assassinato, mas ninguém sugeriu que a SMSL deveria ser considerada a causa das mortes dos dois bebês. O número apresentado por Meadow para descrever a probabilidade de duas mortes por SMSL na mesma família não deveria sequer ter sido citado no tribunal. E mesmo assim esse número parece ter sido considerado um fator crucial pelos jurados para a conclusão de que Sally era culpada pelo assassinato dos dois bebês.

Na segunda apelação, em janeiro de 2003, os advogados de Sally apresentaram novas evidências descobertas depois da condenação original. A evidência da autópsia do segundo filho de Sally, Harry, indicava claramente a presença da bactéria *Staphylococcus aureus* no líquido cefalorraquidiano. Especialistas afirmaram ser extremamente provável que essa infecção tivesse causado alguma forma de meningite bacteriana, a verdadeira culpada da morte de Harry. Embora a nova evidência microbiológica tenha sido o bastante para o questionamento da condenação de Sally, os juízes da apelação afirmaram que o uso equivocado da estatística no julgamento original teria sido o bastante para o sucesso da apelação.

No dia 29 de janeiro, Sally ganhou liberdade. Ela voltou para Steve e o terceiro filho deles, então com 4 anos. Em uma declaração dada após a soltura, ela falou sobre finalmente poder chorar a morte dos seus bebês, da importância de voltar para o marido, de seu menininho agora ter uma mãe e de eles se tornarem uma "família de verdade novamente". Apesar da imensa alegria de se reunir à família, nem esse alívio foi suficiente para compensar os anos passados injustamente encarcerada e acusada pela morte de duas das pessoas que mais amava. Em março de 2007, ela foi encontrada morta na sua casa por intoxicação alcoólica, nunca tendo se recuperado completamente dos efeitos da condenação injusta.

•

Podemos aplicar as lições aprendidas nos tribunais a outras áreas da nossa vida. Como veremos no próximo capítulo, é prudente adotar uma atitude questionadora em relação aos números que lemos nas manchetes dos jornais, às afirmações feitas nas propagandas e aos rumores que nos chegam por meio de amigos e de colegas. Na realidade, em qualquer área na qual alguém possa ter interesse em manipular números, o que acontece em quase todas com ensejo de que tais números sejam usados, devemos encarar afirmações com ceticismo e solicitar maiores explicações. Qualquer um que esteja confiante na veracidade de seus números ficará feliz em oferecê-las. Até para matemáticos treinados, entender matemática e estatística pode ser difícil.

AS LEIS DA MATEMÁTICA

É por isso que temos especialistas nessas áreas. Se necessário, peça a ajuda de um profissional, um Poincaré, que possa dar uma opinião especializada. Qualquer matemático digno do título ficará feliz em ajudar. Acima de tudo, antes de uma cortina de fumaça matemática ser lançada diante dos nossos olhos, precisamos questionar se a matemática sequer é uma ferramenta apropriada ao caso.

Com a prevalência cada vez maior de formas quantificáveis de evidências, não há dúvidas de que os argumentos matemáticos têm um papel insubstituível em algumas partes do sistema judiciário moderno. Entretanto, em mãos erradas a matemática pode servir de ferramenta para impedir a justiça, custando o ganha-pão de pessoas inocentes e, em casos extremos, a vida delas.

4

NÃO ACREDITE NA VERDADE:

Desmascarando as estatísticas na mídia

Don't Believe the Truth [Não acredite na verdade] é o título do sexto álbum do Oasis, banda de rock de Manchester. Adolescente na Manchester dos anos 1990, eu adorava a banda. Já assistira a vários shows em diversos pontos da cidade, e pouco depois do lançamento desse álbum, em 2005, fui assistir a outro no estádio de Manchester, lar do meu amado Manchester City Football Club. Na adolescência, eu frequentara shows regularmente em inúmeros locais de Manchester — o Apollo, o Night and Day, o Roadhouse e o Manchester Arena para bandas mais famosas.

Em 2017, já fazia tempo que o Oasis se separara e havia mais de dez anos que eu não morava em Manchester, mas muitos dos espaços para shows que eu havia frequentado continuavam em alta. No dia 22 de maio daquele ano, por volta das 22h30, um show de Ariana Grande acabara de terminar no Manchester Arena. A plateia, na grande maioria formada por adolescentes ou jovens mais novos ainda, fazia fila para ir encontrar os pais que os aguardavam no saguão. Imóvel no meio da multidão, estava Salman Abedi, de 23 anos. Nos ombros, ele levava uma mochila com artefatos, incluindo uma bomba caseira. Às 22h31, ele a detonou, matando 22 vítimas e deixando centenas feridas. Foi o pior ataque terrorista no solo do Reino Unido desde os bombardeios de 2005, cujo alvo fora a rede de transporte de Londres e que matara 56 pessoas.

Na época do ataque, eu não estava em Manchester nem no país. Estava na Cidade do México a trabalho. Por causa da diferença de 6 horas, acompanhei os informativos sucessivos sobre os ataques enquanto a tarde avançava e a maior parte do Reino Unido dormia, ainda alheia ao que acontecera. Apesar de estar a mais de 8 mil km, tendo eu mesmo atravessado aquele saguão após um show, de certo modo me senti mais conectado ao incidente: mais chocado e mais consternado do que em relação a muitos outros incidentes terroristas recentes. Nos dias seguintes, li tudo o que pude sobre o ataque e a reação dos habitantes da minha cidade natal. Um artigo do *Daily Star* em particular chamou minha atenção. Seu título: "'Datas são importantes para jihadistas'. Ataque ao Manchester Arena no aniversário [da morte] de Lee Rigby." No artigo, o autor destacava um tuíte de Sebastian Gorka, então Assistente Adjunto do presidente americano Donald Trump, dizendo: "Explosão em Manchester acontece no quarto aniversário do assassinato público do fuzileiro Lee Rigby. Datas são importantes para terroristas jihadistas."

Gorka identificara uma coincidência entre as datas dos dois ataques terroristas islâmicos. O primeiro, no dia 22 de maio de 2013, o assassinato a facadas de um soldado do Exército britânico, cometido por dois convertidos do cristianismo ao islã de ascendência nigeriana. O segundo, no dia 22 de maio de 2017, o bombardeio suicida de um alvo sem relação com a política por um jovem educado como muçulmano desde a infância e de ancestralidade líbia. Em seu tuíte, Gorka sugeriu que o ataque ao Manchester Arena fora meticulosamente planejado para ser executado no aniversário do assassinato de Lee Rigby. Obviamente, se isso fosse verdade, daria credibilidade à ideia de que os terroristas islâmicos são um grupo coerente e bem organizado, capaz de atacar em qualquer data de sua escolha. Mas isso vai de encontro à imagem de "lobo solitário" desde então pintada de Abedi.

Grupos terroristas dotados de organização e de ordem são muito mais assustadores do que se os ataques fossem executados aleatoriamente, sem controle central ou coerência. O propósito do tuíte de Gorka dava a impressão de que ele desejava alimentar o medo do terrorismo islâmico, talvez com o objetivo de apoiar a controversa ordem executiva do presidente Trump: "Proteger a Nação da entrada de terroristas estrangeiros nos Estados Unidos", proibindo a viagem de muitos muçulmanos ao país — ordem esta que na época enfrentava vários desafios legais. Mas eu me perguntei se o caso era esse mesmo. Deveríamos, realmente, acreditar na afirmação de Gorka, considerando a credibilidade do *Daily Star*? Não é esse o tipo de retórica impactante e infundada que atende perfeitamente aos propósitos dos terroristas? Qual é a probabilidade, eu me perguntei, de dois incidentes terroristas ocorrerem no mesmo dia do ano, meramente por acaso?

•

Somos constantemente bombardeados por números e cálculos: no que lemos, no que assistimos e no que ouvimos. Estudos de coortes grandes sobre os impactos produzidos pelo estilo de vida do século XXI sobre a nossa saúde, por exemplo, estão se multiplicando mais rápido do que nunca. Ao mesmo tempo, aumentam também as habilidades numéricas necessárias para interpretar as descobertas desse tipo de estudo. Em muitos casos, não há objetivos escusos; as estatísticas são apenas de difícil interpretação. Mas há muitas maneiras de um lado ou de outro se beneficiarem da distorção de uma descoberta em particular.

Na era das *fake news*, é difícil saber em quem confiar. Acredite ou não, a maioria das grandes agências de notícias baseiam a parte maciça de suas histórias em fatos. A veracidade e a exatidão estão perto do topo (se não no topo) de quase todos os códigos da ética e integridade jornalísticas.[1] Além das obrigações morais para com a verdade, processos por difamação podem ser extremamente prejudiciais e caros, então existe um incentivo financeiro para apresentar dados verdadeiros.

As diferenças presentes nas narrativas dos fatos pelas organizações midiáticas estão no viés que acrescentam a cada história. Por exemplo, quando a proposta de reforma tributária do presidente Trump — cujo título "Tax Cuts and Jobs Act" [Lei de Redução de Impostos e Criação de Empregos] embutia uma dose própria de distorção — foi aprovada em dezembro de 2017, o jornalista da Fox Ed Henry noticiou-o como uma "grande vitória" e uma "conquista de que o presidente necessitava desesperadamente". Lawrence O'Donnell, da MSNBC, de maneira antagônica, referiu-se aos senadores republicanos que votaram a favor da proposta como agentes da "manifestação mais feia de porcos se refestelando já vista no Congresso". Jack Tapper, da CNN, introduziu a notícia com a pergunta: "Alguma vez uma legislação foi aprovada pelo Congresso com menos apoio [popular]?"

É fácil identificar as diferentes ênfases aplicadas à história acima e deduzir as agendas políticas promovidas pelas três emissoras de televisão. É fácil detectar o partidarismo nas palavras das pessoas. Já os números podem ser distorcidos com muito mais sutileza. Estatísticas podem ser escolhidas a dedo para apresentar uma história por um ângulo particular. Outros números são completamente ignorados, e histórias manipuladas criadas por simples omissão. Às vezes, os próprios estudos são controversos. Amostras pequenas, genéricas ou tendenciosas, combinadas a perguntas sugestivas e à filtragem de informações, podem gerar estatísticas duvidosas. Mais sutis ainda são as estatísticas usadas fora de contexto, de modo que não é possível julgarmos, por exemplo, se um aumento de 300% nos casos de uma doença representa um aumento de um para quatro pacientes ou de 500 mil para 2 milhões. O contexto é importante. Não que essas interpretações diferentes dos números sejam mentiras. Cada uma é um pequeno pedaço da história verdadeira em que alguém lançou uma luz da direção da sua preferência. Portanto, elas não são a verdade completa. Cabe-nos tentar montar a história verdadeira por trás da hipérbole.

Neste capítulo, analisaremos e desmistificaremos os truques, as armadilhas e as transformações incluídos consciente ou inconscientemente em manchetes de jornais, nas propagandas dos outdoors e nas frases de impacto político. Exporemos manipulações matemáticas semelhantes empregadas onde esperaríamos critérios melhores: em publicações com orientações a pacientes e até em artigos científicos. Forneceremos maneiras simples de reconhecer quando não estão nos contando a história completa e ferramentas para nos ajudar a desfazer a distorção aplicada a uma estatística à medida que tentamos descobrir se devemos acreditar na "verdade".

O problema do aniversário

Os desencaminhamentos matemáticos mais sutis e com frequência eficazes são aqueles em que não parece sequer haver um número em jogo. Ao afirmar "Datas são importantes para terroristas jihadistas", Gorka nos pediu para avaliar a probabilidade de dois incidentes terroristas ocorrerem no mesmo dia por acaso, deixando claro que ele mesmo não acreditava ser isso muito provável. Podemos descobrir a verdadeira resposta por meio de um experimento mental conhecido como "problema do aniversário".

O problema do aniversário pergunta: "Quantas pessoas você precisa reunir antes de alcançar a probabilidade de 50% de pelo menos duas fazerem aniversário no mesmo dia?" Ao se depararem com o problema, as pessoas, em geral, apostam num número em torno de 180, que é, aproximadamente, metade do número de dias do ano. Isso se deve à tendência de nos colocarmos em uma sala e pensar na probabilidade de uma outra pessoa ter a mesma data de aniversário que nós mesmos. Na verdade, 180 é um número grande demais. Fazendo a suposição razoável de que os aniversários são mais ou menos uniformemente distribuídos ao longo do ano, a resposta é apenas 23 pessoas. Isso porque não estamos preocupados com o dia em particular em que cai o aniversário, mas apenas com o fato de haver ou não uma coincidência.

Para entendermos melhor por que o número necessário é tão baixo, podemos começar considerando o número de pares de pessoas na sala — afinal de contas, a questão são pares de aniversários que caem na mesma data. Para calcular o número de pares com 23 pessoas numa sala, imagine-se colocando todos em fila e pedindo que troquem apertos de mãos. A primeira pessoa aperta a mão das outras 22; a segunda, das 21 de quem ainda não apertou; a terceira, de 20; e assim por diante. Por fim, a penúltima pessoa aperta a mão da última, e chegamos à soma de 22 + 21 + 20 + ... + 1. É uma tarefa árdua, mas fácil para 23 pessoas, mas beira o tédio quando o número de pessoas na sala supera os 50. Números que podem ser representados em somas como essa — de números inteiros consecutivos começando pelo um — são chamados números triangulares, uma vez que é possível dispor esses números de objetos em arranjos triangulares elegantes, como fizemos na Figura 15. Felizmente, existe uma fórmula igualmente elegante para os números triangulares. Para um número qualquer de pessoas N na sala, o número de apertos de mão é dado por $N \times (N - 1)/2$. Para 23 pessoas, isso nos leva a $23 \times 22/2$ ou 253 pares. Talvez, não seja surpreendente que a probabilidade de ao menos um par de pessoas com a mesma data de aniversário supere os 50% com tantos pares de pessoas na sala.

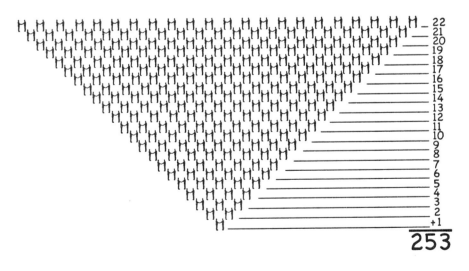

Figura 15: O número de apertos de mão entre 23 pessoas. A primeira aperta a mão de 22 outras; a segunda, de 21, e assim por diante até restar à penúltima apertar a mão de apenas uma pessoa. O número total de apertos de mão entre 23 pessoas é a soma dos primeiros 22 números inteiros. A fórmula do número triangular nos diz que há 253 pares de pessoas com apenas 23 pessoas na sala.

NÃO ACREDITE NA VERDADE   **139**

A fim de atribuir um número a essa probabilidade, é mais fácil pensar primeiro na probabilidade de ninguém ter a mesma data de aniversário. Para isso, usamos exatamente a mesma técnica matemática empregada no capítulo 2, quando calculamos quantas mamografias uma mulher poderia fazer antes da probabilidade de receber um falso positivo como diagnóstico aumentar para mais de 1/2. Com um único par de pessoas, podemos facilmente encontrar a probabilidade de não compartilharem a mesma data de aniversário. A primeira pessoa pode fazer aniversário em qualquer um dos 365 dias do ano, e a segunda em qualquer um dos 364 restantes. Assim, a probabilidade de um único par de pessoas não ter a mesma data de aniversário é quase certa — de 364/365 (ou 99,73%). Entretanto, como há 253 pares de pessoas, e estamos interessados em encontrar a probabilidade de nenhuma fazer aniversário na mesma data que outra, é necessário que os outros 252 pares de indivíduos na sala também tenham datas de aniversário distintas. Se todos os pares fossem independentes dos outros, a probabilidade de nenhum dos 253 pares de pessoas compartilhar a data de aniversário seria dada pela probabilidade de essa característica se aplicar a um par, 364/365 multiplicado por si mesmo 253 vezes, ou $(364/365)^{253}$. Embora 364/365 seja um número muito próximo de um, quando multiplicado por si mesmo centenas de vezes a probabilidade de nenhum par ter a mesma data de aniversário é de 0,4995, pouco menos de 1/2. Como a situação em que ninguém compartilha a data do aniversário ou duas ou mais pessoas compartilharem o aniversário são as duas únicas possibilidades (no jargão matemático, são eventos coletivamente exaustivos), as probabilidades de dois eventos devem somar um. Portanto, a probabilidade de duas ou mais pessoas compartilharem o aniversário é de 0,5505, pouco acima de 1/2.

Na realidade, nem todos os pares de aniversários serão independentes. Se a pessoa A compartilha o aniversário com a pessoa B, e a pessoa B compartilha o aniversário com a pessoa C, sabemos algo sobre o par A-C: eles devem compartilhar o mesmo aniversário — ou seja, não são mais independentes. Se fossem independentes, teriam uma chance de apenas 1/365 de compartilhar o aniversário.

140   AS MATEMÁTICAS DA VIDA E DA MORTE

O cálculo exato da probabilidade de uma correspondência, levando em conta essas dependências, é um pouco mais complexo do que quando presumimos independência no último parágrafo. Nele, devemos adicionar as pessoas à sala uma de cada vez. Para duas pessoas, chegamos à probabilidade de não compartilhar o aniversário de 364/365. Adicionando uma terceira pessoa ao grupo, a fim de não compartilhar o aniversário com nenhuma das outras, ela pode fazer aniversário em qualquer dos 363 dias restantes do ano. Assim, a probabilidade de duas pessoas não compartilharem o aniversário é de 364/365 × (363/365). Uma quarta pessoa só pode fazer aniversário em um dos 362 dias restantes. Assim, a probabilidade de quatro não fazerem aniversário no mesmo dia cai um pouco para (364/365) × (363/365) × (362/365). O padrão é o mesmo até adicionarmos a 23ª pessoa ao grupo. Ela pode fazer aniversário em qualquer dos 343 dias restantes do ano. A probabilidade de 23 pessoas não compartilharem o aniversário é dada pela longa multiplicação

$$\frac{364}{365} \times \frac{363}{365} \times \frac{362}{365} \times \frac{...}{365} \times \frac{343}{365}$$

Essa expressão nos diz que a probabilidade exata de duas pessoas em um grupo de 23 não fazerem aniversário no mesmo dia (levando em conta as possíveis dependências) é de 0,4927, pouco menos de 1/2. Usando mais uma vez a ideia da exaustão coletiva, a única outra possibilidade — de ao menos duas pessoas compartilharem um aniversário — tem uma probabilidade de pouco mais de 1/2, 0,5073. Quando há 70 pessoas no grupo, há 2.415 pares de pessoas. O cálculo exato nos diz que a probabilidade de uma correspondência é enorme, de 0,999. A Figura 16 mostra que a probabilidade de dois eventos caírem no mesmo dia do ano muda à medida que o número de eventos independentes considerados cresce de 1 a 100.

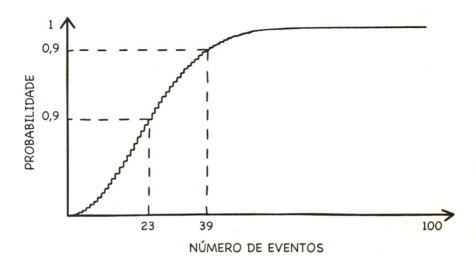

Figura 16: A probabilidade de dois ou mais eventos caírem no mesmo dia aumenta com o número de eventos. Quando há 23 eventos, a probabilidade de uma correspondência é pouco mais de 1/2. Quando há 39 eventos independentes, a probabilidade de ao menos dois deles caírem no mesmo dia aumenta para quase 0,9.

Usei os resultados surpreendentes do problema do aniversário para impressionar meu agente literário no nosso primeiro encontro para discutir este livro. Apostei com ele a rodada seguinte de drinques que conseguiria encontrar duas pessoas no pub relativamente vazio que faziam aniversário no mesmo dia. Após passar rapidamente os olhos pelo ambiente, ele me encarou e se ofereceu para pagar as *duas* rodadas seguintes de drinques se eu encontrasse o dito par, tão improvável achou que fosse a possibilidade de uma coincidência. Depois de 20 minutos, muitos olhares surpresos e explicações fajutas ("Não se preocupe", uma versão um pouco abatida de mim dizia às pessoas que eu abordava, "Sou um matemático"), encontrei um par de pessoas que faziam aniversário no mesmo dia, e os drinques saíram por conta de Chris. Provavelmente, fui um pouco injusto, pois eu já contara o número de fregueses no bar quando fora para a rodada anterior — cerca de 40. Com esse número em mente, a chance de eu perder a aposta era de apenas 11%. *Eu* deveria ter apostado as duas próximas rodadas contra uma de Chris, e não o contrário. Mais do que um truque matemático

142   AS MATEMÁTICAS DA VIDA E DA MORTE

fácil para explorar vítimas inocentes em bares, contudo, a elevada probabilidade de uma correspondência para números tão pequenos tem algumas implicações muito mais profundas. Em particular, pode nos ajudar a testar a ilação de Gorka em relação à habilidade dos jihadistas de atacarem como bem quisessem.

No período de cinco anos entre abril de 2013 e abril de 2018, pelo menos 39 ataques terroristas contra nações ocidentais (da União Europeia, da América do Norte ou australianas) foram cometidos por terroristas islâmicos. À primeira vista, parece improvável que duas tenham acontecido no mesmo dia se ocorreram aleatoriamente ao longo do ano. Entretanto, como existem 741 pares possíveis de eventos, a probabilidade de dois se darem no mesmo dia é, na verdade, muito grande, de aproximadamente 88%, conforme mostrado na Figura 16. Com essa elevada probabilidade, seria surpreendente se dois desses ataques não tivessem acontecido no mesmo dia. É claro que isso não diz nada sobre a probabilidade de futuros ataques terroristas, mas parece que Gorka deu mais crédito às habilidades organizacionais dos terroristas islâmicos do que eles merecem.

•

O mesmo raciocínio do "problema do aniversário" nos diz que precisamos ter cuidado ao interpretar evidências de DNA, atualmente tão essenciais em muitos julgamentos de crimes (conforme exemplificado no capítulo anterior). Em 2001, enquanto fazia uma pesquisa na base de dados de DNA de 65.493 amostras do estado do Arizona, um cientista descobriu uma correspondência parcial entre dois perfis sem parentesco. Nove de treze *loci* apresentavam correspondência entre as amostras. Para dar um contexto melhor, se tomássemos dois indivíduos sem parentesco, uma correspondência desse calibre ocorreria por volta de uma vez em cada 31 milhões de perfis colhidos. Essa descoberta chocante levou a uma busca por mais possíveis correspondências. Comparados todos os perfis na base de dados, foram encontrados 122 pares de perfis de indivíduos sem parentesco com uma correspondência de nove ou mais *loci*.

NÃO ACREDITE NA VERDADE   143

Com base nesse estudo[2] e agora duvidando da unicidade do identificador genético, advogados de todos os Estados Unidos solicitaram comparações semelhantes em outras bases de dados de DNA, inclusive na própria base de dados nacional, contendo mais de 11 milhões de amostras. Se 122 correspondências haviam sido encontradas em uma base de dados de apenas 65 mil pessoas, o DNA realmente era confiável para a identificação única de suspeitos em um país com 300 milhões de habitantes?[3] As probabilidades estavam sendo associadas a perfis incorretos de DNA, e, com isso, arriscando a segurança de condenações baseadas no DNA em todo o país? Alguns advogados acreditavam que sim, e chegaram a anexar as descobertas do Arizona como provas para lançar dúvidas sobre a confiabilidade das evidências baseadas no DNA nos julgamentos de seus clientes.

Na verdade, usando a fórmula dos números triangulares, podemos calcular que a comparação de cada uma das 65.493 amostras da base de dados do Arizona a cada uma das outras dá um total de mais de 2 bilhões de pares únicos de amostras. Com uma probabilidade de uma correspondência por 31 milhões de pares de perfis sem parentesco, o número esperado é de 68 correspondências parciais (isto é, a correspondência de nove *loci*). A diferença entre as 68 correspondências esperadas e as 122 encontradas pode ser facilmente explicada pelos perfis de parentes próximos na base de dados. Esses perfis têm uma chance muito maior de apresentar uma correspondência parcial do que os de indivíduos sem parentesco. Em vez de abalar a nossa confiança nas evidências baseadas no DNA, diante da informação fornecida pelos números triangulares, as descobertas da base de dados estão completamente de acordo com a matemática.

Números de autoridade

No artigo original do *Daily Star* ressaltando a coincidência nas datas do assassinato do fuzileiro Lee Rigby e do ataque ao Manchester Arena, a probabilidade que precisávamos avaliar para verificar a afirmação de Gorka foi omitida. É o contrário do que os publicitários fazem ao usar números. Quando há números convenientes, eles são apresentados com destaque. Os publicitários sabem que os números são encarados pela maioria das pessoas como provas irrefutáveis. Acrescentar um número a uma propaganda pode ser um recurso extremamente persuasivo, fortalecendo o argumento. A aparente objetividade das estatísticas parece dizer: "Não confiem só no que estamos dizendo, confiem nessa prova inegável."

Entre 2009 e 2013, a L'Oréal anunciou e vendeu a linha Lancôme Génifique de produtos "antienvelhecimento". Além da pseudociência de costume usada pelas propagandas ("A juventude está nos seus genes. Reative-a", "Acelere a atividade dos genes e estimule a produção de 'proteínas da juventude' agora"), havia um gráfico de barras que pretendia mostrar que 85% das consumidoras achavam que sua pele havia ficado "perfeitamente luminosa", 82%, "incrivelmente sem manchas", 91%, "macia como o algodão" e 82% acreditavam ter conquistado uma "melhora geral da aparência" da pele em apenas sete dias. Deixando de lado a nebulosa descrição das melhorias, esses números soam impressionantes, uma comprovação convincente do produto.

Mergulhemos um pouco mais no estudo por trás deles, contudo, e encontraremos uma história bem diferente. Pediram às mulheres que participaram do estudo que aplicassem o Génifique duas vezes ao dia e concluíssem como se sentiam a respeito de afirmações como: "A pele parece mais radiante/luminosa"; "A tonalidade da pele parece mais uniforme"; e "A pele parece mais macia". Pediram-lhes que escolhessem uma nota em uma escala de nove pontos e atribuíssem a cada afirmação dessas, os extremos variando de um, "discordo completamente", a nove, "concordo completamente". Não pediram às participantes que classificassem o grau de brilho, suavidade ou uniformidade da sua pele, mas o quanto concordavam ou discordavam com o fato de haver uma melhoria. É certo que não lhes pediram que dessem advérbios como "perfeitamente" ou "incrivelmente".

Os resultados dessa pesquisa mostraram que, embora 82% das mulheres de fato concordassem (dando uma pontuação entre seis e nove na escala de nove pontos) que sua pele parecia mais uniforme após sete dias, menos de 30% "concordaram completamente". Seguindo esse padrão, embora 85% concordassem que sua pele parecia mais radiante/luminosa, apenas 35,5% concordaram completamente. A L'Oréal massageara os resultados da sua própria pesquisa para fazê-los parecer mais impressionantes do que eram.

Talvez, o mais preocupante fosse o tamanho do estudo. Com apenas 34 participantes, é difícil ter certeza de que os resultados são confiáveis, por causa de um efeito conhecido como "flutuações em amostras pequenas". Amostras pequenas geralmente apresentam desvios maiores da verdadeira média aritmética da população do que amostras grandes. Para ilustrar isso, imaginemos que tenho uma moeda honesta — que, ao ser jogada, dá cara 50% das vezes e coroa outros 50%. Por alguma razão, quero convencer as pessoas de que a moeda é viciada a favor da coroa. Digamos que conseguirei convencê-las se conseguir mostrar que, ao ser jogada, a moeda dá coroa pelo menos 75% das vezes. Como minhas chances de persuadi-las mudam com o aumento do tamanho da amostra — o número de vezes que a moeda é jogada?

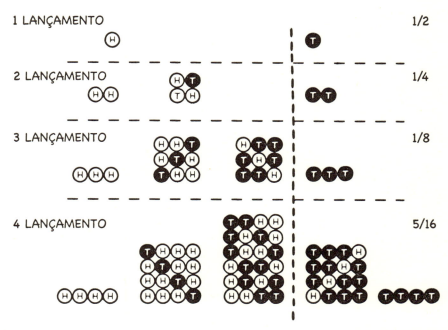

Figura 17: As possíveis combinações de cara e coroa produzidas por diferentes números de lançamentos da moeda, até quatro lançamentos. A linha divisória separa os resultados para os quais a proporção de ocorrências da coroa é de pelo menos 75% dos resultados para os quais ela é menor.

Posso tentar alcançar a meta jogando a moeda apenas uma vez. Se der coroa, ficarei feliz, pois coroa em um lançamento excede o limiar de 75%. Isso ocorre na metade das ocasiões em que jogo a moeda uma vez. Um lançamento me dá a melhor chance de convencer alguém de que a moeda é viciada, mas as pessoas alegariam, com razão, precisar de mais dados para serem convencidas, pedindo que eu jogasse a moeda novamente. Com dois lançamentos, preciso obter coroa duas vezes para convencer as pessoas de que a moeda é viciada. Não vou conseguir com uma coroa e uma cara, uma vez que o número de coroas será de apenas 50% nesse caso. Como podemos ver na Figura 17, duas coroas é apenas um dos resultados igualmente prováveis obtidos de dois lançamentos de uma moeda honesta, então convenço só um quarto das pessoas que estou tentando convencer. A probabilidade de ver pelo menos 75% de coroas diminui rapidamente à medida que o tamanho da amostra aumenta, conforme visto na Figura 18. Quando me pedem que eu aumente o tamanho da amostra para 100 lançamentos, minhas chances de convencer alguém de que a moeda é viciada caem para 0,00000009.

Figura 18: As chances de convencer alguém de que uma moeda genuinamente honesta é viciada a favor de "cara" diminuem rapidamente à medida que o número de lançamentos aumenta.

NÃO ACREDITE NA VERDADE

Com o aumento do tamanho da amostra, a variação em torno da média aritmética (nesse caso, a média seria 50% de coroas) diminui: fica cada vez mais difícil convencer alguém de algo que não é verdade. É por isso que, com apenas 34 participantes no estudo, devemos ser céticos em relação à confiabilidade dos resultados apresentados na propaganda da L'Oréal.

Geralmente, propagandas com amostras pequenas informam suas descobertas em porcentagens (82% tinham uma pele incrivelmente sem manchas) e não proporções (28 de 34 tinham uma pele incrivelmente sem manchas) para omitir as amostras vergonhosamente pequenas. O sinal revelador do tamanho pequeno da amostra, entretanto, aparece quando, como ocorreu na propaganda do Génifique, encontramos a mesma porcentagem em dois casos (82% também acreditavam ter tido uma melhora geral da aparência da pele). O número de opções a serem selecionadas numa amostra pequena é relativamente pequeno quando se quer convencer um público de que um produto é bom, mas não demais (números entre 95% e 100%, por exemplo, podem parecer suspeitos). Com uma amostra maior, é muito menos provável que exatamente o mesmo número de pessoas deem respostas positivas para duas perguntas diferentes.

Em 2014, a Comissão Federal de Comércio (FTC) escreveu para a L'Oréal, acusando a empresa de fazer propaganda enganosa da linha de produtos Génifique.[4] O FTC afirmou que os números usados nos gráficos das propagandas eram "falsos ou induziam a erro" e não eram provados por estudos científicos. Em resposta, a L'Oréal foi forçada a aceitar parar de "fazer afirmações sobre esses produtos que não representem corretamente os resultados de qualquer teste ou estudo".

Além da tendenciosidade da amostra pequena, é possível que o estudo do Génifique também sofresse de vieses de amostragem como o "viés do voluntariado" e o "viés de seleção". Se a L'Oréal recrutou participantes para o estudo com um anúncio no seu website, por exemplo, em seguida provavelmente selecionou mulheres já suscetíveis aos benefícios identificados do produto e inclinadas a oferecer uma boa avaliação (viés do voluntariado). Ou podem ter eles mesmos selecionado as mulheres especificamente por elas terem feito avaliações positivas dos produtos da L'Oréal no passado (viés de seleção).

Há outras formas ainda mais dúbias para se obterem números favoráveis para um estudo, pesquisa de opinião ou frases de impacto político. E, se o primeiro estudo com 34 participantes não obtiver resultados favoráveis, por que não fazer outro? Mais cedo ou mais tarde, a variação maior fornecerá as respostas impressionantes de que você precisa. Ou, ainda, por que não simplesmente fazer um estudo maior e selecionar as participantes que derem as melhores respostas? Isso é conhecido como manipulação de dados estatísticos, ou, em uma expressão menos técnica, "enfeitar os dados". Um exemplo comum desse fenômeno é o viés de publicação. Os cientistas que investigam fenômenos pseudocientíficos como a medicina alternativa ou a percepção extrassensorial (habilidades psíquicas) com frequência lamentam o que identificam como um viés de publicação entre investigadores que simpatizam com a causa. Pesquisadores inescrupulosos apresentam apenas os "resultados positivos" (participantes que informam terem sido beneficiados por um tratamento ou rodadas em que um "paranormal" escolheu a cor correta da carta seguinte em um maço de cartas embaralhado), enquanto a maioria dos "resultados negativos" é descartada, fazendo as descobertas parecerem mais favoráveis do que de fato são. Quando dois ou mais tipos de vieses se combinam, podem levar a resultados completamente diferentes do que os esperados em uma amostra sem viés, como descobriram os editores da revista *Literary Digest*.

Difícil de digerir

Pouco antes das eleições de 1936, que determinariam o 32º presidente dos Estados Unidos, os editores de uma revista muito respeitada, a *Literary Digest*, decidiram conduzir uma pesquisa de opinião para prever o vencedor. Os candidatos eram o presidente em exercício Franklin D. Roosevelt e seu rival republicano Alf Landon. A *Digest*

NÃO ACREDITE NA VERDADE

podia afirmar com orgulho que tinha um histórico de previsões corretas de qual seria o próximo presidente que remontava a 1916. Quatro anos antes, em 1932, eles haviam previsto a vitória de Roosevelt com uma margem de erro de um ponto percentual.[5] Em 1936, sua pesquisa de opinião seria tão ambiciosa e cara como qualquer outra já conduzida. A *Digest* criou uma lista de cerca de 10 milhões de nomes (por volta de um quarto dos eleitores) com base nos registros das carteiras de motorista e nomes em listas telefônicas. Em agosto, eles mandaram cédulas para todos que haviam identificado, e anunciaram na revista:[6] "se experiências anteriores servem de critério, o país conhecerá com uma margem de erro de uma fração de 1% o voto popular de 40 milhões [de eleitores]."

Em 31 de outubro, mais de 2,4 milhões de votos haviam sido enviados e contados. A *Digest* estava pronta para anunciar o resultado. "Landon, 1.293.669; Roosevelt, 972.897", foi a manchete do artigo. Segundo a *Digest*, Landon venceria por uma grande margem: de 55% a 41% dos votos populares (com um terceiro candidato, recebendo 4%) e ficando com 370 dos 531 votos eleitorais. Apenas quatro dias depois, quando os resultados reais das eleições foram anunciados, os editores da *Digest* ficaram chocados ao descobrirem que Roosevelt foi reeleito para a Casa Branca. Tampouco foi uma vitória apertada; ela foi esmagadora. Roosevelt recebeu 60,8% dos votos populares — a maior margem desde 1820. Ele recebeu 523 dos votos eleitorais, enquanto Landon ficou com oito. A *Digest* errou quase por 20 pontos percentuais na previsão do voto popular. Poderíamos esperar uma grande variação nos resultados com uma amostra pequena, mas a *Literary Digest* havia consultado 2,4 milhões de pessoas. Com uma amostra tão grande, como erraram tão feio?

A resposta é o viés de amostragem. O primeiro problema da pesquisa foi o viés de seleção. Em 1936, os Estados Unidos ainda sofriam os efeitos da Grande Depressão. Quem tinha carros e telefones em geral pertencia às classes mais abastadas da sociedade. Consequentemente, a lista compilada da *Digest* tendia a incluir os eleitores das classes alta e média, entre os quais, com uma inclinação para a direita em suas opiniões políticas, o apoio a Roosevelt era menor. Muitas das pessoas mais pobres, que compunham o núcleo do apoio a Roosevelt, foram completamente ignoradas na pesquisa.

Talvez, o fenômeno que mais influenciou os resultados da pesquisa tenha sido o viés de não resposta. Dos 10 milhões de nomes incluídos na lista original, menos de um quarto respondeu. A pesquisa não tinha mais como amostra a população que fora o alvo original. Mesmo que o grupo demográfico inicial representasse a população como um todo (o que não aconteceu), as pessoas que responderam à pesquisa tendiam a ter opiniões políticas diferentes em relação às que não responderam. Os mais ricos e privilegiados por uma educação melhor que responderam apresentavam a tendência de apoiar Landon, e não Roosevelt. Combinados, esses vieses de amostragem produziram resultados vergonhosamente incorretos, que fizeram da *Digest* alvo de pilhéria.

No mesmo ano, com apenas 4.500 participantes, a revista *Fortune* conseguiu prever a vitória de Roosevelt com uma margem de erro de 1%.[8] A *Literary Digest* não colheu bons frutos da comparação. O dano causado pelos resultados à sua antes impecável credibilidade é citado como um fator de peso na aceleração do fim da revista menos de dois anos depois.[9]

É só fazer os cálculos

Embora os pesquisadores de dados eleitorais tenham descoberto que precisam ser estatisticamente criteriosos para obter resultados mais exatos, o mesmo não acontece com os políticos, que começam a perceber que podem se safar cada vez mais de manipulações estatísticas, apropriações indébitas e desvios de conduta. Quando concorria nas primárias republicanas em novembro de 2015, Donald Trump tuitou uma imagem com as seguintes estatísticas:

Negros mortos por brancos — 2%

Negros mortos pela polícia — 1%

Brancos mortos pela polícia —3%

NÃO ACREDITE NA VERDADE

Brancos mortos por brancos — 16%
Brancos mortos por negros — 81%
Negros mortos por negros — 97%

A fonte desses números foi atribuída ao "Crime Statistics Bureau — São Francisco". Acontece que o Crime Statistics Bureau não existe, e as estatísticas estão bem distantes da verdade. Para efeitos de comparação, as estatísticas de 2015 (com os números brutos apresentados na Tabela 10) do FBI são:

Negros mortos por brancos — 9%
Brancos mortos por brancos — 81%
Brancos mortos por negros — 16%
Negros mortos por negros — 89%

Evidentemente, o tuíte de Trump exagerou, e muito, o número de homicídios cometidos pelos negros, na prática trocando o número de "brancos mortos por brancos" pelo de "brancos mortos por negros". Não obstante, ele foi retuitado 7 mil vezes e curtido outras 9 mil. Esse é um clássico exemplo do viés de confirmação. As pessoas retuitaram a mensagem falsa porque era proveniente de uma fonte que respeitavam e confirmava seus preconceitos. Elas não pararam para checar se a mensagem era verdadeira ou não — nem elas nem Trump. Ao ser questionado pelo jornalista Bill O'Reilly na Fox News sobre suas motivações para disseminar a imagem, depois de afirmar no seu estilo tipicamente exagerado "Provavelmente, sou a pessoa menos racista da Terra", ele complementou com "eu tenho que confirmar todas as estatísticas?".

•

O tuíte de Trump em 2015 veio no auge do debate nacional sobre a brutalidade policial, particularmente para com vítimas negras. Esses casos, entre os mais notáveis as mortes dos adolescentes desarmados Trayvon Martin e Michael Brown, foram os catalisadores da formação

152   AS MATEMÁTICAS DA VIDA E DA MORTE

e rápida expansão do movimento "Black Lives Matter". Entre 2014 e 2016, o Black Lives Matter realizou protestos numerosos, incluindo marchas e ocupações por todo o território dos Estados Unidos. Em setembro de 2016, o movimento tinha representações no Reino Unido, cujos protestos atraíram a ira do jornalista famoso pelas ideias de direita Rod Liddle. Uma postagem de blog com uma linha matemática[10] chamou minha atenção para os comentários de Liddle no tabloide britânico *The Sun* sobre a fundação do movimento original Black Lives Matter nos Estados Unidos:

> Ele foi montado para protestar contra o fato de policiais americanos atirarem em suspeitos negros em vez de simplesmente prendê-los. Não há dúvidas de que os policiais americanos são chegados em apertar o gatilho. E talvez especialmente quando avistam um suspeito negro.
>
> Além disso, não há nenhuma dúvida de que o maior perigo para os negros nos Estados Unidos são... er... os outros negros.
>
> São em média mais de 4 mil homicídios de negros por negros ao ano. O número de homens negros mortos por policiais americanos — justa ou injustamente — fica um pouco acima de 100 ao ano.
>
> É só fazer os cálculos

Pois bem, eu fiz os cálculos.

Consideremos as estatísticas para 2015, o último ano-calendário completo cujos dados poderiam ter sido acessados por Liddle. De acordo com as estatísticas do FBI[11] resumidas na Tabela 10, 3.167 brancos e 2.664 negros foram assassinados em 2015. Dos homicídios em que a vítima era branca, 2.574 (81,3%) foram perpetrados por criminosos brancos e 500 (15,8%), por criminosos negros. Dos homicídios em que a vítima era negra, 229 (8,6%) foram perpetrados por criminosos brancos e 2.380 (89,3%), por criminosos negros. Assim, a afirmação de Liddle referente aos 4 mil homicídios de "negros por negros" foi bastante exagerada — em aproximadamente 70%. Considerando que os negros representavam apenas 12,6% da população americana em 2015, e os brancos 73,6%, é alarmante que 45,6% das vítimas de homicídios sejam negras.[12]

NÃO ACREDITE NA VERDADE

Raça/etnia da vítima	Total	Raça/etnia do criminoso	
		Branco	Negro
Branco	3.167	2.574 (81,3%)	500 (15,8%)
Negro	2.664	229 (8,6%)	2.380 (89,3%)

Tabela 10: Estatísticas de homicídios para 2015 divididas de acordo com a raça/etnia da vítima e do criminoso. As disparidades entre a coluna do total e a soma das colunas das vítimas brancas e negras devem-se aos casos em que a etnia da vítima é diferente ou desconhecida.

Mesmo sendo um problema muito mais proeminentemente debatido, é mais difícil obter os números das pessoas mortas pela polícia. O disparo fatal contra o adolescente negro Michael Brown pelo policial branco Darren Wilson e os protestos subsequentemente realizados em Ferguson, Missouri, marcaram um divisor de águas para o movimento Black Lives Matter. Os protestos também serviram para atrair um holofote para a "contagem anual dos homicídios cometidos pela polícia" do FBI. Descobriu-se que o FBI estava registrando menos da metade de todos os homicídios cometidos pela polícia nos Estados Unidos.[13] Em resposta, em 2014 o *Guardian* iniciou a campanha "The Counted" [Os Contados] para compilar números mais exatos. O sucesso do projeto foi tão grande que em outubro de 2015, James Comey, na época diretor do FBI, classificou de "vergonhoso e ridículo" o fato de o *Guardian* ter mais dados sobre as mortes de civis pelas mãos da polícia do que o FBI.[14]

Os números do *Guardian* mostram que, das 1.146 pessoas "justa ou injustamente" (repetindo as palavras de Liddle) mortas pela polícia em 2015, 307 (26,8%) eram negras e 584 (51,0%) eram brancas (enquanto as vítimas restantes eram de etnias diferentes ou indeterminadas). Mais uma vez, os cálculos de Liddle passaram longe dos números reais. Sua sugestão de 100 negros mortos ao ano por policiais corresponde a menos de um terço do valor verdadeiro.

Se Liddle estava tentando responder à pergunta "Se um negro é morto nos Estados Unidos, é mais provável ter sido por outro negro ou por outro policial?", usando-se os números corretos fica claro que os negros matam quase oito vezes (2.380 vs. 307) mais negros do que a polícia. Mas essa pergunta é capciosa. Você acreditaria que os cachorros têm um instinto assassino mais forte do que o dos ursos se eu lhe dissesse que em 2019 eles mataram 40 cidadãos americanos, enquanto os ursos só mataram dois? É claro que não. Os cachorros não são inerentemente mais perigosos do que os ursos; isso só se deve ao fato de que eles são mais numerosos nos Estados Unidos. Coloquemos de outra forma: você preferiria ficar só em uma sala com um urso ou com um cachorro? Não sei qual é a sua resposta, mas eu provavelmente optaria pelo cachorro.

Pela mesma razão, como há mais de 40,2 milhões de cidadãos americanos negros e apenas 635.781 "oficiais responsáveis pela aplicação da lei" (aqueles que portam arma de fogo e distintivo)[15] em tempo integral, não é surpreendente que mais homicídios sejam perpetrados por negros do que por esses policiais. Uma pergunta muito mais apropriada a ser feita por Liddle teria sido: "Se um cidadão americano negro se depara com alguém enquanto caminha sozinho pela rua, por quem deveria ter mais medo de ser morto: por outro negro ou por um policial responsável pela aplicação da lei?"

Para descobrir a resposta, precisamos comparar as taxas das vítimas negras "per capita" de homicídios cometidos por outros negros e por policiais. Encontramos as taxas per capita, apresentadas na Tabela 11, dividindo o número total de vítimas negras mortas por um grupo particular (negros ou policiais) pelo tamanho do grupo. Negros foram responsáveis por 2.380 homicídios de outros negros em 2015, mas, com mais de 40,2 milhões de cidadãos americanos negros, a taxa per capita é relativamente pequena — por volta de um em 17 mil. Policiais foram "justa ou injustamente" responsáveis pela morte de 307 pessoas negras em 2015. Com 635.781 policiais, isso representa uma taxa per capita de pouco menos de um homicídio por 2 mil policiais — mais de oito vezes maior do que a taxa para cidadãos americanos negros. Parece que um negro andando pela rua deve ficar mais preocupado ao ver um policial se aproximando do que outro cidadão negro.

NÃO ACREDITE NA VERDADE

Homicida	Número de vítimas negras de homicídios	Tamanho da população	Taxa de homicídios per capita
Cidadãos negros	2.380	40.241.818	1/16.908
Policiais responsáveis pela aplicação da lei	307	635.781	1/2.071

Tabela 11: O número de homicídios com cidadãos negros como vítimas, estratificado pela condição de o homicida ser outra pessoa negra ou um policial responsável pela aplicação da lei. Os tamanhos das duas populações também são apresentados e usados para encontrar a taxa de homicídios per capita.

É claro que não levamos em conta que os encontros com policiais com frequência são confrontos, e que a polícia americana geralmente opera armada. Talvez, não surpreenda que quem tem autorização para usar de força letal o faça mais frequentemente do que a população em geral. Usando exatamente o mesmo cálculo, podemos mostrar que os brancos também deveriam temer mais os policiais responsáveis pela aplicação da lei (a taxa de homicídios de brancos per capita por policiais é de um por mil) do que outros brancos (a taxa de homicídios de brancos per capita por outros brancos é de um por 90 mil), apesar de o número de brancos que matam outros brancos ser maior do que o número de policiais que cometem esses homicídios. Os policiais são os responsáveis por uma taxa duas vezes mais alta de homicídios per capita de brancos do que outros brancos por haver mais brancos no país. Mais uma vez, talvez seja intrigante a taxa ser apenas duas vezes mais alta, considerando que há quase seis vezes mais brancos do que negros nos Estados Unidos.

Assim, embora as estatísticas de Liddle estejam incorretas, talvez o mais importante seja que, ao perguntar "quem mata mais?" em vez de "quem é mais assassinado?", seu artigo para o *Sun* desvia a atenção da estatística que está no coração do movimento Black Lives Matter: de que 12,6% da população negra corresponde a 26,8% dos homicídios cometidos por policiais, enquanto os 73,6% que são brancos correspondem a apenas 51,0%. Essa disparidade poderia ser explicada por alguma relação oculta (o tipo de variável "de confusão" que encontramos no último capítulo, explicando os supostos benefícios do fumo para bebês com baixo peso ao nascer)? É quase certo que sim. Por exemplo, as pessoas mais pobres apresentam maior probabilidade de cometerem crimes, e nos Estados Unidos os negros têm maior probabilidade de serem pobres. Ainda não sabemos se esses fatores explicam a representação maciça dos negros nos homicídios cometidos por policiais.

O descuido com o porco custa vidas

O artigo de Liddle não foi a primeira nem a última vez que o jornal *Sun* se envolveu numa controvérsia estatística. Em 2009, sob o título "Careless pork costs lives" [O descuido com o porco custa vidas], o *Sun* publicou apenas um entre muitas centenas de resultados de um estudo com 500 páginas do Fundo Mundial para Pesquisa contra o Câncer (WCRF) sobre o efeito do consumo de 50 gramas de carne processada por dia.[16] O tabloide chocou os leitores com o "fato" de que comer um sanduíche de bacon diariamente aumentaria em 20% o risco de câncer colorretal.

Mas o número foi usado para fins sensacionalistas. Quando expressa em termos de "riscos absolutos" — a proporção de pessoas expostas ou não a um fator de risco particular (por exemplo, comer ou não sanduíches de bacon) que se espera desenvolverem um dado resultado (por exemplo, câncer) em cada caso — a verdade é que o consumo de 50g de carne processada por dia aumenta o risco absoluto de desenvolver câncer colorretal durante a vida de 5% para 6%. À esquerda da Figura 19, consideramos os destinos de dois grupos de 100 indivíduos. Se 100 pessoas comem um sanduíche de bacon diariamente, apenas uma a mais entre elas desenvolverá câncer colorretal do que em um grupo de 100 pessoas que se abstêm.

Em vez de usar o risco absoluto, mais objetivo, o *Sun* optou por se concentrar no "risco relativo" — o risco de um resultado particular (por exemplo, desenvolver câncer) para pessoas expostas a um dado fator de risco (por exemplo, comer sanduíches de bacon) como proporção para a população em geral. Se o risco relativo for mais do que um, então um indivíduo exposto tem mais chance de desenvolver a doença quando comparado a alguém não exposto. Se for menor do que um, o risco diminui. Do lado direito da Figura 19, ao negligenciar as pessoas não afetadas pela doença, o aumento do risco relativo (6/5, equivalente a 1,2) parece muito mais dramático. Embora seja verdade que o risco relativo para quem come 50g de carne processada por dia representa um aumento de 20%, o risco absoluto aumentou apenas 1%. Mas um aumento de 1% no risco não vende muitos jornais. É claro que a manchete foi incendiária o bastante para atiçar a centelha da mídia e deflagrar a conflagração "Salvem nosso bacon". Nos dias que se seguiram, graças ao furor despertado pelo número, cientistas foram qualificados de "nazistas da saúde" que haviam declarado uma "guerra contra o bacon".

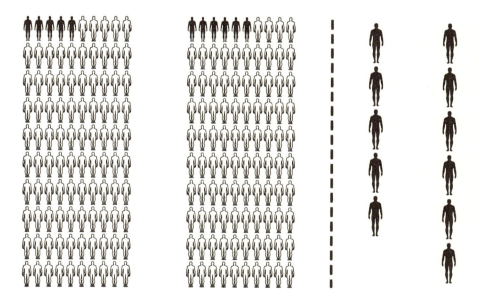

Figura 19: Uma comparação dos números absolutos (5 em 100 vs 6 em 100) (esquerda) faz parecer que o aumento no risco pelo consumo de 50g de carne processada por dia é pequeno. Ao nos concentrarmos no número relativamente pequeno de pessoas que têm a doença (direita), o aumento de 20% (1 em 5) no risco relativo parece muito grande.

•

Outro truque da mídia para chamar atenção é mudar deliberadamente o que consideramos e aceitamos como a população "normal". O modo mais honesto de expor o risco relativo é apresentar o aumento ou redução do risco para um subgrupo particular em comparação ao risco na população geral. Às vezes, os níveis de risco da doença entre a maior subpopulação são usados como parâmetro, e quaisquer desvios no risco são informados em relação a essa população. No caso de doenças raras, a coorte que não tem a doença compõe quase toda a população, então o risco dessa subpopulação é uma boa aproximação referente ao risco da população geral. Consideremos, por exemplo, a apresentação dos riscos do câncer de mama para mulheres com as mutações genéticas BRCA1 ou BRCA2, por exemplo. Parece sensato falar sobre o aumento do risco absoluto para os 0,2% das mulheres com essas mutações em relação à população geral, e não sobre a redução do risco para as 99,8% das mulheres sem essas mutações. Infelizmente, esse tipo de apresentação honesta e transparente nem sempre produz as melhores manchetes, então ainda veremos repetidas vezes muitas das maiores agências de notícias manipulando a exposição das estatísticas para vender artigos.

Em um artigo de 2009 intitulado "Nine in ten people carry gene which increases chance of high blood pressure" [Nove em cada dez pessoas são portadoras de genes que aumentam a chance de desenvolver hipertensão], o *Daily Telegraph* publicou uma história contendo a seguinte frase: "Cientistas descobriram que uma variação genética presente em quase 90% da população aumentava a chance de desenvolver hipertensão em 18%." Os números de fato apresentados no periódico *Nature Genetics* foram que 10% dos indivíduos tinham variações genéticas que resultavam em um risco 15% menor do que o de 90% da população com uma variação diferente.[17] O número 18% não aparecia no artigo do periódico. Embora tecnicamente correta, a história do *Telegraph* alterara maliciosamente a população de referência para a menor — os 10% de pessoas com um risco menor. Como uma redução de 15% do valor de referência de um nos leva a 0,85, o autor do artigo reconhecia que o aumento necessário para retornar a um é de aproximadamente de 18% desse número menor. Com um truque matemático de prestidigitação, o *Telegraph* não só aumentou o tamanho do risco relativo, mas conseguiu transformar o que poderia ser uma boa notícia para 10% da população em má notícia para 90% dela. É claro que o *Telegraph* não estava sozinho na manipulação dos números — muitos outros jornais distorceram a história da mesma maneira dúbia para atrair seus leitores.

Com frequência, após ler um artigo sensacionalista, você descobrirá que não lhe deram os riscos absolutos — geralmente, dois números pequenos (com certeza, nunca superiores a 100%), um para os submetidos à condição ou intervenção em foco e o outro para a população restante. Em outras ocasiões, pode-se afirmar que o risco aumentou ou diminuiu para mais da metade da população. Nesses casos, é preciso refletir com cuidado antes de aceitar os argumentos do artigo. Se quiser descobrir a verdade por trás das manchetes, considere procurá-la em uma publicação que lhe dê acesso às estatísticas absolutas, ou até no próprio artigo científico. É cada vez mais fácil acessá-los on-line sem custo.

Uma mentalidade diferente

Os jornais não são os únicos que apresentam riscos e probabilidades de forma dúbia. Na área médica, na comunicação dos riscos dos tratamentos ou na informação da eficácia dos remédios e seus efeitos colaterais, há mais jogos estatísticos dos quais o interessado em divulgar os dados pode lançar mão para alcançar os objetivos de sua agenda. Uma maneira simples de sugerir uma interpretação em particular envolve lançar uma luz positiva ou negativa sobre os números. Em um estudo de 2010, apresentaram aos participantes uma série de declarações numéricas sobre procedimentos médicos e pediram para os voluntários que classificassem o risco que associavam a cada um deles numa escala de um (nenhum risco) a quatro (muito arriscado).[18] Entre elas, havia afirmações como: "O senhor Roe precisa de cirurgia: 9 em cada mil pessoas morrem por

160 AS MATEMÁTICAS DA VIDA E DA MORTE

causa dessa cirurgia." E: "O senhor Smythe precisa de cirurgia. 991 em cada mil pessoas sobrevivem a essa cirurgia." Pense no lugar de quem gostaria de estar: No do senhor Roe ou no do senhor Smythe?

É claro que essas duas afirmações apresentam as mesmas estatísticas com formulações diferentes: a primeira, usando taxas de mortalidade; a segunda, taxas de sobrevivência. Para participantes sem muito jeito com números, a afirmação apresentada sob uma luz positiva a respeito da sobrevivência era identificada quase como um ponto inteiro menos arriscada na escala de quatro pontos. Mesmo pessoas com maior habilidade matemática identificavam o risco atribuído à afirmação apresentada sob uma luz negativa com superior.

Examinando os resultados de ensaios médicos, não é incomum vermos resultados positivos apresentados em termos relativos com o objetivo de maximizar o benefício percebido, enquanto os efeitos colaterais são apresentados em termos absolutos na tentativa de minimizar a aparência do seu risco. Essa prática é conhecida como *mismatched framing* [enquadramento incompatível], e verificou-se ocorrer em aproximadamente um terço dos artigos informando os malefícios e benefícios de tratamentos médicos em três dos principais periódicos de medicina do mundo.[19]

Talvez o que é mais preocupante ainda, esse fenômeno também é prevalente na literatura de orientação ao paciente. No final da década de 1990, o Instituto Nacional do Câncer (NCI) americano criou a ferramenta "Breast Cancer Risk Tool" para educar e informar o público a respeito dos seus riscos de desenvolver o câncer de mama. Além de vários outros estudos, o aplicativo on-line apresentava os resultados de um ensaio clínico contemporâneo ao instrumento, conduzido com mais de 13 mil mulheres com um risco maior de terem câncer de mama. Os resultados do estudo analisavam os benefícios e efeitos colaterais em potencial da droga Tamoxifen.[20] No ensaio, as mulheres foram divididas em dois grupos quase iguais (ou os dois "braços" do ensaio). As mulheres do primeiro braço receberam Tamoxifen, enquanto as mulheres do segundo receberam um tratamento com placebo como controle.

Ao final de cinco anos de estudo, a fim de analisar o efeito da droga, os números de mulheres com câncer de mama invasivo em cada grupo foram comparados, assim como os números de mulheres com outros tipos de câncer. No Breast Cancer Risk Tool, o NCI informou a redução no risco relativo: "As mulheres [que tomaram Tamoxifen] tiveram cerca de 49% menos diagnósticos de câncer de mama invasivo." O percentual 49% parece muito impressionante. Entretanto, ao quantificar os possíveis efeitos colaterais, foi apresentado um risco absoluto: "[a] taxa anual do câncer de útero no braço do Tamoxifen [do ensaio] foi de 23 por 10 mil, enquanto no braço do placebo foi de 9,1 por 10 mil." Essas frações minúsculas parecem indicar que o risco de câncer de útero com o tratamento com Tamoxifen não muda quase nada. Consciente ou inconscientemente, enquanto reuniam os dados para sua ferramenta de informação on-line, os pesquisadores do NCI enfatizaram os benefícios do Tamoxifen para a redução da incidência de câncer de mama, enquanto ao mesmo tempo minimizaram a percepção do aumento no risco de câncer de útero. Tivessem esses números sido usados para calcular um risco relativo, apresentando-se as duas estatísticas com neutralidade, teria sido razoável informar o percentual de 153% de aumento do risco de câncer de útero para contrabalançar a redução de 49% no risco de câncer de mama.

Os números absolutos do estudo do Tamoxifen mostravam que os casos de câncer de mama invasivo foram reduzidos de 261 por 10 mil sem o tratamento para 133 por 10 mil com ele. Ironicamente, tivessem o viés de proporção e o *mismatched framing* sido afastados em favor dos números absolutos, os usuários do Breast Cancer Risk Tool teriam percebido com facilidade ver que os casos totais de câncer de mama prevenidos (128 por 10 mil) superava muito os casos de câncer de útero causados pelo tratamento (14 por 10 mil), isso sem necessidade de manipulação dos dados clínicos originais.

Atitudes regressivas

É provável que, na maioria dos casos, a representação estatística distorcida no contexto médico seja uma prática adotada inconscientemente por pesquisadores que ignoram algumas armadilhas estatísticas comuns. Nos ensaios clínicos, por exemplo, é típico selecionar um grupo de pessoas que não estão bem, oferecer-lhes um tratamento proposto para o seu mal e monitorar possíveis melhoras a fim de se entender o efeito do medicamento. Se os sintomas forem aliviados, parece natural dar crédito ao tratamento.

Imagine, por exemplo, recrutar um grande número de pessoas que sofrem de dores nas articulações e pedir que fiquem paradas enquanto são picadas por abelhas vivas. (Embora pareça absurda, essa é uma terapia alternativa genuína conhecida como apicuntura. A apicuntura recentemente ganhou popularidade, em parte depois de ter sido promovida por Gwyneth Paltrow no site sobre estilo de vida *Goop*.) Agora, imagine que, por um milagre, as dores nas articulações de alguns dos participantes desapareçam — em média, eles começam a se sentir melhor depois da terapia. Podemos concluir que a apicuntura, de fato, é uma terapia eficaz para a dor nas articulações? Provavelmente, não. Na verdade, não há evidências científicas comprovando a eficácia da apicuntura para o tratamento de qualquer distúrbio. Aliás, reações adversas à apiterapia são comuns, sabendo-se que mataram pelo menos um paciente. Então, como podemos explicar os resultados positivos do nosso ensaio hipotético? O que causa a melhora dos pacientes?

Problemas como dores nas articulações variam na sua intensidade com o tempo. É provável que as vítimas recrutadas pelo ensaio, especialmente para algo tão extremo e alternativo quanto a apicuntura, estivessem passando por uma fase particularmente difícil e tenham sido levadas a se candidatarem pelo desespero. Se elas receberem tratamento no pior momento da dor, é muito provável que algum tempo depois comecem a se sentir melhor, não importam os benefícios do tratamento. Esse fenômeno é conhecido, ostensivamente, como "regressão à média". Afeta muitos ensaios em que há um elemento de aleatoriedade para os resultados.

Para entendermos melhor como se dá a regressão à média, consideremos os resultados de um exame. Tomemos um caso extremo em que estudantes são solicitados a responder a 50 perguntas de múltipla escolha do tipo "sim/não" acerca de um assunto que desconhecem completamente. Se os estudantes estão "chutando" as respostas de modo completamente aleatório, as pontuações do teste podem variar de zero até 50, mas haverá pouquíssimas pessoas que acertarão um número pequeno de perguntas da mesma forma que haverá pouquíssimas que acertarão um número grande de questões. A partir da distribuição das pontuações, apresentadas na Figura 20, fica claro que um número maior de pessoas obterá pontuações mais próximas da média 25. Se analisarmos os alunos entre os primeiros 10%, suas pontuações serão, por definição, consideravelmente superiores à média da população em geral. Deveríamos, portanto, esperar que esses estudantes se saíssem bem acima da média ao testá-los novamente com novas perguntas? É claro que não. Mais uma vez, esperaríamos que suas pontuações ficassem igualmente distribuídas em torno da pontuação média de 25. O mesmo se daria reaplicando-se o teste entre os últimos 10%. Os indivíduos selecionados com base nas pontuações extremas do primeiro teste em geral ocupariam posições em torno da média no segundo.

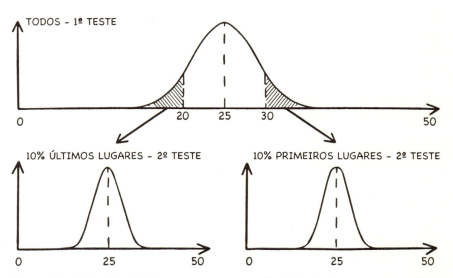

Figura 20: A distribuição das notas em um questionário de cinquenta perguntas de múltipla escolha do tipo "sim/não". Quando os 10% primeiros lugares em pontuação (região sombreada à direita) repetem o teste, sua pontuação média é igual à pontuação média geral. O mesmo se aplica aos últimos 10% (região sombreada à esquerda). Ambas as populações com as maiores e as menores pontuações ficaram próximas à média.

164 AS MATEMÁTICAS DA VIDA E DA MORTE

Em exames reais, a capacidade e a ética profissional terão um papel determinante para os resultados do estudante, mas também haverá um elemento do acaso relacionado às perguntas usadas no teste e aos assuntos priorizados durante a revisão. Basta existir um componente aleatório para o efeito da regressão à média se manifestar. O elemento do acaso destaca-se particularmente em exames de múltipla escolha, em que até um estudante sem o conhecimento necessário pode adivinhar a resposta correta. Em um estudo conduzido em 1987, 25 estudantes americanos que ficavam nervosos em exames e que haviam se saído inesperadamente mal em um Scholastic Aptitude Test (SAT) receberam o remédio para hipertensão Propranolol e refizeram o teste.[23] O *New York Times* publicou as descobertas do estudo como "Droga usada no controle da hipertensão melhora dramaticamente as pontuações do Scholastic Aptitude Test para estudantes sofrendo de ansiedade grave...". Os estudantes que tomaram o Propranolol melhoraram suas notas, em média, em notáveis 130 pontos em uma escala de 400 a 1.600. A princípio, parece que o Propranolol teve um efeito significativo. No entanto, a verdade é que até estudantes que não sofrem de ansiedade melhoram suas pontuações em cerca de 40 pontos ao refazerem o teste. Quando levamos em conta que os estudantes selecionados para o ensaio foram escolhidos precisamente porque haviam se saído pior do que seu QI ou outros indicadores acadêmicos haviam sugerido, não nos surpreenderíamos se eles tivessem pontuações significativamente maiores mesmo sem tomar o Propranolol como resultado da regressão à média.

Na ausência de um conjunto semelhante de estudantes com baixo desempenho que refizeram o teste mesmo sem tomar o remédio — o chamado coorte de controle —, é impossível determinar os efeitos da intervenção. Com base apenas na coorte tratada, é tentador atribuir a melhora no desempenho aos efeitos da droga. Entretanto, os resultados de um teste de múltipla escolha puramente aleatório demonstram que a regressão da coorte extrema em direção à média não passa de um fenômeno estatístico.

Evitar a inferência espúria da causalidade é muito importante nos ensaios médicos. Uma forma de fazer isso (como já vimos nos capítulos 2 e 3) é conduzir um estudo randomizado controlado no qual os pacientes sejam alocados aleatoriamente em dois grupos. Como no ensaio sobre o tratamento do câncer de mama com o Tamoxifen, os pacientes no "braço do tratamento" recebem o tratamento genuíno, enquanto os pacientes do "braço de controle" recebem um tratamento com placebo. Se tanto os pacientes quanto os administradores do tratamento ficarem no escuro em relação ao braço do ensaio em que o paciente se encontra, esse ensaio é duplo-cego — amplamente considerado o padrão-ouro dos ensaios clínicos. Em um estudo randomizado controlado duplo-cego, qualquer diferença entre a melhora no grupo de controle e a melhoria no grupo de tratamento pode ser atribuída exclusivamente ao tratamento, eliminando-se a regressão à média.

Historicamente, qualquer melhora de pacientes no braço de controle do ensaio tem sido denominada efeito placebo — o benefício do recebimento do que é percebido como tratamento, mesmo que seja um comprimido de farinha. Entretanto, tem-se constatado cada vez mais que esse efeito é composto por dois fenômenos bem diferentes. Um deles, talvez o menor, é o efeito psicossomático genuíno que faz pacientes sentirem uma melhora pela simples crença de estarem sendo tratados. Esse "verdadeiro efeito placebo" confere uma mudança genuína no julgamento do paciente em relação aos seus sintomas. O benefício psicossomático é maior se o paciente sabe que está recebendo o tratamento real, e, curiosamente, mesmo quando quem administra o tratamento sabe, daí a razão para ser duplo-cego.

A outra razão, talvez mais relevante, para a melhora dos pacientes no braço de controle é a regressão à média. Esse efeito estatístico simples não confere nenhum benefício aos pacientes. A única forma de determinar qual é o mais importante dos dois componentes placebo é comparar os efeitos do tratamento falso com os efeitos da ausência de qualquer tratamento. Esses tipos de ensaio são com frequência considerados antiéticos, mas um número suficiente de estudos conduzidos no passado indica que, na maioria dos casos, o chamado efeito placebo é, na realidade, resultado da regressão à média — da qual os pacientes não tiram benefício.[24]

Muitos dos que propõem a medicina alternativa argumentam que, mesmo que seu tratamento não passe de um efeito placebo, o benefício do placebo pode fazer a diferença, sendo válido. Entretanto, se na maioria das vezes o efeito placebo é causado pela regressão à média, que não oferece benefício ao paciente, esse argumento cai por terra. Outros gurus da medicina alternativa argumentam que, em vez de dar crédito a "ensaios clínicos artificiais", é importante considerar os "resultados do mundo real" — ou, parafraseando, "resultados de ensaios clínicos não controlados que se concentram unicamente nas alterações das condições dos pacientes após o tratamento". Como não seria de se surpreender, esses "curandeiros" agarram-se a qualquer argumento que lhes permita distorcer à vontade a interpretação dos efeitos da regressão à média como benefícios causais genuínos de seus tratamentos empíricos. Como foi colocado pelo escritor ganhador do Prêmio Pulitzer, Upton Sinclair: "É difícil fazer um homem entender algo quando seu salário depende do fato de ele não entender."

•

Fora do campo da medicina, a regressão à média também tem consequências abrangentes para a interpretação de causa e efeito no contexto da legislação. Em 16 de outubro de 1991, Suzanna Gratia, de 32 anos, sentou-se para fazer uma refeição com os pais na Luby's Cafeteria, em Killeen, Texas. No pico do horário do almoço, o restaurante apresentava um movimento incomum, lotado com mais de 150 pessoas às mesas quadradas. Às 12h39, George Hennard, um marinheiro mercante desempregado, acelerou com a picape Ford Ranger azul em direção ao restaurante, atravessando a janela da frente e invadindo o espaço para refeição. Ele imediatamente pulou para fora do veículo e, empunhando sua pistola Glock 17 em uma mão e sua Ruger P89 na outra, abriu fogo.

A princípio achando que se tratava de um assalto à mão armada, Gratia e os pais se deitaram no chão e levantaram a mesa como uma barreira improvisada entre eles e o atirador. À medida que o homem atirava sem dar sinal de pretender parar, contudo, para o terror de Gratia ficou claro que ele não estava lá para roubar o restaurante, e, sim, para matar indiscriminadamente o máximo possível de pessoas.

O atirador se aproximou, ficando a poucos metros da mesa deles, e Gratia pegou a bolsa. Nela, havia uma Smith & Wesson calibre .38 que ganhara para autodefesa alguns anos atrás. Quando pegou a arma, porém, o sangue dela congelou. Ela se lembrou que havia tomado a decisão cautelosa de deixar o revólver embaixo do banco do passageiro no carro a fim de não ser enquadrada na lei do porte oculto de armas do Texas. Ela diz que foi "a decisão mais idiota da minha vida".

O pai de Gratia decidiu, heroicamente, que precisaria derrubar o atirador antes que todos no restaurante fossem assassinados. Ele saltou de detrás da mesa e se lançou na direção de Hennard. Não percorreu mais do que alguns centímetros. Com um tiro no peito, ele caiu com um ferimento fatal. À procura de mais vítimas, Hennard se afastou da mesa por trás da qual Gratia e a mãe continuavam escondidas. Ao mesmo tempo, outro cliente, Tommy Vaughan, jogou-se por uma janela nos fundos do restaurante em uma tentativa desesperada de escapar. Vendo na janela quebrada uma possível rota de fuga, Gratia agarrou a mãe, Ursula, e insistiu: "Vamos, temos que correr, precisamos sair daqui." Correndo o mais rápido que podia, Gratia não demorou a atravessar a janela, chegando ao exterior do restaurante sem nenhum arranhão. Ela se virou para verificar se a mãe a seguira, mas constatou que estava sozinha. Em vez disso, Ursula havia engatinhado até onde o corpo do marido estava no chão e segurou sua cabeça enquanto ele perecia. Lenta e metodicamente, mas com determinação, Hennard voltou para onde ela estava e deu um tiro na cabeça dela.

Os pais de Gratia foram apenas duas das 23 vítimas assassinadas por Hennard naquele dia. Outras 27 ficaram feridas. Na época, foi o pior massacre a tiros da história dos Estados Unidos. Gratia participaria da campanha a favor da legalização do porte oculto dando seu testemunho potente por todo o país. Antes do massacre de Luby em 1991, um total de dez estados tinham leis de porte oculto dependentes

168 AS MATEMÁTICAS DA VIDA E DA MORTE

de permissão. Segundo essas leis, se um candidato atendesse a um grupo de critérios objetivos, precisa ter uma permissão emitida para portar uma arma oculta — emissor não tendo poder discricionário. Entre 1991 e 1995, onze outros estados aprovaram leis semelhantes, e, no dia 1º de setembro de 1995, George W. Bush assinou uma lei que fez do Texas o 12º.

Como seria de se entender, levando em conta a controvérsia em torno do controle de armas nos Estados Unidos, havia grande interesse na compreensão dos efeitos que essas leis de porte oculto tinham nos crimes de violência. Defensores do controle de armas sugeriam que mais armas ocultas levariam a uma exacerbação de conflitos relativamente irrelevantes, bem como ao aumento do número de armas disponíveis para facções criminosas. O lobby pelo direito ao porte de armas argumentava que o aumento na probabilidade de a vítima de um criminoso estar armada poderia deter criminosos em potencial, ou no mínimo permitir que os cidadãos tentassem interromper massacre a tiros. Os primeiros estudos comparando as estatísticas sobre a violência anteriores à introdução das leis às posteriores à introdução pareciam indicar que as taxas de homicídios e crimes violentos haviam diminuído logo após a aprovação das leis do porte oculto.[25]

Entretanto, dois fatores foram tipicamente negligenciados nesses estudos. O primeiro foi a redução nos crimes violentos por todo o país na época em que várias leis de porte oculto foram introduzidas. Entre 1990 e 2001, tanto os aumentos no policiamento, quanto os números cada vez maiores de encarceramentos e a redução na epidemia de crack contribuíram para uma queda no número de homicídios em todos os Estados Unidos de dez por 100 mil ao ano para por volta de seis por 100 mil ao ano.[26] A prevalência dos homicídios diminuiu quase exatamente a mesma proporção em estados com e sem leis de porte oculto. Quando as taxas de homicídios em estados com o porte oculto são consideradas em relação à taxa geral dos Estados Unidos, o impacto sugerido das leis de porte oculto diminui significativamente. Talvez mais importante ainda seja a descoberta de um estudo de que, depois que uma regressão à média é levada em conta, os dados "não servem de base para a hipótese de que as leis de emissão de permissão têm efeitos benéficos para a redução nas taxas de homicídios".[27] Era comum os estados introduzirem leis de porte oculto em reação ao aumento nos níveis de crimes violentos. O fato de as taxas relativas de homicídio parecerem sofrer uma redução após a introdução aparentemente não estava relacionado às leis de porte oculto. Em vez disso, constatou-se que as leis estavam relacionadas a um aumento nas taxas relativas de homicídios *anterior* à sua introdução. Isso dava a falsa impressão de eficácia para as leis, já que as taxas de homicídios sofriam uma redução natural após níveis absurdamente elevados.

Identificando a distorção

O debate sobre a posse de armas continua gerando controvérsias nos Estados Unidos. Logo após o massacre de Las Vegas, em outubro de 2017, quando 58 pessoas foram mortas e outras centenas ficaram feridas, Sebastian Gorka, tendo recentemente deixado a Casa Branca, participou de uma mesa redonda sobre o controle de armas. Gorka — que, como vimos no início do capítulo, tinha um hábito recorrente de fazer afirmações ousadas e sem base, entrou numa discussão sobre a restrição das vendas de armas de fogo e seus acessórios, e conduziu o debate em uma direção inesperada:

> Não se trata de objetos inanimados. O maior problema que temos não são os massacres a tiros, eles são a anomalia. Não se faz legislação a partir de pontos discrepantes. Nosso grande problema são os crimes à mão armada de africanos negros contra africanos negros [...] jovens negros estão matando uns aos outros a torto e a direito.

Presumindo-se que Gorka estivesse se referindo aos afro-americanos, isso parece muito uma reedição das estatísticas incorretas descreditadas anteriormente neste capítulo. A repetição da transgressão de Gorka serve para enfatizar uma das situações contra as quais mais devemos nos guardar quando falamos de estatísticas incorretas: o reincidente. Pessoas que não se importam com a exatidão de seus números uma vez dificilmente serão mais escrupulosas no futuro. Glenn Kessler, do *Washington Post*, um dos pioneiros da checagem de fatos políticos, analisa e classifica regularmente declarações de políticos numa escala de um a quatro "Pinóquios", dependendo do grau com que já distorceram a verdade. Os mesmos nomes aparecem repetidamente em seus relatórios.

Existem outros sinais mais sutis que indicam uma estatística manipulada. Se quem apresenta a estatística está certo da veracidade de seus números, não terá medo de informar o contexto e a fonte para que outros possam checá-los. Como ocorreu ao tuíte de Gorka sobre o terrorismo, um vácuo contextual é um alerta vermelho quando o assunto é credibilidade. A falta de detalhes em resultados de uma análise, incluindo o tamanho da amostra, as perguntas feitas e a fonte da amostra — como vimos na campanha de propaganda suspensa da L'Oréal — são outro alerta. O *mismatched framing*, porcentagens, índices e números relativos sem os absolutos, como vimos no Breast Cancer Risk Tool, da NCI, devem acionar o alarme. A inferência espúria de efeitos causais a partir de estudos não controlados ou a subamostragem de dados — como vemos frequentemente nas conclusões tiradas a partir de ensaios com medicinas alternativas — são outros truques em relação aos quais devemos estar alertas. Se uma estatística a princípio extrema sobe ou cai de repente — como no caso dos crimes à mão armada nos Estados Unidos —, verifique se o que houve não foi uma regressão à média.

De forma mais geral, diante de uma estatística, pergunte-se: "Qual é a comparação?"; "Qual é a motivação?"; e "Esta é toda a história?". Ao encontrar as respostas para essas perguntas, você estará muito mais perto de determinar a veracidade dos números. O fato de não conseguir encontrá-las conta por si mesmo uma história.

É possível ser econômico com a verdade ao usar a matemática de várias maneiras. As estatísticas proclamadas em jornais, promovidas por propagandas e declamadas por políticos são frequentemente moldadas para induzir ao erro, ocasionalmente capciosas, mas raras vezes estão inteiramente incorretas. Os números que apresentam costumam conter as sementes da verdade, mas dificilmente o fruto completo. Às vezes, essas distorções resultam de uma interpretação propositalmente equivocada, enquanto em outras ocasiões o perpetrador de fato ignora o viés que está impondo ou os erros de seus cálculos. Exploraremos as consequências catastróficas desses erros matemáticos genuínos em contextos mais impressionantes no capítulo seguinte.

Em sua obra clássica *Como mentir com a estatística*, Darrell Huff sugere que, "apesar da sua base matemática, a estatística é tanto uma arte quanto uma ciência". Por fim, antes de atribuir credibilidade às estatísticas com que nos deparamos, devemos avaliar o quão completo é o quadro pintado pelo artista. Se for uma paisagem realista, rica em detalhes e contextualizada, com uma fonte confiável, exposições claras e linhas de raciocínio, podemos confiar na veracidade dos números. Se, por outro lado, for uma afirmação inferida de forma dúbia, baseada em uma tela com uma única estatística minimalista, devemos pensar bem antes de acreditar nessa "verdade".

5

LUGAR ERRADO, HORA ERRADA:

A evolução dos nossos sistemas numéricos e como eles nos decepcionaram

Alex Rosetto e Luke Parkin estavam no segundo ano do curso de ciências do esporte na Universidade de Northumbria. Em março de 2015, eles se inscreveram em um ensaio para investigar os efeitos da cafeína para os exercícios. Os estudantes deveriam receber 0,3 grama de cafeína e depois passar por um teste que exigisse muito esforço físico. Em vez disso, por causa de um erro matemático simples, eles acabaram na UTI lutando por suas vidas.

Depois de beber a cafeína, dissolvida em uma mistura de suco de laranja e água, Rosetto e Parkin aceitaram participar de um exercício para teste de esforço, comumente administrado, conhecido como teste de Wingate. Pediram aos estudantes que montassem em uma bicicleta ergométrica e pedalassem o mais rápido que conseguissem para ver como a cafeína afetava sua capacidade anaeróbica. Contudo, logo depois de terem ingerido o coquetel de cafeína, antes mesmo de chegarem perto das bicicletas, os estudantes começaram a se sentir tontos, queixando-se de visão embaçada e palpitações cardíacas. Eles foram imediatamente levados às pressas para o departamento de Acidentes e Emergência e conectados a máquinas de diálise. Nos dias seguintes, Rosetto e Parkin perderam aproximadamente 13 kg cada.

Em vez de 0,3 grama de cafeína em pó, os pesquisadores que administraram o teste haviam cometido um erro ao calcular a dose, acrescentando à mistura chocantes 30 gramas de cafeína em pó. Os estudantes haviam ingerido o equivalente a cerca de 300 xícaras de café comum em poucos segundos. Sabia-se que dez gramas eram uma dose fatal para adultos. Por sorte, Parkin e Rosetto eram jovens e saudáveis o bastante para suportar a overdose maciça com poucos efeitos de longo prazo.

O erro ocorreu porque os pesquisadores digitaram uma vírgula em seus aparelhos celulares duas casas a mais à direita, transformando 0,30 grama em 30. Essa não foi a primeira vez que o separador decimal teve efeitos dramáticos. Outros erros semelhantes tiveram de consequências engraçadas a resultados fatais.

•

Na primavera de 2016, o operário da construção civil Michael Sergeant emitiu uma fatura de 446,60 libras depois de ter concluído uma semana de trabalho. Alguns dias depois, ele ficou surpreso e eufórico ao descobrir que 44.660 libras haviam sido creditadas na sua conta bancária após o diretor da companhia para a qual ele emitiu a fatura ter colocado o separador decimal no lugar errado. Por alguns dias, Sergeant viveu uma vida de astro do rock. Ele gastou milhares de libras em um carro novo, drogas, bebidas, apostas, roupas de marca, relógios e joias antes de a polícia localizá-lo. Sergeant foi forçado a devolver o dinheiro restante e a prestar serviços comunitários por seu pequeno oportunismo.

Em uma escala muito maior, pouco antes das eleições gerais de 2010 no Reino Unido, o Partido Conservador publicou um documento enfatizando as disparidades entre as áreas ricas e pobres sob o atual

LUGAR ERRADO, HORA ERRADA

governo trabalhista. O documento afirmava que 54% das meninas nas áreas mais desprovidas da Grã-Bretanha engravidavam antes dos 18 anos, enquanto essa porcentagem caía para 19% na maioria das áreas afluentes. Em vez de gerar reprovação, destacando o suposto agravamento da desigualdade social durante os treze anos de governo trabalhista, os números foram virados de cabeça para baixo quando comentaristas e políticos trabalhistas apontaram que, na verdade, os números eram 5,4% e 1,9%. Além de terem cometido um erro crasso com um separador decimal, a venda que os Conservadores colocaram nos olhos ao sugerir que mais de metade das meninas em algumas áreas engravidavam na adolescência só serviu para ilustrar sua ignorância em relação à realidade do eleitorado. Apesar do constrangimento causado aos conservadores pelo erro no emprego do separador decimal, esse erro não foi fatal, pois eles venceram as eleições gerais de 2010.

Não foi a mesma sorte que teve a pensionista Mary Williams, de 85 anos. No dia 2 de junho de 2007, a enfermeira comunitária Joanne Evans visitou a senhora Williams como favor a uma colega. Evans foi encarregada de administrar a dose diária de insulina da paciente dessa colega. Ela encheu a caneta para aplicação de insulina com as 36 "unidades" de insulina requeridas. Mas, ao tentar injetá-la, a caneta entupiu. Ela tentou novamente com as duas canetas que levara consigo, mas as duas também falharam. Preocupada com o que aconteceria à senhora Williams se ela não tomasse a insulina, a enfermeira foi até seu carro buscar uma seringa comum. Embora as canetas fossem marcadas simplesmente com "unidades" de insulina, e a seringa em mililitros, Evans sabia que cada "unidade" correspondia a 0,01 mililitro. Ela encheu a seringa de um mililitro e injetou no braço da senhora Williams. Repetiu o processo mais três vezes para concluir a dosagem sem parar para pensar por que precisaria dar mais de uma injeção quando uma única dose teria sido suficiente para seus outros pacientes. Enfim concluído o trabalho, ela deixou a senhora Williams e continuou a ronda. Só mais tarde naquele dia ela se deu conta do terrível erro: em vez de injetar 0,36 mililitro de insulina, havia dado 3,6 mililitros na senhora Williams — dez vezes mais. Chamou imediatamente um médico, mas àquela altura a senhora Williams já havia sofrido um infarto fatal induzido pela insulina.

Embora seja fácil julgar os protagonistas errados dessas histórias por seus erros óbvios, a frequência com que elas se repetem demonstra que erros simples podem sim acontecer, muitas vezes com consequências sérias. Em parte, a gravidade das repercussões desses erros é culpa do nosso sistema de notação posicional decimal. Em um número como 222, cada 2 representa um número diferente: 2, 20 e 200, com cada um sendo dez vezes maior do que o último. É o fator de escala, 10, que torna tão séria a colocação do separador decimal no lugar errado. Talvez, se usássemos o sistema binário — no qual toda a tecnologia moderna é baseada e cada posição é apenas um fator de dois maior do que a última —, poderíamos evitar esses erros. Injetar o dobro de insulina, ou até prescrever quatro vezes mais cafeína, poderia não ter gerado reações tão graves.

Neste capítulo, exploraremos outros erros com alto custo que resultaram dos sistemas que atualmente quantificam as nossas vidas diárias. Descobriremos a influência muitas vezes oculta de sistemas numéricos há muito abandonados, a qual oferece um vislumbre sobre a história humana e lança luz sobre a nossa biologia. Descobriremos as falhas de que sofrem e analisaremos os sistemas alternativos promovidos, que estão ajudando a evitar erros comuns. Acompanharemos a seleção natural dos nossos sistemas numéricos até becos sem saída e por caminhos convergentes paralelos à evolução das próprias culturas humanas. Assim como nos vieses culturais, desmascararemos o pensamento matemático tão profundamente arraigado nas nossas subconsciências a ponto de sequer reconhecermos a restrição que esse tipo de abordagem impõe às nossas perspectivas.

O lugar

O atual sistema numérico que usamos é conhecido como "sistema de notação posicional decimal". "Notação posicional", porque o mesmo

LUGAR ERRADO, HORA ERRADA

dígito em uma posição diferente pode representar um valor numérico diferente. "Decimal", porque o mesmo dígito numa posição adjacente representa um número dez vezes maior ou menor do que seu vizinho. O fator de multiplicação entre as posições, 10, é chamado de base. O motivo de usarmos 10 em vez de outra base qualquer é mais um acidente da nossa biologia do que um plano bem traçado. Embora alguns dos nossos ancestrais tenham escolhido uma base diferente, a maior parte das culturas que desenvolveram os sistemas numéricos (armênios, egípcios, gregos, romanos, indianos e chineses, entre outros) escolheram o decimal. A razão simples é que, quando identificamos a necessidade de contar, de uma forma muito parecida com aquela como ensinamos aos nossos filhos hoje, passamos a contar usando nossos dez dedos.

Embora a base dez seja o sistema mais comum adotado pelos nossos ancestrais, algumas culturas escolheram outras bases por causa de aspectos diferentes da nossa biologia. O povo nativo Yuki da Califórnia contava com a base oito, usando como referência os espaços entre os dedos, e não os próprios dedos. Os sumérios usavam a base 60, apontando para as doze juntas dos quatro dedos da mão direita, usando o polegar direito para apontar e acumulando até cinco grupos de doze (60) com os cinco dedos da mão esquerda. O povo Oksapmin, da Papua-Nova Guiné, usa um sistema baseado no número 27, começando pelo polegar de uma mão (1), subindo pelos braços, incluindo o nariz (14) e concluindo com o dedo mindinho da mão direita (27). Portanto, embora os dez dedos não sejam de forma alguma as únicas partes do corpo que podem inspirar um sistema numérico, são os mais óbvios, e, portanto, foram os mais usados pelos nossos ancestrais ao começarem a desenvolver a matemática.

Depois que uma cultura estabeleceu um sistema de contagem, abriu a possibilidade para o desenvolvimento de uma matemática mais complexa a ser empregada com propósitos práticos. Aliás, muitas das mais antigas civilizações humanas usavam uma matemática sofisticada. No terceiro milênio a.C., os egípcios, por exemplo, já faziam operações de soma, subtração e multiplicação, e usavam frações

178 AS MATEMÁTICAS DA VIDA E DA MORTE

simples. Apropriadamente, eles conheciam a fórmula para o cálculo do volume de uma pirâmide, e há evidências de que se depararam com triângulos retângulos com lados de comprimentos 3, 4 e 5, o chamado terno pitagórico, muito antes de Pitágoras. Os egípcios usavam a base comum 10, mas não tinham um sistema de notação posicional. Em vez disso, tinham hieróglifos específicos para diferentes potências de 10. Essas representações pictóricas dos números não eram escritas por nenhuma ordem particular — os egípcios sabiam o que cada uma valia olhando para a imagem. Um traço representava o número 1, do mesmo modo que fazemos hoje; 10 era representado por uma canga de bois, 100 era uma corda enrolada e 1.000 era uma bela lótus; 10 mil era um dedo inclinado, 100 mil era um girino e 1 milhão era o deus Heh — a personificação do infinito ou eternidade. Um milhão era o número máximo para os egípcios antigos. Se eles quisessem representar o número 1.999, desenhavam uma lótus, nove cordas enroladas, nove cangas e nove traços verticais. Embora estranho, o sistema funciona bem o suficiente para números abaixo de um bilhão. Entretanto, se os egípcios conseguissem avaliar o número de estrelas no universo (estimado em monumentais 1.000.000.000.000.000.000.000.000 no nosso sistema de notação posicional decimal), precisariam desenhar o deus Heh um bilhão de bilhão de vezes — o que não é muito viável.

Os romanos eram bem mais avançados do que os egípcios em muitos aspectos. Como todos sabem, popularizaram em uma grande escala invenções como os livros, o concreto, as estradas, o encanamento interno e o conceito de saúde pública. Entretanto, seu sistema numérico era mais primitivo. Eles usavam um sistema com sete símbolos — I, V, X, L, C, D e M — para representar os números 1, 5, 10, 50, 100, 500 e 1.000, respectivamente. Reconhecendo que seu sistema numérico era pouco prático, os romanos estabeleceram que os números fossem escritos da esquerda para a direita, e do maior para o menor, assim os caracteres poderiam ser simplesmente combinados. MMXV, por exemplo, representaria 1.000 + 1.000 + 10 + 5, ou 2.015.

Como escrever números compridos era trabalhoso, foi introduzida uma exceção à regra. Se um número menor se encontrasse à esquerda

LUGAR ERRADO, HORA ERRADA

de um número maior, deveria ser subtraído dele. O número 2.019, por exemplo, era escrito MMXIX em vez de MMXVIIII, o I subtraído do último X para resultar em 9, uma ótima economia de caracteres. Como se isso já não fosse complicação o bastante, é provável que as regras e símbolos padronizados que hoje atribuímos aos numerais romanos não fossem os mesmos que a civilização romana de fato usava. Os etruscos, por exemplo, podem ter usado símbolos como I, Λ, X, ↑ e Ж em vez de I, V, X, L e C, embora mesmo isso seja objeto de debate. Os símbolos e regras para a escrita de numerais romanos descritos acima podem ter se desenvolvido ao longo de muitos séculos na Europa pós-romana. Os sistemas usados pelos verdadeiros romanos provavelmente eram bem menos uniformes.

Não obstante, os numerais romanos não sofreram a mesma aniquilação que os hieróglifos egípcios depois da queda do Império Romano. Hoje, os numerais romanos adornam muitos prédios para denotar as datas em que eles foram concluídos, permitindo que os arquitetos emprestem um ar de antiguidade a um projeto recém-completo. Por essa razão, o final do século XIX foi uma época particularmente difícil para alguns pedreiros. A Biblioteca Pública de Boston tem a inscrição MDCCCLXXXVIII — com treze caracteres, o numeral em algarismos romanos mais longo do último milênio —, representando o ano 1888, quando ele foi concluído. Não são só os arquitetos que acham que escrever um número em algarismos romanos garante mais seriedade. Guias de estilo da moda sugerem que o uso de algarismos romanos no seu relógio indica que você é mais sofisticado do que a maioria. É claro que se chamássemos Elizabeth II, a monarca britânica com o reinado mais longo, de Elizabeth 2, o nome pareceria mais a sequência de um filme. Aliás, filmes e programas de televisão também usam algarismos romanos para representar a data da sua produção, mas por razões diferentes. Nos primeiros anos do cinema, como era mais difícil ler rapidamente os algarismos romanos, a prática impedia a maioria das pessoas de deduzir com facilidade que estavam assistindo ao material reciclado, ao mesmo tempo satisfazendo os direitos autorais do cineasta.

180   AS MATEMÁTICAS DA VIDA E DA MORTE

Apesar da longevidade para certos nichos, os algarismos romanos nunca dominaram o mundo porque sua notação complexa atrapalhava o desenvolvimento da matemática avançada. Aliás, é notável a ausência de matemáticos eminentes e contribuições para a matemática no Império Romano. Como vimos, cada número no sistema romano é uma equação com potencial de complexidade instruindo o leitor a somar ou subtrair uma série de símbolos para chegar a um resultado. Isso dificulta até a simples soma de dois números escritos em algarismos romanos. Não era possível, por exemplo, escrever dois números, um sobre o outro, e somar os dígitos em cada coluna, como aprendemos nas nossas primeiras aulas de matemática. Dois símbolos idênticos na mesma posição em dois números romanos diferentes não necessariamente significam a mesma coisa. Não podemos simplesmente subtrair os dígitos de MMXV dos de MMXIX da direita para a esquerda (X – V dá 5; I – X dá –9 etc.) para encontrarmos que a diferença entre 2.019 e 2.015 é de quatro anos. Crucialmente, os romanos não tinham o conceito de um sistema numérico de notação posicional.

•

Muito antes dos romanos e dos egípcios, o povo da Suméria, atual Iraque, tinha um sistema numérico bem mais avançado. Os sumérios, a quem com frequência é atribuída a origem da civilização, desenvolveram uma série de tecnologias e ferramentas para propósitos agrícolas, inclusive a irrigação, o arado e talvez até a roda. Com o desenvolvimento da sua sociedade agrícola, tornou-se necessária, para fins burocráticos, a possibilidade de medirem tratos de terra com exatidão, bem como a fixação e o registro de impostos. Portanto, há cerca de 5 mil anos, os sumérios inventaram o primeiro sistema de notação posicional — cujos conceitos mais fundamentais acabariam por se espalhar pelo globo. Os números eram escritos numa ordem predeterminada. Um símbolo mais à esquerda representava um valor maior do que o mesmo símbolo localizado mais à direita. No nosso sistema de notação posicional moderno, no número 2.019, o 9

LUGAR ERRADO, HORA ERRADA

representa nove unidades, o 1, uma dezena, o 0, nenhuma centena, e o 2, dois milhares. Cada vez que passamos para a esquerda, o mesmo dígito representa um número dez vezes maior. Embora tenham escolhido a base 60, os sumérios empregavam exatamente o mesmo princípio. Da direita para a esquerda, a primeira coluna representava as unidades, a segunda representava os múltiplos de 60, a terceira, os múltiplos de 3.600, e assim por diante. No sistema sexagesimal dos sumérios, os dígitos 2019 representariam nove unidades, uma vez 60, zero vezes 3.600 e duas vezes 216.000, ou o equivalente a 432.069 no sistema decimal. Do mesmo modo, se os sumérios quisessem escrever o número 2.019 em sexagesimal, escreveriam algo como: 33 39, onde o símbolo 33 representa 33 vezes 60 (1980) e o símbolo 39 representa as 39 unidades restantes.

É possível que o desenvolvimento da notação posicional tenha sido a revelação científica mais importante de todos os tempos. Não é por coincidência que a Revolução Científica tenha ocorrido pouco depois da adoção em peso do sistema de notação posicional indo-arábico de base 10 (o que usamos até hoje) pela Europa no século XV. Os sistemas de notação posicional permitem que qualquer número, não importa o quão grande, seja representado com poucos símbolos simples. Nos sistemas egípcio e romano, a posição de um símbolo não possuía significado global. Em vez disso, o valor era determinado pelo símbolo propriamente dito, o que significa que as duas culturas eram restringidas por um número finito de números que era possível representar. Os sumérios, por sua vez, podiam representar qualquer número que quisessem com seu conjunto de 60 símbolos. Seu sofisticado sistema posicional permitiu-lhes proezas matemáticas avançadas, como resolver equações de segundo grau (uma necessidade que surge naturalmente no contexto agrícola quando se dividem terras) e a trigonometria.

Talvez, a principal razão para os sumérios usarem o sistema sexagesimal fosse porque ele facilitava muito o trabalho com frações e divisões. Sessenta tem muitos fatores: os números 1, 2, 3, 4, 5, 6, 10, 12, 15, 20, 30 e 60 todos dividem 60 sem resto. A divisão de uma libra (composta por 100 pence), ou um dólar ou euro (compostos por 100 centavos) entre seis pessoas causaria uma discussão para decidir quem ficaria com os quatro pence restantes. Uma mina suméria, composta por 60 shekel, poderia ser dividida igualmente entre 2, 3, 4, 5, 6, 10, 12, 15, 20, ou até 30 pessoas sem briga. Usando a base 60 dos sumérios, também fica fácil medir e dividir um bolo de maneira exata e igualitária entre, por exemplo, doze pessoas. Um duodécimo no sistema de notação posicional sexagesimal corresponde a apenas 5/60. Eles escreviam isso com elegância, como 0,5, ao contrário da representação feia 0,083333... (8 centésimos, 3 milésimos, 3 décimos de milésimos etc.) do nosso sistema de notação posicional decimal. Por essa razão, como um bolo circular, os astrônomos sumérios dividiram o arco do céu noturno em 360 (ou seja, 6×60) graus, o que os ajudou a fazerem previsões astronômicas.

Desenvolvendo a tradição suméria, os gregos antigos dividiram cada grau em 60 minutos (denotados ^{I}) e cada minuto em 60 segundos (denotados ^{II}). Aliás, a palavra "minuto" (pense em "mini-uto") significa uma divisão extremamente pequena (neste caso, do círculo), enquanto "segundo" refere-se ao segundo nível da divisão do grau. O sistema de notação posicional sexagesimal continua até hoje sendo usado na astronomia, e permite aos astrônomos capturarem o tamanho de objetos muito diferentes no céu noturno. Por causa de suas conexões astronômicas, acredita-se que o símbolo circular para graus, como em 360º, hoje usado para a temperatura, originalmente simbolizava o sol. De modo menos romântico (e mais matemático), é possível que fosse natural usar o sobrescrito º para graus depois que ^{I} e ^{II} haviam sido usados para suas subdivisões minutos e segundos, completando a sequência 0, I, II.

A hora

Apesar de estarmos menos familiarizados com os minutos e segundos usados na astronomia, um sistema sexagesimal muito mais conhecido

LUGAR ERRADO, HORA ERRADA

governa os ritmos das nossas vidas: o tempo. Do momento em que acordamos até o momento em que adormecemos, quer nos demos conta ou não, estamos frequentemente pensando em sexagesimal. Não é coincidência que as horas, as divisões temporais dos nossos dias cíclicos, também são divididas em 60 minutos, e que cada minuto seja dividido em 60 segundos.

Já as horas são agrupadas em conjuntos de doze. Apesar de usarem principalmente a base dez, foram os antigos egípcios que dividiram o dia em 24 segmentos: dias com doze horas e noites com doze horas, imitando o número de meses no calendário solar. Durante o dia, o tempo era registrado usando-se relógios de sol com dez divisões. Foram adicionadas duas horas para o crepúsculo, uma a cada extremidade do dia, períodos em que ainda não estava escuro, mas para os quais o relógio de sol não tinha utilidade. A noite também foi dividida em doze com base no surgimento de estrelas em particular no céu noturno.

Como os egípcios adotaram doze horas para cada período diurno, a duração de suas horas mudava ao longo do ano conforme mudava o número de horas em que havia a luz do sol: mais longas no verão e mais curtas no inverno. Os gregos antigos perceberam que, para avançar de forma significativa em seus cálculos astronômicos, seriam necessários segmentos iguais de tempo, então introduziram a ideia de dividir o dia em 24 horas de igual comprimento. Entretanto, foi somente com o advento dos primeiros relógios mecânicos na Europa do século XIV que essa ideia realmente pegou. No início do século XIX, relógios mecânicos confiáveis já haviam se espalhado. A maioria das cidades da Europa dividiam o dia em dois conjuntos iguais de doze horas.

As divisões do dia em dois períodos de doze horas continuam sendo um padrão na maioria dos lugares cujo idioma principal é o inglês. A maioria dos países, no entanto, usam o relógio de 24 horas, que distingue, por exemplo, 8 horas da manhã (8h) de 8 horas da noite (20h) com números inequivocamente separados por doze horas. Os Estados Unidos, o México, o Reino Unido e grande parte da comunidade britânica (Austrália, Canadá, Egito, Índia etc.), contudo, continuam usando as abreviações AM (*ante meridiem*) e PM (*post meridiem*), ou simplesmente "antes do meio-dia" e "depois do meio-dia" para distinguir 8 horas da manhã de 8 horas da noite. Essa discrepância às vezes causa problemas, especialmente para mim.

Quando eu fazia faculdade, ofereceram-me a oportunidade de visitar colaboradores em Princeton. Fico um pouco nervoso quando viajo, característica herdada do meu pai. Sempre que saio do meu país para uma viagem internacional, ouço-o listando "Dinheiro, Passagens, Passaportes" com uma voz ansiosa na minha cabeça. De modo muito parecido, minha lembrança da fórmula de Pitágoras "o quadrado da hipotenusa é igual à soma dos quadrados dos catetos" até hoje ressoa na minha cabeça no sotaque irlandês do meu professor de matemática do ensino médio, senhor Reid.

Como não seria de se surpreender, cheguei a Heathrow para a minha viagem excessivas quatro horas antes do voo. Esbarrei com o meu supervisor, mais tranquilo e experiente, que pegaria um voo um pouco anterior ao meu — que seria mais de duas horas e meia depois do dele. Minha visita acadêmica foi produtiva, mas minha paranoia com viagens me levou a encurtar uma visita de lazer a Nova York no meu último dia nos Estados Unidos para me certificar de voltar a Princeton a tempo de ter uma boa noite de sono. Naquela noite, com as malas feitas, o quarto esquadrinhado, dinheiro, passagens e passaportes conferidos duas vezes, coloquei meu alarme para as 4 AM com o objetivo de garantir que não chegaria atrasado para o voo às 9 horas da manhã em ponto.

Conforme planejado, acordei às 4 horas da manhã e peguei um trem em Princeton. Cheguei ao Aeroporto Internacional de Newark duas horas e meia depois. Quando procurei o meu voo no monitor, entretanto, não o encontrei. Eu li várias vezes, mas a lista ia direto do de 8h59 com destino a Santa Lúcia para o de 9h01 com destino a Jacksonville. Fui até o balcão de informações e perguntei à moça sentada por trás dele sobre o voo. "Acho que o único voo que temos para Londres hoje sai à noite, senhor." Era inacreditável. Como eu podia ter cometido aquele erro? Tivera tanto cuidado nos meus preparativos, mas parecia ter ignorado o fato de que o voo que achei que pegaria sequer existia.

LUGAR ERRADO, HORA ERRADA

Então, percebi o que acontecera. Perguntei à assistente a que horas o voo noturno sairia. "O voo sai às 9 horas desta noite, senhor", ela respondeu.

Eu confundira AM com PM, um erro que teria sido impossível no sistema de 24 horas. Por sorte, a confusão fora na direção certa. Minha punição foi uma espera de catorze horas para embarcar, mas a internet está cheia de histórias de pessoas que cometeram o mesmo erro na direção oposta, perdendo o voo por uma diferença de doze horas e tendo que comprar outra passagem. Não preciso dizer que a experiência não ajudou a reduzir meu nervosismo durante viagens.

Eu me enganei com a hora de chegar ao aeroporto no século XXI, mas imagine o quão difíceis eram viagens de longa distância no tempo confuso e assíncrono do início do século XIX. Nos anos 1820, embora a maioria dos países da Europa já tivessem dividido seus dias em 24 horas de duração igual, comparar o horário entre países era tão difícil que praticamente se tornava inviável. Poucas nações haviam conseguido fazer todo o seu território adotar um único horário, muito menos coordenar-se com as vizinhas. O horário em Bristol, região oeste do Reino Unido, podia ter uma diferença de apenas 20 minutos a menos em relação a Paris, enquanto o de Londres tinha uma diferença de 6 minutos *a mais* em relação a Nantes, região oeste da França. A razão para as discrepâncias geralmente era porque cada cidade usava um tempo local baseado na posição do sol no céu. Como Oxford fica um grau e um quarto a oeste de Londres, o sol lá alcança o pico por volta de cinco minutos depois, o que coloca o horário local de Oxford cinco minutos atrás do horário de Londres. O fato de 24 horas corresponderem a uma rotação de 360° da Terra em torno de seu próprio eixo significa que cada grau de longitude vale quatro minutos. Bristol, dois e meio graus a oeste de Londres, ficava mais cinco minutos atrás de Oxford.

No final das contas, foram os problemas que o tempo local gerou para as viagens de longa distância logo depois da introdução da malha de ferrovias que levaram à coordenação do tempo no Reino Unido. O uso de um tempo local nas diferentes cidades do Reino Unido gerou caos no cronograma, e várias viagens quase perdidas devido à confusão entre

186   AS MATEMÁTICAS DA VIDA E DA MORTE

maquinistas e sinaleiros. Em 1840, a Great Western Railway adotou a hora de Greenwich em toda a sua malha. As cidades industriais de Liverpool e Manchester passaram a apoiar a causa em 1846. Com o advento da telegrafia, os horários podiam ser transmitidos por todo o país quase instantaneamente do Observatório Real de Greenwich, permitindo que as cidades sincronizassem seus relógios. Embora a maior parte do país tenha rapidamente subido a bordo do horário das ferrovias, algumas cidades, particularmente aquelas com fortes tradições religiosas, recusavam-se a abandonar seu horário solar, "dado por Deus", em favor do pragmatismo frio imposto pelas ferrovias. Foi só em 1880, quando o parlamento britânico finalmente aprovou uma legislação, que a maioria dos adeptos do tempo solar foi forçada a entrar na linha. Dito isso, os sinos da Tom Tower, da Christ Church, uma faculdade da Universidade de Oxford, até hoje soam cinco minutos depois da hora certa.

Itália, França, Irlanda e Alemanha seguiram rapidamente o exemplo, adotando um horário uniforme em seus territórios, com o horário de Paris cinco minutos à frente da hora de Greenwich, e Dublin 25 minutos atrás. Mas a situação não era simples nos Estados Unidos. Um único para todos os 58 graus de longitude do território continental americano não seria prático para regiões que ficavam a quase quatro horas solares de distância. No inverno, quando o sol estava se pondo no Maine, era a hora do almoço no estado de Washington. É claro que era impossível ignorar completamente o horário local, mas na metade do século XIX a situação era grave, com cada grande cidade com seu próprio horário. Consequentemente, a maioria das companhias ferroviárias que operavam na Nova Inglaterra em 1850 tinham seu próprio horário, geralmente baseado na localização da matriz ou de uma de suas estações mais populares. Em alguns entroncamentos movimentados, eram respeitados até cinco horários diferentes. Acredita-se que a confusão causada por essa falta de uniformidade tenha contribuído para inúmeros acidentes. Depois de um incidente particularmente preocupante em 1853, que levou à morte de catorze passageiros, planos foram colocados em prática para a padronização do horário nas ferrovias da Nova Inglaterra. Eventualmente, propôs-se que todo o território americano fosse dividido em uma série de fusos horários, cada um uma hora atrás do outro, do leste ao oeste. No dia 18 de novembro de 1883, conhecido por muitos americanos como "O dia dos dois meios-dias", os relógios das estações foram zerados em todo o continente. Os Estados Unidos foram divididos em cinco fusos horários: Intercolonial, do Leste, Central, da Montanha e do Pacífico.

Inspirado pelas subdivisões americanas, em outubro de 1884, na Conferência Internacional do Meridiano, em Washington DC, o canadense Sir Sandford Fleming propôs a divisão de todo o planeta numa série de 24 fusos horários, criando um relógio globalmente padronizado. O globo foi dividido em 24 linhas imaginárias chamadas de meridianos do Polo Sul ao Polo Norte. O dia universal começaria à meia-noite, no Meridiano Principal, o de Greenwich. Em 1900, quase todos os lugares da Terra faziam parte de algum fuso horário padrão, mas só em 1986 todos os países passaram a registrar seus horários referenciando o Meridiano Principal, quando o Nepal finalmente acertou seus relógios para cinco horas e 45 minutos à frente da hora de Greenwich. Ter fusos horários separados uns dos outros por porções regulares de uma hora evitou muitos problemas e confusão, simplificando muito cronogramas e o comércio entre países vizinhos. Entretanto, a introdução dos fusos horários não erradicou por completo a confusão. O que mudou foi que, a partir de então, quando aconteciam, os erros não geravam atrasos nos cálculos dos horários de apenas alguns minutos, mas de até uma hora — uma diferença com potencial a fim de causar desastres.

•

Como líder do Movimento de 26 de Julho, juntamente com o irmão Raúl e com o camarada Che Guevara, Fidel Castro em 1959 derrubara Fulgencio Batista, o ditador cubano apoiado pelos Estados Unidos. Seguindo a filosofia de cunho Marxista-Leninista, Castro rapidamente transformou Cuba em um país unipartidário, estatizando as indústrias e empresas como parte de reformas sociais abrangentes. O governo americano não podia apoiar um estado comunista simpatizante da União Soviética logo ao lado. Em 1961, quando a Guerra Fria chegava ao auge, a hierarquia americana traçara um plano para derrubar Castro. Temendo uma represália soviética em Berlim, o presidente americano John F. Kennedy insistiu que o envolvimento dos Estados Unidos no golpe fosse mantido em segredo. Assim, um grupo de mais de mil dissidentes cubanos, conhecido como Brigada 2506, foi treinado para a invasão em campos secretos da Guatemala. Os Estados Unidos também posicionaram dez bombardeiros B26 (o tipo de avião com que o país armara o predecessor de Castro) em um país próximo, a Nicarágua. No dia 17 de abril, a brigada de exilados invadiria a Baía dos Porcos, na costa sudeste de Cuba. A invasão deveria servir de centelha para encorajar um número considerável de cubanos oprimidos a assumir a causa dos exilados.

Os problemas começaram antes mesmo de o plano ser posto em prática. No dia 7 de abril, dez dias antes do ataque, o *New York Times* tomou conhecimento dos planos e publicou uma história de página inteira alegando que os Estados Unidos vinham treinando dissidentes anti-Castro. Este, agora alerta da possibilidade da invasão, tomou precauções severas, prendendo dissidentes conhecidos, que poderiam se juntar ao levante, e deixando as forças militares de prontidão. Ainda assim, no sábado, 15 de abril, dois dias antes da invasão, os B26 americanos voaram para Cuba na tentativa de destruir a força aérea de Castro. Sua missão foi quase um fracasso total, destruindo pouquíssimas das aeronaves em operação de Castro e perdendo pelo menos um B26 atingido no mar ao norte de Cuba.

A missão frustrada teve ainda como resultado adicional uma visita do ministro cubano das Relações Exteriores Raúl Roa às Nações Unidas. Em uma sessão de emergência da Assembleia Geral, Roa acusou, corretamente, os Estados Unidos de terem bombardeado Cuba. Com os holofotes do mundo inteiro dirigidos ao ocorrido, Kennedy recusou-se a arriscar fornecer mais evidências do envolvimento dos Estados Unidos e cancelou o ataque aéreo planejado para a manhã de 16 de abril a fim de ajudar os exilados quando desembarcassem.

LUGAR ERRADO, HORA ERRADA

Como a Brigada 2506 era formada inteiramente por dissidentes cubanos sem vínculo óbvio com os Estados Unidos, Kennedy tinha um argumento plausível para negar conhecimento de suas ações. Na manhã de 17 de abril, ele aprovou seu desembarque nas praias da Baía dos Porcos. Os dissidentes foram confrontados por 20 mil soldados cubanos bem preparados. De novo temendo represálias internacionais, Kennedy recusou-se a emitir ordens para que o exército de Castro fosse alvejado ou para que aviões ajudassem. Na noite de 18 de abril, a invasão dos exilados fracassava. Em uma última tentativa de resgate, Kennedy emitiu uma ordem para que os B26 nicaraguenses atacassem as forças militares cubanas. Os bombardeiros seriam protegidos por jatos do porta-aviões americano situado logo ao lado, pouco a leste de Cuba. O ataque aéreo estava marcado para as 6h30 do dia 19.

Quando a hora marcada se aproximava, os jatos decolaram para encontrar os B26 — apenas para descobrir que eles não haviam chegado. De fato, trabalhando sob o Horário Padrão Central nicaraguense, os B26 chegaram uma hora depois, às 7h30 da Zona de Tempo Oriental cubana. Sem a proteção dos jatos, que então haviam desistido da missão, os aviões de Castro conseguiram derrubar dois B26 com a insígnia americana, com isso provando para além de qualquer dúvida o envolvimento americano na tentativa de golpe. As consequências políticas do erro simples de fusos horários foram imensas, colocando Cuba definitivamente nas mãos dos soviéticos e precipitando a Crise dos mísseis de Cuba um ano depois.

O sistema duodecimal

O fracasso da invasão à Baía dos Porcos é atribuído, em parte, à divisão do tempo — e, consequentemente, do mundo — em dois grupos de fusos horários de doze horas. Entretanto, o erro teria sido igualmente desastroso se a Terra tivesse sido dividida usando-se uma base diferente. Com sessenta ou mesmo apenas dez segmentos, o fuso horário da Nicarágua ainda teria ficado atrás do de Cuba por um período aproximadamente igual. Aliás, muitos acreditam que o sistema "duodecimal", ou de base doze, é muito superior ao nosso atual sistema decimal. Tanto a Dozenal Society of Great Britain quanto a Dozenal Society of America argumentam que os seis fatores do sistema duodecimal — 1, 2, 3, 4, 6 e 12 — lhe conferem uma grande vantagem em relação aos quatro do sistema decimal — 1, 2, 5 e 10 —, e eu acho que têm razão.

Meus dois filhos me ensinaram por meio de uma experiência dolorosa que é importante dividirmos as coisas igualmente. Tenho certeza de que prefeririam ter apenas um doce para cada um em vez de um ter cinco e o outro, seis. Quando paramos em um posto de gasolina a caminho da casa dos avós deles, comprei um saco de balas. Passei o saco para o banco traseiro a fim de que as crianças dividissem. Mal sabia eu que havia onze balas no saco, e que passara um número ímpar de balas para as crianças dividirem. O conflito que caracterizou o restante da longa viagem para o norte me fez passar a ter o cuidado de só comprar números pares de doces. Pelo mesmo motivo, tenho amigos com três filhos que só compram doces em múltiplos de três. Se você é um produtor de mercadorias voltadas para o público infantil, pode maximizar seu público e minimizar o potencial para desavenças vendendo conjuntos de doze, e com isso atendendo às necessidades de famílias de um, dois, três, seis ou até doze filhos. Do mesmo modo, da próxima vez que estiver dividindo alguma coisa e que for importante que todos recebam a mesma quantidade (cortando um bolo em uma festa de aniversário infantil, por exemplo), uma divisão por doze garantirá maior flexibilidade no número de pessoas que você poderá acomodar. Dito isso, se não forem balas nem bolo, tenho certeza de que as crianças encontrarão outro motivo para briga.

O principal argumento para preferir base duodecimal à decimal é o mesmo para a base sexagenal dos sumérios: mais frações têm uma "boa" representação fechada na base 12 do que na base 10. Por exemplo, em decimal, 1/3 precisa ser representado pela deselegante e infinita representação 0,33333..., enquanto em duodecimal pode-se pensar em 1/3 como simplesmente quatro doze avos e escrever o número como 0,4. Mas qual é a importância disso? Bem, não ter uma representação exata de um número pode fazer uma diferença na hora de fazermos

LUGAR ERRADO, HORA ERRADA

medidas repetidas. Como exemplo, imaginemos que você queira dividir um pedaço de madeira de um metro de comprimento em três pedaços de comprimento igual que servirão de pernas para um banquinho. Usando uma régua decimal comum, você corta o primeiro e o segundo terços com o comprimento aproximado de 33 cm. Mas isso deixa o último terço com 34 cm. O banquinho resultante terá pernas desiguais, e provavelmente não será muito confortável sentar-se nele. Com uma régua duodecimal, um terço, o equivalente a quatro doze avos, de metro teria uma marcação exata, permitindo-lhe dividir a madeira em três pernas de tamanho exatamente igual.

Os defensores do sistema duodecimal argumentam que ele reduziria a necessidade de arredondamentos, com isso amenizando uma série de problemas comuns. Até certo ponto, eles estão certos. Embora um banquinho bambo talvez não passe de uma pequena inconveniência, os erros simples de arredondamento que resultam de precisarmos truncar a representação de números no nosso atual sistema decimal podem ter implicações mais sérias.

Por exemplo, um erro simples de arredondamento nas eleições alemãs de 1992 quase levou o líder do vitorioso Partido Social-Democrata a ficar sem um assento no parlamento quando o percentual dos votos do Partido Verde foi anunciado em 5% em vez de 4,97%.[1] Em um contexto completamente diferente, em 1982 um índice recém-criado da Vancouver Stock Exchange sofreu um mergulho contínuo durante um período de dois anos, apesar do otimismo do mercado.[2] Sempre que uma transação era realizada, o valor do índice era arredondado para três casas decimais, reduzindo consistentemente seu valor. Com 3 mil transações por dia, o índice perdeu cerca de 20 pontos por mês, reduzindo a confiança do mercado.

As regras imperiais

Apesar da tendência de reduzir erros associados ao arredondamento, o descontentamento e a consternação que a conversão ao duodecimal causaria parecem reduzir a probabilidade da sua implementação por uma nação industrializada em qualquer futuro próximo. Entretanto, muitas das nações industrializadas que se desenvolveram no passado fizeram amplo uso de sistemas imperiais de medida, primariamente de base 12. Cada pé tem 12 polegadas, e cada polegada tem 12 linhas. Originalmente, uma libra imperial também tinha 12 onças. A palavra *ounce* [onça, em português] veio da mesma palavra latina que polegada, *uncia*, que significa uma duodécima parte. Aliás, o sistema troy imperial, usado para pesar metais e pedras preciosos, continua dividindo a libra troy em 12 onças. A antiga libra monetária britânica era composta por 20 xelins, cada um composto por 12 pence. Ou seja, a libra de 240 pence podia ser dividida igualmente de 20 formas diferentes.

Embora o sistema imperial possua algumas vantagens claras (a mais citada sendo a de forçar as crianças a se familiarizarem com tabuadas obscuras), o fato de não ser uniforme (16 onças para uma libra, 14 libras para o *stone*, 11 côvados para uma vara, 4 *poppyseeds* para um *barleycorn* etc.) o fez ser predominantemente abandonado em favor do sistema métrico decimal. Hoje, Estados Unidos, Libéria e Mianmar são os únicos três países do mundo inteiro que não adotaram completamente o sistema métrico. Mianmar atualmente está tentando. A falta de conformidade dos Estados Unidos deve-se principalmente ao ceticismo e a uma teimosia tradicionalista da parte de muitos de seus cidadãos. Em um episódio de *Os Simpsons*, com frequência uma janela para a vida contemporânea americana, Vovô Simpson declara que "O sistema métrico é obra do demônio. Meu carro consome 40 varas para o *hogshead*, e é assim que eu gosto".

O Reino Unido iniciou sua transição para o sistema métrico em 1965, e hoje este é seu sistema oficial. Não obstante, o Reino Unido nunca abandonou completamente as unidades de medida imperiais que criou. Continua agarrando-se às milhas, aos pés e às polegadas para altura e para distância, às pintas para o leite e para a cerveja, e aos *stones*, às libras e às onças, usados extraoficialmente para o peso. Em fevereiro de 2017, a ministra do Reino Unido do Meio Ambiente, Alimentação e Agricultura, que também já foi candidata à liderança

LUGAR ERRADO, HORA ERRADA

pelo Partido Conservador, Andrea Leadsom, chegou a sugerir que os produtores britânicos voltassem a vender suas mercadorias usando o antigo sistema imperial depois da saída da União Europeia. Embora atraente para uma pequena minoria de Vovôs Simpsons cheios de nostalgia por uma "era dourada" do passado, voltar ao sistema imperial deixaria o Reino Unido quase completamente isolado no comércio internacional. De modo semelhante a uma mudança para o sistema duodecimal, sua implementação seria extremamente cara e demorada, além de criar montanhas de burocracia desnecessárias. Burocracia e despesas, combinadas à hesitação dos habitantes dos países que ainda não adotaram o sistema métrico, também são os principais motivos para o sistema ainda não ter sido universalmente adotado. Contudo, enquanto os Estados Unidos continuarem sendo a única nação industrial a usar unidades imperiais[3] quase de forma generalizada, seguirão experimentando episódios de confusão na tradução.

•

No dia 11 de dezembro de 1998, a NASA lançou o Mars Climate Orbiter [Orbitador Climático de Marte], de 125 milhões de dólares: um robô projetado para investigar o clima marciano e permitir a comunicação com o Mars Polar Lander [Pousador Polar de Marte]. Ao contrário do Polar Lander, o Orbiter não foi projetado para pousar na superfície de Marte. Aliás, ele não suportaria chegar mais perto do que 85km por causa da turbulência atmosférica. No dia 15 de setembro de 1999, depois de ele ter concluído com sucesso sua jornada de nove meses através do sistema solar, uma última série de manobras foi iniciada para colocar o Orbiter na altitude ideal de cerca de 140km acima da superfície de Marte. Na manhã de 23 de setembro, o Orbiter acendeu seu propulsor principal e desapareceu de vista, 49 segundos antes do esperado, atrás do planeta vermelho. E nunca mais foi visto outra vez. Uma comissão de investigação pós-acidente concluiu que o Orbiter seguira uma trajetória incorreta, que o teria deixado a 57km da superfície, perto o bastante para que a atmosfera destruísse

194 AS MATEMÁTICAS DA VIDA E DA MORTE

sua frágil sonda. Quando a comissão aprofundou mais as investigações sobre a razão para a discrepância, descobriu que um software fornecido pela prestadora americana de serviços aeroespaciais e de defesa Lockheed Martin enviara dados sobre a propulsão do Orbiter em unidades imperiais. A NASA, uma das maiores instituições científicas do mundo, obviamente esperava medidas no sistema internacional de unidades. O erro fez com que o Orbiter acendesse seus propulsores a uma intensidade maior do que a necessária, consequentemente o transformando em mais 338 quilos (ou, se você preferir, 745 libras) de lixo espacial quando ele atravessou a atmosfera marciana.

●

Reconhecendo que a maior parte do mundo havia se convertido ao sistema métrico, e prevendo o tipo de erro que assolaria a NASA, em 1970 o Canadá decidiu adotá-lo. Na metade da década de 1970, os produtos passaram a ser rotulados em unidades métricas, a temperatura passou a ser informada em Celsius em vez de Fahrenheit, e o acúmulo de neve, a ser registrado em centímetros. Em 1977, todas as placas de trânsito haviam sido convertidas para o sistema métrico, e os limites de velocidade, passado a ser medidos em quilômetros, e não milhas por hora. Por razões práticas, algumas indústrias levaram mais tempo do que outras para fazer a conversão. Em 1983, os novos aviões Boeing 767 da Air Canada foram os primeiros a ser calibrados no sistema métrico. O combustível passou a ser medido em litros e quilogramas em vez de galões e libras.

No dia 23 de julho de 1983, um dos recém-revisados 767 pousou em Montreal depois de um voo de rotina vindo de Edmonton. Após um pequeno intervalo para o reabastecimento e a mudança de tripulação, às 17h48, o Voo 143 decolou de Montreal para a viagem de volta com 61 passageiros e oito tripulantes a bordo.

Em velocidade de cruzeiro a uma altitude de 41 mil pés, ou, conforme o altímetro eletrônico no sistema métrico, 12.500 metros, o Capitão Robert Pearson colocou o avião no modo de piloto autom-

LUGAR ERRADO, HORA ERRADA

tico e relaxou. Por volta de uma hora depois da decolagem, Pearson se sobressaltou com bipes altos acompanhados de luzes piscando no painel de controle. Os alertas indicavam baixa pressão de combustível no motor esquerdo da aeronave. Presumindo uma falha na bomba de combustível, com muita tranquilidade Pearson desligou o alarme. Mesmo sem a bomba, a gravidade deveria fazer o combustível continuar chegando ao motor. Segundos depois, o mesmo alarme soou e as mesmas luzes voltaram a piscar no painel. Desta vez, era o motor direito. E Pearson novamente desligou o alarme.

Ele percebeu, contudo, que, com a possibilidade de os dois motores estarem com problemas, precisaria desviar a rota para fazer uma checagem no avião em Winnipeg, ali perto. Enquanto ele pensava nisso, o motor esquerdo tossiu e parou. Pearson entrou em contato com Winnipeg pelo rádio, informando que precisaria fazer um pouso de emergência com apenas um motor. Enquanto tentava desesperadamente fazer o motor esquerdo voltar a funcionar, Pearson ouviu um ruído no painel de controle que nem ele nem seu copiloto, Maurice Quintal, jamais haviam ouvido. O segundo motor parou e os instrumentos eletrônicos de voo, alimentados pela eletricidade gerada pelos motores, desligaram. O motivo de nem Pearson nem Quintal terem ouvido o alarme era que nenhum havia treinado para lidar com a perda dos dois motores. Presumia-se que a probabilidade de que ambos os motores parassem ao mesmo tempo era tão pequena que podia ser ignorada.

A interrupção no funcionamento dos dois motores não era sequer o primeiro problema que a aeronave experimentara naquele dia. Quando Pearson assumira o avião mais cedo, fora informado de que o marcador de combustível não estava funcionando direito. Em vez de aterrissar o avião e aguardar 24 horas pela peça de substituição, Pearson decidiu que a quantidade de combustível necessária para a viagem deveria ser calculada à mão. Como um piloto veterano com quinze anos de experiência, isso não era novidade para ele. Tomando como base as eficiências médias do combustível e deixando uma margem para erros, a tripulação de solo calculou que, para fazer a viagem a Edmonton.

o avião precisaria de 22.300 quilogramas de combustível. Ao pousar em Montreal, uma vareta foi usada para confirmar que o avião ainda continha 7.682 litros. Esse volume foi multiplicado pela densidade do combustível, 1,77 quilograma por litro, para dar o resultado de que o avião ainda tinha 13.597 quilos de combustível a bordo. Isso significava que a tripulação de solo precisava adicionar mais 8.703 quilogramas, ou 4.917 litros. Talvez, Pearson devesse ter identificado o problema nesse ponto, e não mais tarde durante o voo. Ao checar os cálculos da tripulação de solo, ele poderia ter se lembrado de que a densidade do combustível de jato é inferior à densidade da água de um quilograma por litro. Mas o Canadá acabara de adotar o sistema métrico. Infelizmente, durante a adoção adiada da Air Canada do sistema métrico, o número 1,77, apresentado pela documentação para a densidade do combustível, estava errado. O número 1,77 converte litros de combustível de jato para libras, e não para quilogramas. O número correto para a conversão de litros para quilogramas deveria ser menos da metade disso, ou 0,803. Por causa desse erro, Pearson na verdade só tinha 6.169 quilogramas de combustível já a bordo. Ou seja, a tripulação de solo deveria ter adicionado 20.088 litros, ou quatro vezes mais do que os 4.917 que havia calculado. Em vez dos 22.300 quilos necessários de combustível, o Voo 143 decolou com menos da metade disso. Os motores não haviam falhado por causa de um defeito mecânico. O 767 simplesmente ficou sem combustível.

O avião em apuros continuou planando em direção a Winnipeg, com a única esperança de conseguir fazer um pouso forçado sem combustível, o que dependeria de fazer o tempo certo. Por sorte, Pearson também era um piloto experiente de planadores, então calculou a velocidade ideal de taxa de descida para maximizar suas chances de chegar a Winnipeg. Entretanto, quando o Voo 143 surgiu por entre as nuvens, os instrumentos limitados disponíveis, alimentados por baterias reserva, informaram a Pearson que eles não conseguiriam. Pearson informou a situação por mensagem de rádio a Winnipeg. Ele foi informado de que a única pista que poderia estar ao alcance ficava em Gimli, a aproximadamente 20 km de distância da sua posição atual.

LUGAR ERRADO, HORA ERRADA

No que pareceu mais um golpe de sorte, Quintal servira em Gimli quando era piloto da Força Aérea Real Canadense, então conhecia bem o aeródromo. O que nem ele nem ninguém na torre de controle de Winnipeg sabia era que Gimli havia se tornado um aeroporto público, e que parte dele fora convertida em uma arena de esportes motorizados. Naquele exato momento, a pista estava sendo usada para uma corrida automobilística, com milhares de pessoas em carros e trailers de camping nos arredores.

Quando o avião se aproximou, Quintal tentou baixar o trem de pouso, mas os sistemas hidráulicos haviam parado com os motores. A gravidade bastou para colocar o trem de pouso traseiro em posição. Embora o trem de pouso dianteiro também tenha descido, ele não travou na posição: um acaso feliz que logo seria crucial para salvar muitas vidas. Com os motores em silêncio, os espectadores da corrida no chão não faziam ideia de que aquela lata de 100 toneladas planando no ar estava se aproximando até ela chegar bem perto. Quando o avião atingiu o asfalto, Pearson freou o mais forte que conseguiu, estourando dois dos pneus dianteiros. Ao mesmo tempo, o trem de pouso dianteiro destravado cedeu ao peso do avião. O nariz chocou-se contra o chão, produzindo centelhas na parte inferior da fuselagem. O aumento da fricção fez o avião parar rapidamente, a poucas centenas de metros dos observadores chocados. Pensando rápido, organizadores da corrida não perderam tempo e correram para a pista, apagando pequenos focos de incêndio que haviam surgido no nariz, provocados pela fricção, e todos os 69 passageiros, junto à tripulação, desceram em segurança pelos escorregadores de emergência.

Uma picada do bug do milênio

O fato de Pearson ter conseguido pousar o avião praticamente sem nenhum instrumento ou computadores a bordo é um feito muito impressionante. Avançando mais no século XXI, muitas tecnologias modernas continuam experimentando a aceleração exponencial do seu

198 AS MATEMÁTICAS DA VIDA E DA MORTE

desenvolvimento e a propagação que encontramos no capítulo 1. Os computadores, particularmente, fazem cada vez mais parte das nossas vidas contemporâneas, e o resultado é que estamos nos tornando mais e mais vulneráveis às falhas deles. Nos anos que antecederam o novo milênio, o bug do milênio ameaçou companhias que dependiam de softwares de computador para sua operação. A falha do software era o legado de um descuido ridiculamente simples dos programadores dos anos 1970 e 1980.

Se alguém pergunta a você qual é a sua data de nascimento, é comum, por uma questão de concisão, dar uma resposta com seis dígitos. Pode haver certa ambiguidade quando pedem a uma criança de 10 anos e a um idoso de 110 que escrevam suas datas de nascimento, mas o ano correto pode ser inferido nos dois casos a partir do contexto. Os computadores, por outro lado, costumam operar sem esse tipo de contexto. Na tentativa de economizar o máximo possível a memória (que era cara nos primórdios da computação), a maioria dos computadores adotou o formato de data de seis dígitos. Em geral, os programas eram projetados para presumir que a data pertença ao século XX. Isso deixou espaço para erro nos casos em que a data pertença ao século seguinte. Com a aproximação do novo milênio, especialistas em computação começaram a alertar para o fato de que muitos programas de computador poderiam não conseguir diferenciar entre 2000 e 1900 — ou, aliás, entre quaisquer anos dos respectivos períodos.

Quando o relógio chegou à meia-noite do dia 1º de janeiro de 2000, pouco pareceu mudar. Nenhum avião caiu, nenhuma conta bancária foi zerada, e nenhum míssil nuclear foi lançado. A ausência de consequências dramáticas e imediatas levou à crença geral de que os temores em relação aos efeitos do bug do milênio haviam sido exagerados. Alguns cínicos chegam a sugerir que a indústria computacional teria deliberadamente exagerado a escala do problema para lucrar. Já o ponto de vista oposto defende que preparativos rigorosos antecedendo o evento ajudaram a evitar muitos desastres em potencial. Há vários relatos triviais sobre sistemas que não passaram pelas mesmas providências. Para a nossa diversão, o website do Observatório Naval dos

Estados Unidos, a organização responsável por manter a hora oficial da nação, exibiu a data de "1º de janeiro de 19100". Entretanto, alguns sintomas do bug do milênio não tiveram tanta graça.

Em 1999, o laboratório de patologia do Northern General Hospital de Sheffield era referência regional para testes de detecção da síndrome de Down. Os resultados de mulheres grávidas de todo o leste do Reino Unido eram mandados para Sheffield a fim de serem analisados por seu sofisticado modelo computacional, executado no sistema do NHS, o PathLAN. O modelo analisava uma variedade de dados sobre as mulheres, inclusive a data de nascimento, o peso e os resultados de um hemograma, para calcular o risco de seu filho ter síndrome de Down. A análise do risco ajudava as mulheres a decidirem como proceder em relação à gravidez, oferecendo-se às mães em categorias de alto risco testes mais definitivos.

Ao longo de janeiro de 2000, a equipe de Sheffield identificou uma série de pequenos erros isolados (relacionados a datas) no sistema PathLAN, mas eles foram corrigidos com rapidez e facilidade, não provocando maiores preocupações. Mais tarde naquele mês, uma parteira trabalhando em um dos hospitais atendidos pelo Northern General informou ter observado menos casos de alto risco para síndrome de Down do que esperara. Ela registrou a mesma constatação três meses depois, mas nas duas ocasiões a equipe do laboratório garantiu que não havia nada errado. Em maio, uma parteira de um hospital diferente também informou resultados incomuns. No final das contas, o gerente do laboratório de patologia convenceu-se e decidiu analisar os resultados. Ele não tardou a se dar conta de que havia sim algo errado. O bug do milênio atingira-os com força total.

No modelo computacional do laboratório de patologia, a data de nascimento da mãe era usada em referência à data atual para calcular sua idade. A idade da mãe é um importante fator de risco, pois mulheres mais velhas têm uma chance bem maior de conceber um filho com síndrome de Down. Depois do dia 1º de janeiro de 2000, em vez de um ano de nascimento como 1965 ser subtraído de 2000 para fornecer a idade de 35 anos da mãe, 65 passou a ser subtraído de 0, resultando numa idade negativa que o computador não entendia. Em vez de gerar um alerta, as idades sem sentido produziram um desvio dramático no cálculo do risco, colocando muitas mães mais velhas numa categoria de risco mais baixo do que o daquela em que de fato se encontravam. Como consequência (num infortúnio semelhante ao que se abateu sobre Flora Watson, mãe do bebê Christopher, cuja história triste de "falso negativo" acompanhamos no capítulo 2), mais de 150 mulheres receberam cartas que categorizavam incorretamente os bebês que esperavam em um risco baixo de terem síndrome de Down: falsos negativos. Entre elas, quatro mulheres que, de outra forma, teriam recebido a oferta de testes mais definitivos, deram à luz crianças com síndrome de Down, enquanto outras duas tiveram abortos tardios traumáticos.

O pensamento binário

Os computadores, dos quais dependemos cada vez mais, trabalham com a base mais primitiva de todas — a base dois ou binária. Com a base dez, precisamos de nove dígitos e um zero para representar qualquer número. No sistema binário, precisamos de apenas um dígito além do zero. Todos os números binários são sequências de apenas uns e zeros. Aliás, a palavra "binário" vem do latim *binaries*, que significa "composto por duas partes". No sistema binário de notação posicional, o mesmo dígito à esquerda do seu vizinho representa um número maior por um fator de dois, enquanto no sistema decimal esse fator é de dez. A primeira coluna à direita representa as unidades, a segunda da direita para a esquerda representa múltiplos de dois, a terceira, múltiplos de quatro, a quarta, de oito, e assim por diante. Para escrever um número como 11, precisamos de um, um dois e um oito, mas nenhum quatro. Portanto, 11 é representado em binário como 1011. Há uma velha piada matemática que diz: "Só existem 10 tipos de pessoas no mundo, aquelas que entendem binário e as que não entendem." É claro que 10 representa o número dois em binário.

Binária é a base escolhida para os computadores, não porque seja implicitamente agradável fazer cálculos em binário, mas por causa de como os computadores são construídos. Todo computador moderno possui bilhões de componentes eletrônicos minúsculos chamados de transistores que se comunicam entre si, transferindo e armazenando dados. O fluxo de voltagem através de um transistor é uma boa forma de representar um valor numérico. Em vez de ter dez opções de voltagem confiavelmente distinguíveis para cada transístor e operar em decimal, faz mais sentido ter apenas duas opções: ligado e desligado. Esse sistema de "verdadeiro ou falso" significa que uma pequena voltagem pode ser usada para transmitir um sinal confiável, que não será confundido se sofrer uma pequena variação. Ao combinarem as saídas "verdadeiro" ou "falso" desses transistores com operações matemáticas como "conjunção", "disjunção" e "negação", os matemáticos mostraram ser possível, em tese, processar a resposta para qualquer cálculo matemático que tenha uma resposta, não importa o quão complexa. Os computadores da atualidade fizeram um grande avanço em direção à prova dessa teoria na prática. Eles são capazes de executar tarefas extremamente complicadas convertendo nossas solicitações em uma série de uns e zeros, e aplicando a lógica fria e dura para movimentar esses bits de um lado para outro até fornecerem uma resposta lúcida. Apesar dos milagres diários que podemos alcançar dominando o sistema binário de notação posicional nas máquinas que ocupam nossas mesas e bolsos, algumas vezes essa base primitiva nos decepciona.

•

Christine Lynn Mayes tinha apenas 17 anos quando se alistou no exército americano em 1986. Ela passou três anos servindo na Alemanha como cozinheira antes de deixar a ativa, e então voltou para casa a fim de estudar Administração na Indiana University of Pennsylvania, onde conheceu o namorado David Fairbanks. Em outubro de 1990, precisando de dinheiro para pagar os estudos, Mayes voltou a alistar-se como reservista do exército. Ela entrou na unidade 14º Quartermaster Deta-

202 AS MATEMÁTICAS DA VIDA E DA MORTE

chment, encarregada da purificação da água. No Dia dos Namorados de 1991, a unidade foi convocada ao combate como parte da operação Tempestade no Deserto. Três dias depois, Mayes partiu para o Oriente Médio. No dia em que ela deixou os Estados Unidos, Fairbanks a pediu em casamento de joelhos. Mayes aceitou o pedido de bom grado, mas, com medo de perdê-lo, recusou-se a levar o anel. "Sem problemas, ele vai estar aqui quando você voltar", foram as últimas palavras de Fairbanks para a noiva antes de ela partir para a Arábia Saudita. Fairbanks levou o anel para casa e o colocou sobre uma foto de Christine que ficava em cima do seu aparelho de som. Ele nunca teria a chance de colocar o anel no dedo dela.

Quando o 14º Quartermaster Detachment desembarcou da base aérea na cidade rica em petróleo de Dhahran, na Arábia Saudita, eles foram transportados por uma curta distância até o acampamento temporário na cidade de Al Khobar, na costa do Golfo. A construção temporária que abrigou a unidade de Mayes, bem como outras unidades americanas e britânicas, não diferia muito de um galpão de ferro batido, recentemente convertido em habitação humana. Seis dias depois da chegada, num domingo, 24 de fevereiro, Mayes telefonou para casa e disse à mãe que chegara em segurança e que logo seria transferida para 64 km ao norte, em direção à fronteira do Kuwait. No dia seguinte, ao final do turno, enquanto outros integrantes da unidade descansavam ou se exercitavam, Mayes aproveitou a oportunidade para dormir, sem saber que os eventos que determinariam seu destino já haviam começado a se desenrolar.

Apesar de eles terem lançado mais de quarenta mísseis Scud na Arábia Saudita durante a Guerra do Golfo, menos de dez dos ataques dos iraquianos causaram danos significativos. A maioria dos mísseis que alcançaram a Arábia Saudita não atingiram seus alvos militares, mas desviaram da rota e caíram em áreas civis. Em parte, o insucesso dos iraquianos deveu-se ao sistema de mísseis Patriot dos americanos. O sistema foi projetado para detectar mísseis se aproximando e lançar uma "interceptação" para destruir o projétil ofensivo no ar. Esse sistema contava com uma detecção inicial por radar, seguida por uma detecção confirmatória mais detalhada, cujo objetivo era garantir que o alvo era um míssil genuíno, e não um ruído falso detectado por um primeiro radar hiperativo. A fim de fazer uma detecção mais detalhada, o segundo radar recebia o horário e a localização da primeira identificação, bem como uma estimativa da velocidade do projétil. Esses dados eram, então, usados na produção de uma janela estreita para possíveis posições do míssil, permitindo uma verificação mais detalhada.

Visando uma maior exatidão, o sistema Patriot contava o tempo em décimos de segundo. Infelizmente, contudo, se 0,1 tem uma elegante e curta representação no sistema decimal, no binário o número é representado pela série infinita de repetições 0,00011001100110011001100... Os quatro dígitos 0011 repetem-se indefinidamente. Nenhum computador pode armazenar uma sequência infinita de números, então o Patriot aproximou um décimo usando 24 dígitos binários. Como esse número é uma representação truncada, é diferente do verdadeiro valor de um décimo em cerca de um décimo de milionésimo de segundo. Os programadores que escreveram o código pelo qual o sistema Patriot era controlado presumiram que uma discrepância tão pequena não faria diferença prática. Todavia, quando o sistema passava muito tempo rodando, o erro no relógio interno do Patriot era acumulado, gerando um resultado mais grave. Depois de cerca de doze dias, o erro total no tempo registrado pelo Patriot chegava a quase um segundo.

Às 20h35 do dia 25 de fevereiro, fazia quatro dias seguidos que o sistema Patriot rodava. Enquanto Mayes dormia, o exército iraquiano lançou uma ogiva sobre um míssil Scud com destino à costa leste da Arábia Saudita. Minutos depois, quando o míssil cruzou o espaço aéreo saudita, o primeiro radar do Patriot detectou o míssil e enviou os dados para verificação pelo segundo radar. Quando os dados foram transmitidos de um radar para outro, o horário da detecção sofreu um erro de quase um terço de segundo. Com o Scud que se aproximava viajando a mais de 1.600 metros por segundo, o cálculo da sua posição sofreu um erro de mais de 500 metros. Quando o segundo radar buscou a região onde esperava encontrar o míssil, não encontrou resultado. Assim, o alerta de míssil foi interpretado como um falso alarme e removido do sistema.[4]

Às 20h40, o míssil atingiu o alojamento onde Mayes dormia, matando, além dela, 27 colegas e deixando quase 100 outros feridos. Esse único ataque, ocorrido três dias antes do fim das hostilidades, foi responsável pelas mortes de um terço de todos os soldados americanos mortos durante a primeira Guerra do Golfo, e talvez pudesse ter sido evitado se os computadores falassem uma língua diferente — com outra base.

Nenhuma base, contudo, é capaz de representar todos os números com exatidão com um conjunto finito de dígitos. Com uma base diferente, o erro do Patriot na detecção do míssil poderia ter sido evitado, mas outros erros sem dúvida teriam ocorrido. Portanto, apesar dos erros pouco frequentes produzidos por ela, as vantagens em termos de energia e confiabilidade do sistema binário o tornam a escolha mais sensata para os computadores atuais. Todavia, essas vantagens evaporam rapidamente quando tentamos empregar o sistema binário no contexto social.

•

Imagine-se conversando com um(a) estranho(a) atraente enquanto seu corpo está comprimido contra o dessa pessoa em um ônibus lotado. Quando o ônibus se aproxima da parada, você lhe pede o número do celular, e a pessoa é obrigada a declamar uma combinação de onze dígitos, algo como 07XXX-XXX-XXX, o formato comum de todos os telefones móveis no Reino Unido. Para alcançar a mesma variedade de números no sistema binário, cada número de aparelho celular precisaria ter mais de 30 dígitos. Imagine-se tentando anotar 111011 10011010110010011111111111 antes de o ônibus parar e você precisar descer. "O que você falou antes do 7º zero foi um ou zero?"

Encontramos uma relevância mais imediata no pensamento com potencial danoso de que a nossa sociedade está impregnada. Desde tempos imemoriais, decisões rápidas do tipo "sim ou não" têm significado a diferença entre a vida e a morte. Nosso cérebro primitivo não tinha tempo para calcular a probabilidade de uma pedra em queda livre atingir nossa cabeça. Ficar frente a frente com um animal perigoso requeria uma decisão relâmpago: lutar ou fugir. Na maioria das vezes, uma decisão binária rápida e influenciada pelo pânico era melhor do que uma decisão lenta e ponderada que levasse em conta todas as opções. Nós evoluímos para sociedades mais complexas, mas mantivemos esses julgamentos binários. Nós nos acomodamos com estereótipos dos outros seres humanos de bons ou maus, santos ou pecadores, amigos ou inimigos. Essas classificações são simplistas, mas nos deram um atalho rápido que passou a ditar como reagir diante de cada indivíduo. Com o tempo, esses estereótipos foram sendo cada vez mais consolidados por caricaturas binárias, pré-requisitos de muitas religiões dualistas populares. Não há espaço para os seguidores dessas religiões questionarem as características do bem e do mal.

Atualmente, contudo, para a maioria de nós essas decisões rápidas e caricaturas absolutas têm pouca relevância. Temos tempo para meditar mais profundamente sobre escolhas determinantes em nossas vidas. As pessoas são complexas, ambíguas e sutis demais para serem classificadas por um único descritor binário. O pensamento binário não permitiria a existência de alguns dos nossos personagens favoritos: os Snapes, os Gatsbys ou os Hamlets do mundo literário. A razão para gostarmos dessas personas mistas, cheias de ambiguidades morais, é, precisamente, porque refletem nossas próprias personalidades complexas e cheias de falhas. Ainda assim, estamos sempre buscando o conforto dos rótulos binários para mostrar ao mundo lá fora que tipo de pessoas somos: vermelhos ou azuis, de esquerda ou de direita, crentes ou ateus. Nós nos enganamos, definindo-nos como uma de duas opções, quando na realidade somos uma mistura de muito mais cores do espectro.

Na minha matéria de estudo, a matemática, nossa maior dificuldade está nessas dicotomias falsas autoimpostas: aqueles que acreditam que são bons nos cálculos, e os que acreditam que não o são. Os últimos são muitos. Mas não existe praticamente ninguém que entenda zero de matemática, ninguém que não saiba contar. No outro extremo, por centenas de anos, nunca houve nenhum matemático que entendesse toda a matemática conhecida. Todos nós nos encontramos em algum ponto do espectro: o quanto nos deslocamos para a esquerda ou para a direita dependerá do quanto acreditarmos que esse conhecimento pode ser útil para nós.

Entender os sistemas numéricos ao redor, por exemplo, serve para compreendermos melhor a história e a cultura da nossa espécie. Esses sistemas aparentemente estranhos e desconhecidos não devem ser temidos, mas celebrados. Eles nos contam como nossos ancestrais pensavam, refletindo aspectos de suas tradições. Também produzem um espelho mais tangível, refletindo a nossa biologia mais básica, demonstrando que a matemática nos é tão intrínseca quanto os dedos são para as mãos e para os pés. Ensinam-nos a linguagem da tecnologia moderna, e nos ajudam a evitar erros matemáticos simples. Aliás, como veremos no próximo capítulo, ao dissecar os erros que cometemos no passado, a tecnologia moderna baseada na matemática está (às vezes com um sucesso questionável) oferecendo meios de evitarmos os mesmos cálculos equivocados no futuro.

6

OTIMIZAÇÃO INCANSÁVEL:

O potencial ilimitado dos algoritmos, da evolução ao comércio eletrônico

"Em 100 metros, vire à direita... Vire à direita", instruiu a voz do sistema de navegação por satélite. Com a esposa e dois dos filhos no carro, Roberto Farhat, que estava aprendendo a dirigir, fez exatamente isso. Ele assumira o volante da esposa — uma motorista confiante com quinze anos de experiência — minutos antes. Quando ele pegou a saída da A6, um Audi de duas toneladas, dirigindo na pista oposta, bateu no lado do passageiro a 72 km/h. Concentrado no sistema de navegação por satélite, Farhat não prestara atenção nas placas de trânsito avisando para *não* virar à direita. De forma inacreditável, ele não sofreu nenhum arranhão. Já sua filha de 4 anos, Amelia, não teve a mesma sorte. Ela morreu no hospital três horas depois.

Todos nós hoje adotamos dispositivos como sistemas de navegação por satélite, que passaram a facilitar as nossas vidas cada vez mais agitadas. Para indicar a rota mais rápida de A a B, sistemas de navegação por satélite executam uma atividade complexa. O cálculo sob demanda na forma de um algoritmo é a única opção viável para o trabalho. Seria difícil para um dispositivo apresentar todas as possíveis rotas entre um ponto de partida e um ponto de chegada distantes. O grande número de possibilidades de inícios e fins que podem ser solicitadas torna o grau de dificuldade da tarefa astronômico. Dada a dificuldade do problema, a raridade com que erram os algoritmos dos sistemas de navegação por satélite impressiona. Mas, quando esses erros ocorrem, podem ser desastrosos.

Um algoritmo é uma sequência de instruções que especificam uma tarefa com exatidão. A tarefa pode ser qualquer coisa, de organizar sua coleção de discos a cozinhar uma refeição. Os primeiros algoritmos registrados, porém, eram de natureza estritamente matemática. Os egípcios antigos tinham um algoritmo simples para multiplicar dois números, enquanto os babilônicos dispunham de regras para encontrar raízes quadradas. No século III a.C., o matemático da Grécia Antiga Eratóstenes inventou seu "crivo" — um algoritmo simples para identificar os primos entre uma série de números — enquanto Arquimedes tinha o "método da exaustão" para encontrar os dígitos do número pi.

Na Europa pré-iluminista, o desenvolvimento das habilidades com a manipulação matemática permitiu a manifestação física de algoritmos em ferramentas como relógios e, mais tarde, calculadoras mecânicas. Na metade do século XIX, essa habilidade evoluíra o suficiente para permitir que o polímata Charles Babbage construísse o primeiro computador mecânico — para o qual a matemática pioneira Ada Lovelace escreveu os primeiros programas de computador. Aliás, foi Lovelace que reconheceu que a invenção de Babbage tinha implicações para muito além dos cálculos matemáticos que objetivava: que coisas como partituras musicais ou talvez, o mais importante, cartas poderiam ser codificadas e manipuladas com a máquina. Os primeiros computadores eletromecânicos, e depois apenas elétricos, foram empregados exatamente com esse propósito pelos Aliados durante a Segunda Guerra Mundial para executar algoritmos que quebraram códigos alemães. Embora, em tese, os algoritmos pudessem ser implementados à mão, os protótipos de computadores executavam seus comandos com uma velocidade e exatidão que um exército humano jamais alcançaria.

Os algoritmos cada vez mais complexos que os computadores hoje executam tornaram-se uma parte vital da administração eficiente das nossas rotinas diárias, da digitação de uma pesquisa em um mecanismo de busca a tirar uma foto com o seu aparelho celular, de jogar um jogo eletrônico a perguntar ao seu assistente pessoal digital quais serão as condições climáticas à tarde. Tampouco aceitamos qualquer solução: queremos que o mecanismo de busca forneça a resposta mais relevante para as nossas perguntas, não simplesmente a primeira que encontrar; queremos saber com exatidão a probabilidade de chuva às 17 horas para podermos decidir se precisaremos levar o casaco para o trabalho; queremos que o nosso sistema de navegação por satélite nos guie pela rota mais rápida de A a B, e não pela primeira rota identificada.

Salta aos olhos a ausência na maioria das definições de um algoritmo — uma lista de instruções para a execução de uma tarefa — das entradas e saídas, ou os dados que emprestam relevância aos algoritmos. Por exemplo, em uma receita, as entradas são os ingredientes, enquanto a refeição servida à mesa é a saída. Para um sistema de navegação por satélite, as entradas são os pontos de partida e chegada especificados, além do mapa armazenado na memória. A saída é a rota em que a máquina decide guiá-lo. Sem conexões com o mundo real, os algoritmos não passam de conjuntos abstratos de regras. Geralmente, quando o erro de um algoritmo aparece nos noticiários, as culpadas são entradas incorretas ou saídas inesperadas, e não as instruções.

Neste capítulo, descobriremos a matemática por trás da incansável otimização algorítmica presente nas nossas rotinas, da ordem em que os resultados das nossas pesquisas são apresentados no Google às histórias que tentam nos fazer engolir no Facebook. Exploremos a simplicidade decepcionante dos algoritmos que resolvem problemas difíceis, dos quais dependem as gigantes da tecnologia moderna: do sistema de navegação do Google Maps às rotas de entrega da Amazon.

Também deixaremos um pouco o mundo computadorizado da tecnologia moderna para colocar alguns algoritmos simples diretamente sob o *seu* controle: os algoritmos simples de otimização que você pode usar para pegar o melhor banco do trem ou escolher a fila mais curta do supermercado.

Embora alguns algoritmos possam executar tarefas de uma complexidade inimaginável, em alguns casos há aspectos do seu desempenho que, para sermos gentis, não são os mais eficientes. Tragicamente para a família Farhat, um mapa desatualizado fez seu sistema de navegação por satélite fornecer a direção errada. A culpa não foi das regras de identificação de rotas; se o mapa estivesse atualizado, é provável que o acidente não tivesse acontecido. A história deles ilustra o poder fantástico dos algoritmos modernos. Essas ferramentas incríveis, que impregnaram e simplificaram muitos aspectos das nossas vidas diárias, não devem ser temidas. Ao mesmo tempo, devem ser tratadas com o devido respeito, e suas entradas e saídas devem ser sempre monitoradas. Com a supervisão humana, porém, vem o potencial de censura e tendenciosidade. Ao considerarmos o que pode acontecer quando, em nome da imparcialidade, o controle manual é restringido, descobrimos que o preconceito pode estar oculto e programado no próprio algoritmo: uma marca das inclinações do seu criador. Não importa o quão úteis possam ser os algoritmos, substituir a fé cega em sua operação irrepreensível por um entendimento sequer básico do seu funcionamento pode economizar tempo, dinheiro, e até salvar vidas.

Perguntas milionárias

Em 2000, o Clay Mathematics Institute anunciou uma lista de sete "Problemas do Milênio", considerados os problemas sem solução mais importantes da matemática.[1] A lista inclui: a conjectura de Hodge; a conjectura de Poincaré; a hipótese de Riemann; o problema da Existência de Yang-Mills e intervalo de massa; o problema da Existência e suavidade de Navier-Stokes; a conjectura de Birch e Swinnerton-Dyer;

OTIMIZAÇÃO INCANSÁVEL 211

e o problema P versus NP. Embora esses nomes não signifiquem muita coisa para pessoas fora de algumas áreas relativamente pequenas da matemática, Landon Clay, o principal benemérito do instituto, que leva seu nome, deixou clara a importância que atribuía a esses problemas ao oferecer 1 milhão de dólares a quem provasse ou derrubasse cada um.

No momento em que este livro está sendo escrito, a conjectura de Poincaré foi resolvida. A conjectura de Poincaré é um problema no campo matemático da topologia. Podemos pensar na topologia como geometria (a matemática das formas), mas das massas. Na topologia, as formas dos objetos em si não são importantes, mas eles são agrupados pelo número de buracos que possuem. Por exemplo, um topólogo não vê diferença entre uma bola de tênis, uma bola de rúgbi ou um Frisbee. Se todos fossem feitos de massa, em tese poderiam ser amassados, esticados ou manipulados de outras formas para parecerem um com o outro, sem que fosse necessário abrir ou fechar buracos na massa. Entretanto, para um topólogo, esses objetos são fundamentalmente diferentes de uma bola de borracha, da câmara de ar do pneu de uma bicicleta e de uma cesta de basquete — pois, como um bagel, todos têm um buraco no meio. Mais uma vez, um 8 com dois buracos e um pretzel com três são objetos topológicos diferentes.

Em 1904, o matemático francês Henri Poincaré (o mesmo Poincaré que interveio para corrigir um erro matemático e inocentar o Capitão Alfred Dreyfus no capítulo 3) sugeriu que a forma mais simples em quatro dimensões era a versão tetradimensional de uma esfera.

Para explicar o que Poincaré quis dizer com "simples", imagine fazer um laço com um fio em torno de um objeto. Se você conseguir manter o fio na superfície e apertar com força de modo a fazer o laço desaparecer, o objeto, topologicamente, passa a ser o mesmo que uma esfera. Essa ideia é conhecida como "conectividade simples". Se você nem sempre conseguir fazer esse truque com o fio, tem um objeto topológico mais complexo. Imagine puxar o fio de baixo pelo centro de um bagel e sobre o topo. Puxando o fio, o bagel fica no caminho, então o laço nunca desaparece. Com um buraco, o bagel é fundamentalmente mais complexo do que uma bola de futebol, que não tem nenhum.

212 AS MATEMÁTICAS DA VIDA E DA MORTE

O resultado em três dimensões já é bem conhecido, mas Poincaré sugeriu que a mesma ideia seria aplicável em quatro dimensões espaciais. A conjectura dele mais tarde foi generalizada para afirmar que a mesma ideia seria verdadeira para qualquer dimensão. Entretanto, quando os prêmios do milênio foram anunciados, provara-se que a conjectura se aplicava em qualquer outra dimensão, deixando apenas a conjectura original polidimensional sem prova.

Em 2002 e 2003, o recluso matemático russo Grigori Perelman compartilhou densos artigos matemáticos com a comunidade da topologia.[2] Esses artigos propunham resolver o problema em quatro dimensões. Foram necessários três anos para vários grupos de matemáticos para comprovar a veracidade da prova. Em 2006, o ano em que Perelman fez 40 anos — a idade de corte para o prêmio —, ele recebeu a Medalha Fields, o equivalente ao Prêmio Nobel na matemática. Embora a premiação tenha tido uma pequena repercussão fora do campo, não foi nada em comparação às histórias que começaram a circular quando Perelman se tornou a primeira pessoa a recusar a Medalha Fields.

Em sua declaração de rejeição, Perelman disse: "Não estou interessado em dinheiro nem fama. Não quero ficar em exibição como um animal num zoológico." Quando o Clay Mathematics Institute finalmente se convenceu, em 2010, de que ele fizera o bastante para merecer o valor de 1 milhão por resolver um de seus Problemas do Milênio, Perelman também rejeitou o dinheiro deles.

P versus NP

Embora, sem dúvidas, tenha sido um trabalho muito importante para a área da matemática pura, a prova de Perelman da conjectura de Poincaré tem poucas implicações práticas. O mesmo se aplica aos outros seis Problemas do Milênio, que, no momento em que este livro está sendo escrito, continuam sem solução. Já a prova ou refutação do problema número sete — conhecido sucinta e um tanto misterio-

OTIMIZAÇÃO INCANSÁVEL

samente na comunidade matemática como "P versus NP" — tem o potencial para implicações de grande alcance, em áreas tão variadas quanto segurança na internet e biotecnologia.

No coração do desafio P versus NP, está a ideia de que frequentemente é mais fácil verificar uma solução correta para um problema do que produzir essa solução. Essa importantíssima questão matemática pergunta se todo problema que pode ser verificado com eficiência por um computador também pode ser solucionado com eficiência.

Para fazer uma analogia, imagine-se montando um quebra-cabeça de uma imagem sem variações, como a foto de um céu azul sem nuvens. É uma tarefa difícil experimentar todas as possíveis combinações de peças para ver se o encaixe é viável, e dizer que levaria um bom tempo é um eufemismo. Entretanto, quando o quebra-cabeça é concluído, fica fácil checar se foi montado corretamente. Definições mais rigorosas do significado da eficiência são expressas matematicamente em termos da rapidez com que o algoritmo é executado à medida que o problema se torna mais complicado — ou que mais peças são acrescentadas ao quebra-cabeça. O conjunto de problemas que podem ser resolvidos rapidamente (no que é conhecido como "Tempo Polinomial") é representado por P. Um conjunto maior de problemas que podem ser verificados com rapidez, mas não necessariamente resolvidos com essa mesma agilidade, é representado por NP, a sigla em inglês para "Tempo Polinomial Não Determinístico". Problemas P são um subconjunto dos problemas NP, já que, ao solucionarmos um problema rapidamente, verificamos automaticamente a solução encontrada.

Agora, imagine-se escrevendo um algoritmo para montar um quebra-cabeça *genérico*. Se o algoritmo está em P, o tempo necessário para solucioná-lo pode depender do número de peças, do quadrado, do cubo ou até de potências elevadas desse número. Por exemplo, se o algoritmo depende do quadrado do número de peças, pode levar quatro (2^2) segundos para concluir um quebra-cabeça de duas peças, 100 (10^2) segundos para um quebra-cabeça de dez peças, e 10 mil (100^2) segundos para um quebra-cabeça de 100 peças. Parece um tempo relativamente longo, mas ainda são apenas algumas horas.

Por outro lado, se um algoritmo estiver em NP, o tempo necessário para resolvê-lo pode aumentar exponencialmente de acordo com o número de peças. Um quebra-cabeça de duas peças pode ainda levar quatro (2^2) segundos para ser resolvido, mas um de dez peças pode levar 1.024 (2^{10}) segundos, e um de 100 peças, 1.267.650.600. 228.229.401.496.703.205.376 (2^{100}) segundos — superando em muito o tempo transcorrido desde o Big Bang. Os dois algoritmos levam mais tempo para concluir com mais peças, mas algoritmos para a solução de problemas NP rapidamente se tornam inviáveis à medida que o tamanho do problema aumenta. Para todos os efeitos, P também pode representar aqueles problemas que podem ser resolvidos de forma prática, e NP, de forma não prática.

O desafio P versus NP pergunta se todos os problemas da classe NP, que podem ser checados rapidamente, mas para os quais não há um algoritmo de solução rápida, são, na verdade, também membros da classe P. É possível que os problemas NP tenham um algoritmo de solução prática, mas que simplesmente ainda não foi encontrado? Em uma abreviação matemática, será que P é igual a NP? Se é, então, como veremos, as possíveis implicações, até para tarefas corriqueiras, são gigantescas.

•

Rob Fleming, o protagonista do romance clássico dos anos 1990 de Nick Hornby, *Alta fidelidade*, é o proprietário obcecado por música de uma loja de discos usados, a Championship Vinyl. Rob reorganiza periodicamente sua imensa coleção de discos de acordo com diferentes classificações: alfabética, cronológica e até autobiográfica (contando sua própria história por meio da ordem que dá aos discos). Além de ser um exercício catártico para amantes da música, a organização permite a identificação rápida de dados e a sua reordenação para exibir detalhes diferentes. Quando você clica num botão que lhe permite ordenar seus e-mails por data, remetente ou assunto, seu serviço de e-mail está usando um eficiente algoritmo de ordenação. O eBay usa um algoritmo de ordenação quando você opta por consultar todos os itens compatíveis

OTIMIZAÇÃO INCANSÁVEL

com o seu termo de busca por "melhor correspondência", "preços mais baixos" ou "terminam primeiro". Quando o Google decide quais são as páginas da web mais compatíveis com os termos de busca que você inseriu, elas precisam ser rapidamente ordenadas e apresentadas na sequência correta. Algoritmos eficientes que alcançam esse objetivo são muito procurados.

Uma forma de organizar um número de itens pode ser fazer listas com os registros em todas as permutações possíveis, em seguida checando cada lista para ver se a ordem está correta. Imagine que temos uma coleção muito pequena de discos, composta por um álbum do Led Zeppelin, um do Queen, um do Coldplay, um do Oasis e um do Abba. Com apenas esses cinco álbuns, já há 120 ordens possíveis. Com seis, o número de ordens possíveis sobe para 720, e com dez são mais de 3 milhões de permutações. O número de ordens diferentes cresce tão rápido em função do número de discos que a coleção de discos de qualquer fã de respeito facilmente o proíbe de considerar todas as possíveis listas: é simplesmente impossível.

Felizmente, como é possível que você saiba por experiência, organizar a sua coleção de discos, livros ou DVDs é um problema P — com uma solução prática. O algoritmo mais simples para isso é conhecido como bubble sort. Vejamos como ele funciona. Abreviamos os artistas da nossa mísera coleção de discos como L, Q, C, O e A, e decidimos organizá-los alfabeticamente. O bubble sort examina a prateleira da esquerda para a direita e inverte a ordem de quaisquer pares de discos que encontra fora de ordem. Ele repete o processo até que não haja mais nenhum par fora de ordem — ou seja, que a lista esteja ordenada. Na primeira passagem, L fica onde está, já que vem antes de Q no alfabeto, mas, quando Q e C são comparados, verifica-se que estão na ordem errada, então eles são trocados. O bubble sort continua trocando Q por O, e depois por A ao concluir sua primeira passagem, deixando a lista como L, C, O, A, Q. Ao final dessa passagem, Q está no lugar certo, ou seja, no final da lista. Na segunda passagem, C é trocado por L, e A é promovido em favor de O, de forma que O agora está na posição correta. C, L, A, O, Q. Precisamos de mais duas passagens antes de A chegar à frente e a lista estar alfabeticamente ordenada.

Com cinco discos para ordenar, precisamos passar pela lista quatro vezes, fazendo quatro comparações a cada vez. Com dez discos, precisaríamos fazer nove passagens, com nove comparações a cada uma. Isso significa que o trabalho necessário na ordenação cresce quase como o quadrado do número de objetos a serem ordenados. Se você tem uma coleção grande, continua sendo muito trabalho, mas, para 30 discos, seriam necessárias centenas de comparações, e não trilhões de trilhões possíveis permutações a serem checadas com um algoritmo de força bruta listando todas as ordens possíveis. Apesar dessa grande melhora, o bubble sort é geralmente considerado ineficiente por cientistas da computação. Em aplicações práticas, como o feed de notícias do Facebook ou o feed de fotos do Instagram, onde bilhões de postagens precisam ser ordenadas e exibidas de acordo com as últimas prioridades das gigantes tecnológicas, algoritmos bubble sort simples são trocados por primos mais recentes e eficientes. Os algoritmos do tipo merge sort, por exemplo, dividem as postagens em pequenos grupos que depois são rapidamente ordenados para serem unidos na ordem certa.

Durante a campanha presidencial americana de 2008, pouco depois de ter declarado sua candidatura, John McCain foi convidado para discutir suas políticas no Google. Eric Schmidt, na época CEO do Google, brincou com McCain, dizendo que concorrer à presidência era muito parecido com uma entrevista no Google. Em seguida, Schmidt fez a McCain uma pergunta no mais genuíno estilo de uma entrevista no Google: "Como você determina boas maneiras de ordenar 1 milhão de inteiros de 32 bits em dois megabytes de RAM?" McCain lhe dirigiu um olhar confuso, e, depois de ter se divertido, Schmidt passou para a pergunta seguinte, agora séria. Seis meses depois, quando foi a vez de Barack Obama passar pela entrevista no Google, Schmidt fez a mesma pergunta. Obama olhou para a plateia, limpou o olho e começou: "Bem, é..." Percebendo o constrangimento de Obama, Schmidt tentou intervir. Mas Obama concluiu a resposta, encarando Schmidt e acrescentando: "Não, não, não, não, acho que não seria o bubble sort." Seguiram-se aplausos ruidosos e gritos dos cientistas da computação reunidos. A resposta inesperadamente erudita de Obama — compartilhando uma piada interna sobre a ineficiência

OTIMIZAÇÃO INCANSÁVEL

de um algoritmo de ordenação — foi típica do carisma aparentemente nato (adquirido por uma preparação meticulosa) que caracterizou toda a sua campanha e acabou por levá-lo à Casa Branca.

•

Com algoritmos de ordenação eficientes à disposição, é muito bom saber que, da próxima vez que você quiser reorganizar seus livros ou sua coleção de DVDs, a tarefa não levará até fim do universo.

Por outro lado, há problemas que são simples de formular, mas podem requerer um tempo astronômico para serem resolvidos. Imagine-se trabalhando para uma grande companhia de entregas, como a DHL ou a UPS, e que tem um número de pacotes para entregar durante o seu turno antes de deixar a van no depósito. Como recebe proporcionalmente ao número de pacotes entregues, e não ao tempo que passa fazendo as entregas, você quer encontrar a rota mais rápida para visitar todos os pontos de entrega. Essa é a essência de um importante enigma matemático conhecido como o "problema do caixeiro viajante". À medida que o número de locais onde você precisa fazer entregas aumenta, o problema rapidamente alcança um grau de dificuldade extrema, em uma "explosão combinatória". A taxa a que as possíveis soluções aumentam com a adição de novos locais cresce mais rápido até do que no crescimento exponencial. Se você começar com 30 locais de entrega, tem 30 opções para a primeira parada, 29 para a segunda, 28 para a terceira, e assim por diante. Isso dá um total de $30 \times 29 \times 28 \times \ldots \times 3 \times 2$ de rotas diferentes para checar. Em termos reais, o número de rotas com apenas 30 destinos é cerca de 265 nonilhões, ou o número 265 seguido de 30 zeros. Desta vez, porém, ao contrário do problema de ordenação, não há atalho — nenhum algoritmo prático que seja executado em tempo polinomial para encontrar a resposta. Verificar uma solução correta é tão difícil quanto encontrá-la, já que todas as outras soluções possíveis também precisam ser verificadas.

No centro de distribuição, também pode haver um gerente de logística tentando alocar entregas por dia a uma série de motoristas

218   AS MATEMÁTICAS DA VIDA E DA MORTE

diferentes, enquanto também planeja as melhores rotas para eles. Essa tarefa é conhecida como problema de roteamento de veículos e é mais difícil ainda do que a do caixeiro viajante. Estamos falando de desafios que aparecem em todos os lugares — do planejamento de rotas de ônibus em uma cidade, passando pela coleta de correspondências em caixas de correio e pela recuperação de itens em prateleiras de galpões, à perfuração de buracos em placas de circuitos, pela produção de microchips e pela conexão dos cabos de computadores.

A única coisa que compensa em todos esses problemas é que, para certas tarefas, conseguimos reconhecer boas soluções quando nos vemos diante delas. Se solicitarmos uma rota de entrega com menos de 1.500 km, podemos, facilmente, checar se uma determinada solução se aplica, mesmo que não seja tão fácil encontrar a rota. Isso é conhecido como a "versão de decisão" do problema do caixeiro viajante, para a qual existe uma resposta do tipo sim ou não. É um dos problemas da classe NP, para os quais é difícil encontrar soluções, mas é fácil checá-las.

Apesar da dificuldade característica desse problema, é possível encontrar soluções exatas para alguns grupos específicos de destinos, ainda que o mesmo não aconteça de forma mais geral. Bill Cook, professor de combinatória e otimização na Universidade de Waterloo, em Ontário, dedicou quase 250 anos de tempo computacional em um supercomputador paralelo calculando a rota mais curta entre todos os pubs do Reino Unido.

A imensa rota por pubs inclui 49.687 estabelecimentos e tem só 64.373,76 km de comprimento — em média, um pub a cada 1,3 km. Muito antes de Cook dar início aos cálculos, Bruce Masters, de Bedfordshire, Inglaterra, traçava sua própria versão prática do problema. Ele detém o título de recordista mundial do Guinness pelo maior número de pubs visitados. Em 2014, aos 69 anos, havia bebido em 46.495 bares. Bruce estima que, desde 1960, percorreu mais de 1.609.344 km [ou 1 milhão de milhas] em sua missão para visitar todos os pubs do Reino Unido — uma distância 25 vezes maior do que a rota mais eficiente encontrada por Bill Cook. Se você estiver planejando também se lançar nessa odisseia, ou apenas fazer uma excursão pelos pubs locais, talvez valha a pena consultar o algoritmo de Cook.[3]

•

A grande maioria dos matemáticos acredita que P e NP são classes de problemas com diferenças fundamentais — que jamais teremos algoritmos rápidos para determinar rotas para vendedores ou veículos. Talvez, isso seja bom. A "versão de decisão" sim-não do problema do caixeiro viajante é o exemplo clássico de um subgrupo de problemas conhecido como NP-completo. Um teorema potente diz que, se conseguíssemos um algoritmo prático que resolvesse um problema NP-completo, poderíamos adaptar esse algoritmo para resolver qualquer outro problema NP, provando que P é igual a NP — que P e NP na verdade são a mesma classe de problemas. Como quase toda a criptografia da internet depende da dificuldade da solução de determinados problemas NP, provar que P é igual a NP poderia ser desastroso para a segurança on-line.

Pelo lado positivo, contudo, podemos conseguir desenvolver algoritmos rápidos para resolver todos os tipos de problemas de logística. Fábricas poderiam agendar tarefas para operar com eficiência máxima, e companhias de entregas poderiam encontrar rotas eficientes para transportar suas encomendas. Com isso, haveria a possibilidade de uma redução nos preços dos produtos — mesmo que não conseguíssemos mais comprá-los on-line com segurança. Na ciência, provar que P é igual a NP pode oferecer métodos eficientes para a visão computacional, o sequenciamento genético e até para a previsão de desastres naturais.

Ironicamente, embora a ciência possa sair ganhando se P for igual a NP, talvez os cientistas sejam os que tenham mais a perder. Algumas das descobertas científicas mais importantes ocorreram graças à criatividade de indivíduos que dedicaram muito tempo ao estudo, profundamente mergulhados em suas áreas: a teoria da evolução por seleção natural de Darwin, a prova do último Teorema de Fermat por Andrew Wiles, a teoria da relatividade geral de Einstein, as equações de movimento de Newton. Sendo P igual a NP, os computadores conseguiriam encontrar as provas formais de qualquer teorema da matemática que pudesse ser provado — muitas das grandes conquistas intelectuais da humanidade poderiam ser reproduzidas e superadas pelo trabalho de um robô. Muitos matemáticos ficariam desempregados. No fundo, parece que o problema P versus NP é uma batalha para descobrir se a criatividade humana pode ser automatizada.

Algoritmos gulosos

A dificuldade característica dos problemas de otimização como o do caixeiro viajante deve-se ao fato de estarmos tentando encontrar a melhor solução de um conjunto muito grande de possibilidades. Às vezes, contudo, podemos estar preparados para aceitar uma solução rápida e boa em vez de uma perfeita e lenta. Talvez, eu não precise encontrar a melhor forma de minimizar o espaço ocupado pelas coisas que coloco na minha mochila antes de sair para o trabalho. Talvez, eu só precise encontrar uma forma de fazer tudo caber. Se esse for o caso, podemos começar a pegar atalhos para resolver problemas. Podemos usar algoritmos heurísticos (aproximações do senso comum ou regras práticas), projetados para chegar mais perto da melhor solução para um grande número de variações de um problema.

Uma dessas famílias de técnicas de solução é conhecida como algoritmos gulosos. Esses procedimentos míopes funcionam fazendo a melhor escolha local na tentativa de encontrar as soluções globais ótimas. Embora sejam rápidos e eficientes, eles não oferecem a garantia de produzir a solução ótima, ou sequer uma solução boa. Imagine que está visitando um lugar pela primeira vez e que quer escalar a montanha mais alta para contemplar a paisagem. Para chegar ao topo, um algoritmo guloso pode, primeiro, encontrar o declive mais íngreme na sua posição atual, e em seguida dar um passo nessa direção. A repetição desse procedimento para cada passo acabará por levá-lo a um ponto onde você verá um declive em todas as direções. Isso significa que você

OTIMIZAÇÃO INCANSÁVEL   221

chegou ao topo da montanha, mas não necessariamente da montanha
mais alta. Se você quiser chegar ao ponto mais alto para ter a melhor
vista, esse algoritmo guloso não oferece a garantia de levá-lo até lá. É
possível que a rota para o topo da pequena elevação que você acabou
de escalar tenha começado com um declive mais íngreme do que a
rota que conduz até a cordilheira local. Assim, você seguiu o caminho
até o topo do montículo equivocadamente, com base na sua miopia
heurística. Algoritmos gulosos podem encontrar soluções, mas nem
sempre chegam às melhores. Existem determinados problemas, no
entanto, para os quais se sabe que os algoritmos gulosos apresentam
a solução ótima.

Um mapa de um sistema de navegação por satélite pode ser enca-
rado como um conjunto de junções conectadas por pequenos trechos
de estrada. O problema que os sistemas de navegação por satélite
encaram para encontrar a menor rota entre dois locais através de um
labirinto de estradas e junções parece tão difícil quanto o problema do
caixeiro viajante. De fato, o número de rotas possíveis cresce de forma
astronômica proporcionalmente ao número de estradas e junções.
Acrescente-se uma pitada de junções a um conhecimento superficial
das estradas e isso basta para levar o número de rotas possíveis à casa
dos trilhões. Se a única maneira de encontrar a solução fosse calcular
todas as possíveis rotas e comparar as distâncias totais percorridas
por todas elas individualmente, teríamos um problema NP. Felizmente
para todos que usam um sistema de navegação por satélite, existe um
método eficiente — o algoritmo de Dijkstra — que encontra a solução
para o 'problema do caminho mais curto' em tempo polinomial.[4]

Por exemplo, quando tentamos encontrar a rota mais curta de casa
até o cinema, o algoritmo de Dijkstra resolve o problema partindo
do cinema. Se a distância mais curta de casa até todas as junções
conectadas ao cinema por um único trecho de estrada é conhecida, o
trabalho se torna simples. Podemos simplesmente calcular a viagem
mais curta ao cinema adicionando os comprimentos dos caminhos
de casa até as junções próximas aos comprimentos das estradas que
conectam essas junções ao cinema. É claro que, no início do processo,

as distâncias de casa até as junções próximas não são conhecidas. Entretanto, aplicando-se a mesma ideia novamente, podemos encontrar os caminhos mais curtos a essas junções usando os caminhos mais curtos de casa até as junções que nos conectam a elas. Aplicando essa lógica recursivamente, junção a junção, retornamos à casa onde a jornada começa. Encontrar a rota mais curta na malha rodoviária só requer que façamos boas escolhas locais repetidamente — um algoritmo guloso. Para reconstruir a rota, é só memorizar as junções pelas quais passamos para alcançar essa distância mais curta. É provável que alguma variação do algoritmo de Dijkstra entre em ação quando você pede ao Google Maps que encontre a melhor rota até o cinema.

Quando você chega ao cinema e vai pagar o estacionamento no parquímetro, é mais do que provável que a máquina não dê troco. Se você tiver moedas suficientes no bolso, provavelmente vai querer tentar dar o preço exato o mais rápido possível. Um algoritmo guloso, que todos nós procuramos intuitivamente, envolve a inserção sequencial de moedas, cada vez acrescentando a moeda de maior valor que seja menor do que o total restante.

A maioria das moedas — inclusive as da Grã-Bretanha, da Austrália, da Nova Zelândia, da África do Sul e da Europa — compartilha a estrutura 1-2-5, com moedas ou notas aumentando repetidamente nesse padrão à medida que seu valor aumenta. O sistema britânico, por exemplo, tem moedas de 1, 2 e 5 pence. Em seguida, vêm as moedas de 10, 20 e 50 pence; depois moedas de 1 e 2 libras, seguidas por uma nota de 5 libras; e, por fim, notas de 10, 20 e 50 libras. Assim, para chegar a 58 pence de troco nesse sistema usando o algoritmo guloso, você selecionaria a moeda de 50 pence, faltando 8; 20 e 10 pence extrapolariam o total, então adicione uma moeda de 5 pence, seguida por uma de 2, e, finalmente, por uma de 1 pence, um penny. Acontece que, para todas as moedas do tipo um-dois-cinco, bem como para o sistema de cunhagem americano, o algoritmo guloso descrito acima de fato chega ao total usando o menor número de moedas.

Não há garantia de que o mesmo algoritmo funcione em todas as moedas. Se também existisse uma moeda de 4 pence, os últimos 8

OTIMIZAÇÃO INCANSÁVEL

pence dos 58 poderiam ter uma composição mais simples, usando duas moedas de 4 pence em vez de uma de 5, uma de 2 e uma de 1. Qualquer sistema monetário em que uma moeda ou nota seja pelo menos duas vezes mais valiosa do que o próximo menor satisfaz a propriedade gulosa. Isso explica a prevalência da estrutura 1-2-5 — as razões de 2 ou 2,5 entre os valores garantem o funcionamento do algoritmo guloso preservando o sistema decimal simples. Como dar troco é um procedimento tão comum, quase todas as moedas do mundo foram convertidas para satisfazer a propriedade gulosa. O Tajiquistão, com as moedas de 5, 10, 20, 25 e 50 dirrãs, é o único país cuja cunhagem não satisfaz a propriedade gulosa. É mais rápido chegar a 40 dirrãs com duas moedas de 20 do que com as moedas de 25, 10 e 5 dirrãs que o algoritmo sugeriria.

Sobre ser guloso, você já experimentou pedir 43 Chicken McNuggets no McDonald's? Pode parecer improvável, mas esses pedaços de frango compactados e fritos originaram cálculos muito interessantes. No Reino Unido, os McNuggets eram originalmente servidos em caixas de seis, nove ou 20 unidades. Durante o almoço no McDonald's, o matemático Henri Picciotto começou a se perguntar exatamente quais números de Chicken McNuggets ele não conseguiria pedir com combinações das três caixas. Sua lista continha 1, 2, 3, 4, 5, 7, 8, 10, 11, 13, 14, 16, 17, 19, 22, 23, 25, 28, 31, 34, 37 e 43. Era possível pedir todos os outros números de McNuggets, que daquele dia em diante passaram a ser conhecidos como números de McNuggets. O maior número que não se pode obter a partir de múltiplos de um determinado conjunto de números é chamado número de Frobenius. Assim, 43 era o número de Frobenius para os Chicken McNuggets. Infelizmente, quando a McDonald's começou a vender caixas com quatro Chicken McNuggets, o número de Frobenius caiu para apenas 11. Por ironia, mesmo com a nova caixa de 4 unidades, o algoritmo guloso falha ao tentar produzir 43 Chicken McNuggets (duas caixas de 20 nos levam diretamente a 40, mas não existe caixa de 3). Assim, embora agora seja possível, pedir 43 Chicken McNuggets no drive-thru pode continuar sendo um problema difícil.

Altamente evoluídos

Quando funcionam, os algoritmos gulosos são métodos muito eficientes para a resolução de problemas. Quando falham, por outro lado, podem se tornar piores do que inúteis. Se você quiser se aventurar ao ar livre e entrar em comunhão com a natureza escalando a montanha local mais alta e acabar num montículo de toupeira do quintal porque seguiu um algoritmo guloso inflexível não será muito gratificante. Por sorte, há uma série de algoritmos inspirados pela própria natureza que nos ajudam a evitar isso.

Um desses procedimentos, conhecido como otimização por colônia de formigas, despacha exércitos de formigas geradas por computador para explorar um ambiente virtual inspirado por um problema do mundo real. Diante do problema do caixeiro viajante, por exemplo, as formigas percorrem destinos próximos, refletindo a capacidade das formigas reais de perceberem apenas o ambiente local. Se as formigas encontrarem uma rota curta em torno de todos os pontos, retornam à colônia deixando um rastro de feromônios na rota para guiar outras formigas. As rotas mais populares, e mais curtas, são reforçadas e atraem mais tráfego de formigas. Como no mundo real, o feromônio depositado evapora, permitindo às formigas flexibilidade para remodelar a rota mais rápida caso os destinos mudem. A otimização por colônia de formigas é usada na busca de soluções eficientes para desafios NP como o problema de roteamento de veículos e para responder a algumas das questões mais difíceis da biologia, inclusive entender como as proteínas se dobram de cadeias unidimensionais simples de aminoácidos em complexas estruturas tridimensionais.

A otimização por colônia de formigas faz parte de uma família de ferramentas inspiradas pela natureza, conhecidas como algoritmos de otimização por enxame. Apesar de se comunicarem localmente apenas com um pequeno número de vizinhos, bandos de estorninhos e cardumes exibem mudanças de direção muito rápidas, mas coerentes. Informações sobre um predador numa extremidade de um cardume, por exemplo, propaga-se rapidamente até o outro lado do grupo.

OTIMIZAÇÃO INCANSÁVEL

Tomando essas regras de interação local emprestadas, programadores podem despachar grandes bandos de agentes artificiais bem conectados para explorar um ambiente. Sua comunicação rápida no modelo enxame permite-lhes tomar conhecimento de descobertas feitas por outros indivíduos em sua busca por adjacências ótimas.

O algoritmo mais famoso da natureza é, de longe, a evolução. Em sua forma mais simples, a evolução opera combinando os traços dos pais para produzir filhos. Os filhos mais bem equipados para sobreviver e reproduzir em seu ambiente transmitem suas características para seus próprios filhos na geração seguinte. Às vezes, há mutações entre gerações, permitindo a introdução de novos traços que podem se sair melhor ou pior do que os já presentes na população. Bastam só três regras simples — seleção, cruzamento e mutação — para gerar a biodiversidade que resolve alguns dos problemas mais difíceis do planeta.

Antes de nos deixarmos levar por esse elogio à panaceia da evolução biológica, é importante reconhecermos que as soluções evolucionárias costumam ser boas, mas raramente, ou nunca, são perfeitas. Em documentários sobre a vida selvagem ou artigos sobre o mundo natural, não é incomum tomarmos conhecimento de animais "perfeitamente" adaptados ao seu ambiente. Do rato-canguru — que evoluiu para passar a vida inteira sem jamais beber água, extraindo toda a umidade de que precisa dos alimentos — ao peixe-gelo — que desenvolveu proteínas "anticongelantes" para sobreviver nas regiões oceânicas onde a temperatura fica abaixo de zero —, a evolução produziu animais brilhantemente adaptados a ambientes hostis.

A busca pela perfeição, no entanto, não deve ser confundida com a exploração cega de possibilidades pela evolução. A evolução costuma encontrar uma solução que funcione melhor do que qualquer anterior para aquele ambiente, mas nem sempre encontra a melhor maneira de resolver um problema.

Encontramos um exemplo clássico disso na população de esquilos-vermelhos do Reino Unido. Com suas garras afiadas, patas traseiras flexíveis e uma cauda comprida, essencial para o equilíbrio, o animal é bem adaptado a escalar árvores à procura de comida. Seus dentes crescem a vida inteira, permitindo-lhes abrir as cascas duras das nozes sem grande esforço e sem danificar a dentição. Ao que parecia, eles eram perfeitamente adaptados ao ambiente, até a chegada de um parente mais bem adaptado. O esquilo-cinzento, bem maior, encontra e consome mais comida, além de digeri-la e armazená-la com mais eficiência. Embora o esquilo-cinzento nunca tenha brigado com o esquilo-vermelho ou matado outros esquilos desse tipo, sua adaptação superior o levou a dominar rapidamente as florestas latifoliadas da Inglaterra e do País de Gales, superando competitivamente o esquilo--vermelho e dominando seu nicho ecológico. A visão da adaptação exemplar de muitas espécies talvez se deva mais à nossa imaginação limitada do que seria uma solução genuinamente "perfeita" do que à evolução ter de fato encontrado uma solução ótima.

Apesar de a evolução não necessariamente encontrar a melhor solução possível, os princípios básicos dela, que é o algoritmo mais conhecido da natureza, para a solução de problemas foram repetida-mente copiados pelos cientistas da computação, principalmente nos chamados algoritmos "genéticos". Essas ferramentas são empregadas para resolver problemas de planejamento (inclusive na definição de listas para importantes ligas esportivas) e para fornecer soluções boas, ainda que não perfeitas, para problemas NP difíceis como o "problema da mochila".

No problema da mochila, uma vendedora precisa levar muitos produtos à feira numa mochila de capacidade limitada. Como ela não pode levar tudo, precisa, então, fazer uma escolha. Cada um dos itens diferentes tem um tamanho e um perfil próprio que lhe são associados. Uma boa solução para o problema da mochila é uma seleção de pro-dutos que caibam na mochila e tenham o potencial de gerar um bom lucro. Variações do problema da mochila surgem quando cortamos massas em diferentes formatos ou tentamos ser econômicos no uso do papel de presente para o Natal. Aparecem quando carregamos navios e caminhões. Quando gerenciadores de downloads determinam quais e em qual ordem baixar blocos de dados para maximizar o uso de uma largura de banda de internet limitada, estão tentando resolver o problema da mochila.

OTIMIZAÇÃO INCANSÁVEL

Um algoritmo genético começa gerando um determinado número de soluções possíveis para um problema. Essas soluções são a geração de "pais". Para o problema da mochila, a geração de pais contém listas de volumes que poderiam caber na mochila. O algoritmo classifica as soluções de acordo com o quão bem resolvem o problema. No caso do problema da mochila, a classificação baseia-se no lucro em potencial gerado pela lista de volumes. Duas das melhores soluções — listas que geram mais lucro — são, então, *selecionadas*. Alguns dos volumes de uma solução para o problema da mochila são descartados, enquanto os restantes são *cruzados* com alguns da outra solução boa. Há também a possibilidade de *mutação* — ou que um volume escolhido ao acaso seja removido da mochila e substituído por outro. Quando a primeira solução "filha" da nova geração é produzida, duas outras soluções "pais" de alto desempenho são escolhidas para reproduzir. Desse modo, as melhores soluções da geração dos pais transmitem suas características para mais soluções filhas na geração seguinte. O processo de cruzamento é repetido até haver filhos o bastante para substituir todas as soluções originais da geração de filhos. Depois de terem tido sua chance, as soluções da geração de pais são mortas, as soluções filhas são promovidas ao status de pais e todo o ciclo de seleção, cruzamento e mutação recomeça.

Em virtude da aleatoriedade inerente à criação das soluções filhas, o algoritmo não garante que *toda* a descendência produzida será melhor do que seus pais. Na verdade, muitas serão piores. Entretanto, ao ser seletivo quanto a quais desses filhos podem reproduzir (uma sobrevivência do mais apto virtual), o algoritmo dispensa as soluções fracassadas, permitindo apenas que as melhores transmitam suas características para a próxima geração. Como ocorre a outros algoritmos de otimização, é possível que as soluções alcancem um máximo local, caso em que qualquer mudança causará uma redução da adaptação, mesmo que ainda não tenhamos alcançado a melhor solução possível. Felizmente, os processos aleatórios de cruzamento e mutação nos permitem afastar-nos desses picos locais e seguir em direção a soluções ainda melhores.

Traço tão importante dos algoritmos genéticos, a aleatoriedade também tem um papel nas nossas vidas diárias. Quando estamos cansados de ouvir as mesmas músicas das mesmas bandas repetidamente, podemos apertar o botão de "modo aleatório". Na sua forma mais pura, a função "modo aleatório" escolhe uma música para você ao acaso. É como um algoritmo genético sem as etapas de seleção e cruzamento, mas com um alto grau de mutação. Pode ser uma forma de descobrir uma nova banda que conquiste seu gosto, mas é possível ter que passar por uma pilha de músicas de Justin Bieber ou do One Direction para chegar lá.

Muitos serviços de streaming de música hoje oferecem bem mais do que algoritmos sofisticados para diversificar as músicas que você ouve. Se você tem ouvido bastante os Beatles e Bob Dylan ultimamente, um algoritmo genético pode sugerir uma banda que combine certas características dos dois — o Traveling Wilburys (um supergrupo integrado, entre outros, por Bob Dylan e George Harrison), por exemplo. Ao pular músicas ou ouvi-las até o fim, você sugere o quanto são adequadas para o seu gosto, e o algoritmo passa a saber quais "soluções" usar no futuro.

A Netflix também tem plug-ins que selecionam filmes ou coleções aleatoriamente para você assistir com base nas suas preferências anteriores. Seguindo essa tendência, têm surgido várias companhias oferecendo ajuda, caso você esteja cansado de consumir sempre as mesmas coisas, com o envio de seleções dos seus produtos. De queijos e vinhos a frutas e verduras, você pode começar a otimizar sua experiência gastronômica, explorando sabores cuja existência talvez até ignorasse, enquanto os fornecedores descobrem com base no seu retorno o que enviar em seguida. Da moda à ficção, as empresas estão usando ferramentas da área dos algoritmos evolucionários na tentativa de refinar a nossa experiência diária como consumidores.

Parada ótima

A base matemática de alguns dos algoritmos de otimização discutidos acima parece sugerir que eles são exclusividade das gigantes da tecnolo-

OTIMIZAÇÃO INCANSÁVEL

gia, as quais os exploram numa escala gigantesca para fins comerciais. Porém, existem alguns algoritmos mais simples — embora baseados numa matemática sofisticada — que podem ser empregados para gerar pequenas, mas importantes, melhorias nas nossas rotinas. Uma família desses algoritmos é conhecida como "estratégias de parada ótima" e fornece uma forma de escolher o melhor momento para agir com o objetivo de otimizar o resultado de um processo decisório.

Imagine, por exemplo, que está procurando um lugar para um jantar com seu parceiro. Vocês dois estão com fome, mas querem ir a um lugar requintado. Você não quer simplesmente entrar no primeiro lugar que vir. Você se considera um bom juiz, então sabe que será capaz de classificar a qualidade de cada restaurante em relação aos outros. Conclui que terá tempo de olhar em dez dos melhores restaurantes antes de o seu parceiro se cansar de ir de um lugar para outro. Como não quer parecer indeciso, você predetermina que não voltará a um restaurante já rejeitado.

A melhor estratégia para esse tipo de problema é checar e rejeitar alguns restaurantes, sem perder muito tempo com isso, a fim de ter uma ideia das opções. Você poderia simplesmente escolher o primeiro restaurante onde entrar, mas, como não tem nenhuma informação sobre as demais opções, a chance de selecionar o melhor com uma escolha aleatória é de apenas uma em dez. Então, é melhor avaliar alguns restaurantes antes de escolher o primeiro identificado como o melhor em comparação aos visitados até então. Essa estratégia de seleção de um restaurante é ilustrada na Figura 21. Os primeiros três restaurantes são julgados de acordo com a sua qualidade, mas são rejeitados. O sétimo restaurante é melhor do que todos os outros avaliados até o momento, então é nele que vocês param para comer. Mas rejeitar três restaurantes é a coisa certa a fazer? A questão da parada ótima é: quantos restaurantes você deve checar e rejeitar só para ter uma ideia das opções disponíveis? Se você não checar restaurantes o bastante, não terá uma boa ideia das opções, mas, se rejeitar um número grande demais antes de escolher, acabará com opções limitadas.

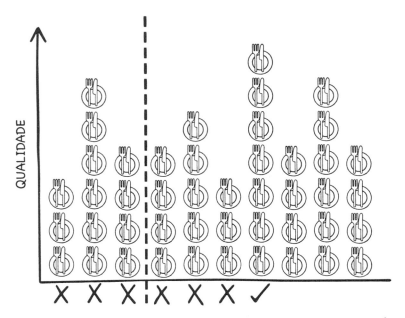

Figura 21: A estratégia ótima é avaliar, mas rejeitar todas as opções até um ponto de corte (linha pontilhada), e aceitar a opção avaliada seguinte que seja melhor do que todas as anteriores.

A matemática por trás do problema é complicada, mas diz que você deve avaliar e rejeitar por volta dos primeiros 37% dos restaurantes (arredondados para baixo para três, caso haja apenas dez) antes de aceitar o próximo melhor do que todos os anteriores. Mais precisamente, você deve rejeitar a fração 1/e das opções disponíveis, onde e representa o número de Euler.[5] O número de Euler é aproximadamente 2,718, então a fração 1/e equivale a mais ou menos 0,368, ou, como porcentagem, aproximadamente 37%. A Figura 22 ilustra como a probabilidade de escolher o melhor de 100 restaurantes muda se você variar o número de restaurantes rejeitados logo no início. Como seria de se esperar, quando você toma decisões precipitadas, está na verdade fazendo uma escolha cega, então a probabilidade é baixa. Por outro lado, se esperar demais, você corre o risco de passar pela melhor opção e perdê-la. A probabilidade de escolher a melhor opção é maximizada quando você rejeita as primeiras 37 opções.

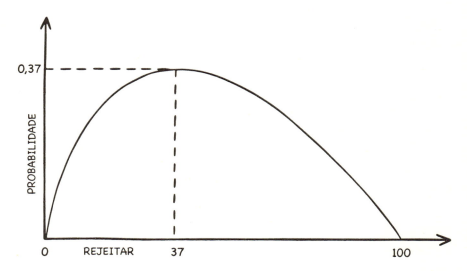

Figura 22: A probabilidade de escolher a melhor opção é maximizada quando julgamos e rejeitamos 37% das opções antes de aceitarmos a próxima que, depois de avaliada, seja melhor do que as anteriores. Nesse cenário, a probabilidade de você escolher o melhor restaurante é de 0,37, ou 37%.

Mas se o restaurante estiver entre os 37% primeiros? Nesse caso, você sairá perdendo. A regra dos 37% nem sempre funciona: afinal, é uma regra probabilística. Aliás, só podemos ter certeza de que o algoritmo funcionará 37% das vezes. Não é garantido, mas é melhor do que ter 10% de chance de escolher o melhor restaurante entre os dez primeiros aleatoriamente selecionados, e muito melhor do que a taxa de sucesso de 1% de quando precisamos fazer uma escolha aleatória entre 100 restaurantes. A taxa relativa de sucesso melhora proporcionalmente ao número de opções disponíveis.

A regra da parada ótima não funciona só para os restaurantes. Na verdade, a primeira vez que o problema chamou a atenção dos matemáticos foi como o "problema da contratação".[6] Se você precisa entrevistar sucessivamente um dado número de candidatos para uma vaga de emprego, e ao final de cada entrevista deve dizer ao candidato se ele será ou não contratado, use a regra dos 37%. Entreviste 37% dos candidatos e use-os como referencial. Em seguida, escolha o primeiro entrevistado que tenha se saído melhor entre esses últimos e rejeite o resto.

232 AS MATEMÁTICAS DA VIDA E DA MORTE

Quando chego aos caixas do supermercado local, passo pelos primeiros 37% (quatro de onze), analisando o comprimento das filas, e entro na primeira que esteja mais curta do que as outras que vi até então. Se estou correndo com um grupo de amigos para o último trem lotado depois de uma noitada e queremos escolher o vagão com mais assentos vagos para podermos nos sentar juntos, usamos a regra dos 37%. Passamos pelos primeiros três vagões de um trem de oito, memorizando o quão vazios estão, e escolhemos o primeiro vagão até então com mais assentos vagos do que os três primeiros.

Embora baseados na realidade, alguns dos cenários podem ser enfadonhos, mas podemos ser mais pragmáticos. O que acontece se metade dos restaurantes que você experimentar não tiver mesas vagas? Então, você deve passar menos tempo rejeitando restaurantes logo no início. Em vez de comparar os primeiros 37%, dê uma olhada nos 25% primeiros antes de escolher o próximo melhor do que os já avaliados.

E se você concluir que tem tempo suficiente para arriscar voltar a um vagão anterior do trem, mas a probabilidade de ele ter sido lotado nesse meio tempo for de 50%? Como você ampliou suas opções retornando, pode passar mais algum tempo procurando — rejeitando os primeiros 61% dos vagões antes de escolher o próximo mais vazio. O importante é entrar no trem antes de ele começar a andar.

Existem algoritmos da família da parada ótima que podem lhe dizer quando vender sua casa, ou a que distância do cinema você pode estacionar para maximizar sua chance de conseguir um assento e ao mesmo tempo minimizar a distância que precisará andar. O grande empecilho é que, quanto mais realista se torna a situação, mais difíceis se tornam os cálculos, e perdemos as regras fáceis de porcentagem.

Há algoritmos de parada ótima até para dizer quantas pessoas você deve namorar antes de sossegar com alguém. Primeiro, você precisa decidir quantos parceiros acredita que poderá ter namorado antes da idade com que deseja formar uma família. Talvez, consiga ter um parceiro por ano entre o aniversário de 18 anos e o de 35, totalizando dezessete opções de parceiros. A parada ótima sugere que você passe seis ou sete anos em campo (por volta de 37% dos 17 anos) tentando analisar suas opções em potencial. Depois disso, deve ficar com a primeira pessoa melhor do que as que namorou até então.

Não há muitas pessoas que ficariam à vontade deixando um conjunto predefinido de regras ditar sua vida amorosa. E se você encontrar alguém que o faça genuinamente feliz entre as primeiras 37% pessoas? Conseguirá ter frieza o bastante para rejeitar essa pessoa só porque está numa missão amorosa algorítmica? E se você seguir todas as regras e a pessoa com quem decidir ficar não achar que você é o melhor para ela? E se as suas prioridades mudarem no meio do caminho? Felizmente, nas questões do coração, assim como em outros problemas de otimização obviamente matemáticos, nem sempre precisamos procurar a melhor opção, aquela única pessoa que acreditamos ser a perfeita — a certa. Provavelmente, há muitas pessoas lá fora que serão bons parceiros, e com quem poderemos ser felizes. A parada ótima não tem as respostas para todos os problemas da vida.

Aliás, apesar do tremendo potencial dos algoritmos de facilitar muitos aspectos da nossa rotina, eles estão longe de serem a melhor solução para todos os desafios. Embora um algoritmo possa ser empregado para simplificar e acelerar uma tarefa monótona, com frequência seu uso implica riscos. Sua natureza tripartida composta por entradas, instruções e saídas significa que há três aspectos em que as coisas podem dar errado. Mesmo que o usuário tenha certeza de que as regras do procedimento foram especificadas de acordo com suas necessidades, entradas descuidadas e saídas não supervisionadas podem levar a consequências desastrosas, como o vendedor online Michael Fowler descobriu para a própria infelicidade. O plano mestre americano algoritmicamente inspirado, que sofreu um colapso repentino em 2013, tem suas raízes na Grã-Bretanha, no início da Segunda Guerra Mundial.

Mantenha a calma e verifique seu algoritmo

Perto do final de julho de 1939, as nuvens escuros da guerra cobriam o céu da Grã-Bretanha. A atmosfera estava pesada com a possibilidade de

234 AS MATEMÁTICAS DA VIDA E DA MORTE

bombardeios intensos, gás venenoso ou até ocupação nazista. Preocupado com o estado de espírito da população, o governo britânico ressuscitou uma organização obscura instituída no último ano da Primeira Guerra Mundial para influenciar a divulgação de notícias interna e externamente: o Ministério da Informação. Simulando um amálgama orwelliano dos Ministérios da Verdade e da Paz, o novo Ministério da Informação seria o responsável pela propaganda e censura durante a guerra.

Em agosto de 1939, o Ministério criou três cartazes. Com uma coroa Tudor no topo, o primeiro dizia: "A liberdade corre perigo, defenda-a com todas as suas forças." O segundo dizia: "São a sua coragem, alegria e determinação que nos trarão a vitória." No final de agosto, centenas de milhares de cópias desses dois cartazes haviam sido impressas e estavam prontas para uso caso uma guerra começasse. Eles foram amplamente distribuídos nos primeiros meses do conflito entre uma enorme parcela do público britânico, que ou reagiu com apatia ou se sentiu tratada com condescendência.

O terceiro cartaz, impresso na mesma época, ficou aguardando o bombardeio pesado e com grande potencial desmoralizante que era esperado. Contudo, quando a Blitz de fato começou em setembro de 1940, mais de um ano após o início da guerra, a escassez de papel, combinada à sensação de que os primeiros cartazes haviam sido condescendentes, fez com que os três fossem triturados em massa. O terceiro cartaz não foi visto por quase ninguém de fora do Ministério da Informação.

No ano 2000, na tranquila cidade mercado de Alnwick, os vende-dores de livros usados Mary e Stuart Manley receberam a entrega de uma caixa de livros usados que haviam comprado recentemente num leilão. Depois de terem esvaziado a caixa, eles encontraram uma folha de papel vermelho amassado no fundo. Quando desdobraram a folha, leram as cinco palavras do cartaz "perdido" do Ministério da Informa-ção: "Keep calm and carry on" [Mantenha a calma e siga em frente].

Os Manleys gostaram tanto do cartaz que o emolduraram na parede da loja, onde ele passou a atrair a atenção dos fregueses. Em 2005, am-bos já estavam vendendo 3 mil cópias por semana. Mas foi em 2008 que

OTIMIZAÇÃO INCANSÁVEL

o meme realmente explodiu na consciência pública global. Quando a recessão tomou conta do mundo, muitos passaram a tentar evocar a atitude indômita e estoica com que os britânicos enfrentaram tempos difíceis. "Mantenha a calma e siga em frente" era a mensagem perfeita. Ela foi gravada em canecas, mousepads, chaveiros e todo tipo de artigo que você possa imaginar. Nem os rolos de papel higiênico escaparam. A mensagem foi parodiada em campanhas de marketing de produtos que iam de restaurantes indianos ("Mantenha a calma e ponha mais curry") a camisinhas ("Mantenha a calma e tenha sempre uma no bolso"). Quase qualquer combinação de "Mantenha a calma e [inserir verbo] [inserir nome]" parecia funcionar. Quase.

Essa ideia simples foi adotada pelo vendedor on-line Michael Fowler. Em 2010, a empresa de Fowler, a Solid Gold Bomb, vendia camisetas estampadas com cerca de mil designs diferentes, quando Fowler teve uma ideia para aumentar a eficiência da produção. Em vez de pagar pelo armazenamento de grandes números de camisetas estampadas, ele passaria a produzi-las sob demanda. Isso lhe permitiria anunciar um número muito maior de designs, os quais só seriam impressos quando um pedido fosse feito. Depois de ter aplicado o novo processo otimizado de impressão, ele escreveu programas de computador que gerariam automaticamente os designs. Quase da noite para o dia, o número de camisetas oferecidas pela Solid Gold Bomb pulou de mil para quase 10 milhões. Um desses algoritmos, criado em 2012, pegava uma lista de verbos e uma lista de nomes, combinando-os na fórmula simples "Mantenha a calma e [palavra de uma lista de verbos] [palavra de uma lista de nomes]". As frases geradas pelo processo em seguida eram automaticamente analisadas em busca de erros sintáticos, sobrepostas à imagem de uma camiseta e listadas para venda na Amazon por aproximadamente 20 dólares cada. No auge das vendas da Solid Gold Bomb, Fowler estava vendendo 400 camisetas por dia com frases como "Mantenha a calma e arrase" ou "Mantenha a calma e ria muito". O problema foi que ele também havia automaticamente anunciado várias camisetas em uma das maiores plataformas de vendas on-line do mundo com frases como "Mantenha a calma e dê um chute nela" ou "Mantenha a calma e estupre muito".

Surpreendentemente, durante um ano as frases passaram praticamente despercebidas. Até que, um dia em março de 2013, a página do Facebook de Fowler foi repentinamente inundada de ameaças de morte e alegações de misoginia. Apesar de ter agido rápido e retirado os anúncios dos designs, o dano já estava feito. A Amazon suspendeu as páginas da Solid Gold Bomb, as vendas despencaram para quase nada, e, apesar de ainda ter passado três meses se arrastando, a companhia acabou falindo. O algoritmo escrito por Fowler, que pareceu uma ideia tão boa na época, acabou lhe custando e aos seus funcionários o meio de vida.

A Amazon também não saiu incólume do episódio. Um dia depois de a Solid Gold Bomb ter divulgado um pedido formal de desculpas pelo erro, a Amazon continuava vendendo camisetas com frases como "Mantenha a calma e passe a mão nela" e "Mantenha a calma e a esfaqueie". Foi organizado um boicote à gigante do varejo, e até Lorde Prescott, ex-Vice-Primeiro-Ministro do Reino Unido, entrou na dança com o tuíte: "Primeiro, a Amazon evita pagar impostos ao Reino Unido. Agora, estão ganhando dinheiro com violência doméstica." De maneira nada surpreendente, em virtude da grande dependência da gigante tecnológica de procedimentos automatizados por computador, essa foi apenas uma das várias armadilhas da atividade algorítmica sem supervisão em que a maior varejista do mundo caiu.

•

Em 2011, a Amazon já havia sido alvo de uma controvérsia algorítmica por causa de estratégias de precificação automática. No dia 8 de abril daquele ano, Michael Eisen, um biólogo computacional de Berkeley, pediu a um de seus pesquisadores que comprasse para o laboratório uma cópia nova de *The Making of a Fly*, uma obra clássica, mas fora de catálogo, sobre biologia evolutiva do desenvolvimento. Quando o pesquisador acessou a Amazon, ficou feliz por ter encontrado duas novas cópias do livro à venda. Ao verificar com mais atenção, contudo, ele descobriu que um dos livros, anunciado pela *profnath*, estava à venda por 1.730.045,91 dólares. O outro, vendido pela *bordeebook*, custava mais de 2 milhões de dólares. Não importava o quanto ele precisava do livro, Eisen não conseguiu encontrar justificativa para os preços, então, em vez disso, decidiu ficar de olho nos itens para ver se eles baixariam. No dia seguinte, ao checar os preços, ele descobriu que as coisas haviam piorado: os dois livros agora custavam quase 2,8 milhões de dólares. No terceiro dia, haviam aumentado para mais de 3,5 milhões de dólares.

Eisen rapidamente descobriu qual era o método usado para resultar naquela loucura. Todos os dias, a *profnath* ajustava o preço para 0,9983 da oferta da *bordeebook*. Mais tarde no mesmo dia, a *bordeebook* percorria a lista da *profnath* e ajustava seu preço para por volta de 1,27 vez mais alto. Dia após dia, o preço da *bordeebook* era aumentado proporcionalmente ao seu valor atual, levando-o a crescer exponencialmente, com o preço da *profnath* seguindo-o logo atrás. Se houvesse um vendedor humano controlando os preços, ele teria rapidamente percebido que os preços dos livros ultrapassavam qualquer quantia razoável. Infelizmente, essa precificação dinâmica não estava sendo operada por um humano, mas por um de uma série de algoritmos feitos com esse propósito e disponibilizados para os vendedores credenciados da Amazon. Aparentemente, ninguém pensou em incluir uma opção de limite para os preços nesses algoritmos — ou, se incluíram, os vendedores decidiram não a usar.

De qualquer modo, a estratégia da *profnath* de manter o preço abaixo da concorrência fazia sentido. Garantia que seu livro fosse o mais barato disponível, e, por consequência, que aparecesse no topo da lista de busca, enquanto não cedia muito em termos de lucro. Mas por que a *bordeebook* escolheria um algoritmo que atualizaria continuamente o preço do seu livro de forma a deixá-lo fora do mercado, enquanto ele ficava ocupando espaço sem ser comprado no estoque? Não parece fazer nenhum sentido — a não ser, é claro, que a *bordeebook* nunca tivesse realmente o livro em estoque. Eisen suspeita de que a *bordeebook* estivesse apostando na confiança dos usuários, indicada pelas elevadas pontuações que recebia deles. Se alguém decidisse comprar o livro deles, a *bordeebook* rapidamente compraria a cópia real da *profnath* e enviaria para o comprador. A escalada dos preços permitiria aos vendedores cobrir o preço do envio e ainda lucrar com o item.

Dez dias depois de Eisen ter visto os preços exorbitantes pela primeira vez, eles haviam aumentado ainda mais, alcançando a marca de 23 milhões de dólares. Infelizmente, no dia 19 de abril, alguém na *profnath* identificou o preço ridículo que eles estavam pedindo por um livro didático de apenas 20 anos e acabou com a diversão de Eisen, reduzindo o preço para 106,23 dólares. No dia seguinte, o preço da *bordeebook* estava em 134,97 dólares, cerca de 1,27 vez o preço da *profnath*, com tudo pronto para que o ciclo recomeçasse. O preço alcançou um novo pico em agosto de 2011, mas desta vez em apenas 500 mil dólares, e ficou três meses sem ser percebido. Aparentemente, alguém aprendeu a lição e introduziu um limite, embora não muito realista. No momento em que este livro é escrito, é possível encontrar cerca de 40 anúncios do exemplar a partir do preço mais razoável de aproximadamente sete dólares.

Apesar do preço extorsivo, *The Making of a Fly* não foi o item mais caro de todos os tempos anunciado ou vendido na Amazon. Em janeiro de 2010, o engenheiro Brian Klug encontrou um CD-ROM do Windows 98 chamado "Cells" à venda na Amazon por quase 3 bilhões de dólares (mais US$3,99 pelos serviços de envio e de embalagem). O preço elevado era presumivelmente o resultado de outra espiral de precificação, com uma segunda cópia do mesmo CD-ROM anunciada por outro vendedor a comparativamente modestos 250 mil dólares. Klug inseriu as informações do seu cartão de crédito e comprou o item. Alguns dias depois, ele recebeu um e-mail da Amazon se desculpando por não poder atender ao seu pedido. Decepcionado, mas, provavelmente, ao mesmo tempo aliviado, Klug respondeu perguntando sobre a possibilidade remota de a Amazon honrar o crédito de 1% oferecido aos clientes por compras feitas no site com o cartão de crédito da plataforma.

Flash crash

Espirais algorítmicas de preços como as que afetaram a Amazon nem sempre são ascendentes. Se você já investiu no mercado de ações, ou tão somente depositou algumas economias em uma conta ligada a ele, já ouviu o conhecido refrão: "O valor do seu investimento pode tanto cair quanto subir." Transações no mercado de ações estão sendo cada vez mais implementadas com os chamados robôs de investimento. Os computadores podem identificar e reagir a mudanças no mercado numa fração do tempo que levaria para um humano. Se uma grande ordem de venda de um produto financeiro em particular surge na tela, pode indicar que o preço do produto está caindo e que os negociantes esperam se livrar de seus ativos a um bom preço antes que caia ainda mais. Entre o momento em que um humano lê a mensagem e clica no botão para vender seus próprios ativos, robôs de investimento de alta frequência já venderam os seus e o preço caiu significativamente. Negociantes humanos simplesmente não conseguem competir. Estima-se que 70% das negociações em Wall Street hoje são feitas por essas chamadas "caixas pretas". É por isso que os grandes negociantes e bancos estão cada vez mais substituindo corretores por matemáticos e físicos para ajudarem a escrever — e, talvez algo ainda mais importante, entender — esses algoritmos de investimento.

No dia 6 de maio de 2010, depois de uma manhã já modesta para os mercados, o pequeno investidor Navinder Sarao, operando de seu quarto em Londres, ativou um algoritmo personalizado que modificara recentemente. O algoritmo fora projetado para ganhar muito dinheiro em pouco tempo com a técnica fraudulenta de spoofing [falsificação] do mercado — que consiste em levar outros negociantes a acreditarem em uma falsa tendência de mercado e agir de acordo com ela. O programa dele foi desenvolvido para disparar rapidamente ordens de venda de um produto conhecido como contratos futuros E-mini, mas as cancelar antes de qualquer pessoa comprá-los.

Oferecendo seus contratos a um preço um pouco mais alto do que o melhor preço atual, ele garantia que ninguém, nem mesmo

240 AS MATEMÁTICAS DA VIDA E DA MORTE

um algoritmo rápido, ficasse tentado a aceitar a oferta antes que seu algoritmo conseguisse cancelá-la. Quando ele executou o programa, funcionou perfeitamente. Robôs de investimento de alta frequência identificavam grandes números de ordens de venda e decidiam vender seus próprios contratos futuros E-mini antes de o preço cair como aconteceria inevitavelmente se o mercado fosse saturado por muitas vendas. Quando a queda dos preços dos futuros alcançou o ponto satisfatório para Sarao, ele desligou o programa e comprou os contratos, agora baratos. Identificando a ausência de vendas, os robôs de investimento rapidamente retomaram a confiança e compraram os contratos futuros, permitindo a recuperação dos preços. Sarao ganhou uma fortuna.

Estima-se que o seu *spoofing* lhe rendeu 40 milhões de dólares. O algoritmo se saiu muito bem — talvez bem demais. Robôs de investimento de alta frequência reagiram aos grandes volumes de venda no mercado de futuros. Em apenas 14 segundos, os algoritmos negociaram mais de 27 mil contratos de E-mini, o equivalente a 50% do volume total de negociações do dia. Depois, começaram a vender outros tipos de futuros para atenuar maiores perdas. A queima de estoque contaminou as participações acionárias e o mercado como um todo. Nos cinco minutos entre as 14h42 e 14h47, o Dow Jones perdeu quase 700 pontos, totalizando o déficit do dia em quase mil pontos — a maior queda ocorrida em um único dia da história do índice — e fazendo o mercado de ações perder 1 trilhão de dólares. Pode até ser que os robôs de investimento de alta frequência não tenham causado a quebra, mas as negociações rápidas sem supervisão sem dúvidas a exacerbaram. Quando o pior passou e a confiança algorítmica foi retomada, contudo, eles também foram responsáveis pelo rápido ajuste da maioria das ações, que retornaram aos seus valores de abertura.

Sarao fugiu da justiça por quase cinco anos, enquanto reguladores financeiros dos Estados Unidos culpavam uma série de outros fatores pela quebra relâmpago. Em 2015, contudo, ele foi preso e extraditado para os Estados Unidos pelo papel que seu esquema teve na quebra de 2010. Ele declarou-se culpado por ter manipulado ilegalmente o mercado, e passará até 30 anos na prisão, além de ter que devolver o dinheiro que ganhou com as operações ilegais. Ao que parece, nem o crime com suporte algorítmico compensa.

Tendências precisas

A manipulação do mercado executada por Sarao do seu quarto ilustra como pode ser simples empregar algoritmos para fins malignos. Costumamos encará-los como nada além do que sequências imparciais de instruções que podem ser seguidas friamente, esquecendo-nos de que todos os algoritmos são desenvolvidos por uma razão. O fato de as instruções serem predefinidas e executadas sem nenhuma interferência não significa que o propósito para o qual elas estão sendo empregadas é imparcial, mesmo que a imparcialidade tenha sido a intenção original do programador do algoritmo.

O Twitter, muitas vezes proclamado o baluarte da transparência entre as redes sociais, usa um algoritmo bem simples para determinar quais tópicos são os assuntos do momento [os chamados *trending topics*]. O algoritmo procura picos no uso de hashtags em vez de simplesmente promover tópicos com base no seu volume. Parece sensato: levar em conta a aceleração, e não só a taxa de uso, permite a rápida projeção de eventos rápidos, mas importantes, como a solicitação de doadores de sangue (#dondusang — doação de sangue) ou a oferta de abrigo para passar a noite (#porteouverte — portas abertas) depois dos ataques terroristas coordenados de 2015 a Paris. Se o único critério para os *trending topics* fosse o alto volume, não veríamos nada além de Harry Styles (#harrystyles) e Game of Thrones (#GoT).

Infelizmente, graças a esse mesmo conjunto de regras, tópicos com disseminação gradual raramente são catapultados para a proeminência que poderiam alcançar. Em setembro e outubro de 2011, durante o "movimento Ocupe Wall Street", a hashtag #occupywallstreet em nenhum momento se tornou *trending topic* na cidade onde o movimento ocorreu, Nova York, apesar de ela ter sido a mais popular do Twitter no período. Embora tenham alcançado um volume total menor, histórias mais pontuais do mesmo período, como a morte de Steve Jobs (#ThankYouSteve) ou o casamento de Kim Kardashian (#KimKWedding), chamaram atenção da maneira certa para subir na pontuação do Twitter. Vale lembrar que até algoritmos genuinamente pragmáticos podem ser tendenciosos nas instruções que influenciam a direção dos holofotes no palco global.

Talvez ainda mais preocupantes sejam as situações em que os resultados de algoritmos aparentemente independentes estão sujeitos à intervenção humana. Em maio de 2016, o Facebook foi acusado de tendência anticonservadora em um artigo de denúncia no website de notícias de tecnologia Gizmodo. O Gizmodo ouviu um ex-editor de notícias do Facebook, que afirmou que histórias sobre figuras da direita política americana como Mitt Romney e Rand Paul, entre outros, estavam sendo excluídas da lista de *trending topics* da rede social por intervenção humana. Mesmo quando as histórias sobre a ala conservadora conquistavam um alcance orgânico no Facebook, elas supostamente não estavam chegando à lista. Em outros casos, histórias teriam sido "injetadas" artificialmente na lista de *trending topics*, mesmo não sendo tão populares para merecer a inclusão.

Em resposta às acusações de viés político, o Facebook decidiu demitir sua equipe editorial e "automatizar mais o produto". Ao dar mais poder ao algoritmo e eliminar uma parte do controle humano, o Facebook esperava se beneficiar da imagem de objetividade algorítmica. Horas depois da decisão, a página de *trending topics* promovia uma notícia falsa da direita, informando que a âncora Megyn Kelly, uma jornalista da Fox News que seria uma "liberal enrustida", havia sido demitida pelo suposto apoio a Hillary Clinton. Seria só a primeira de uma enxurrada de notícias falsas predominantemente promovendo a direita que nos dois anos seguintes caracterizariam os *trending topics* do Facebook, algo muito mais grave do que a acusação de edição anticonservadora. A questão da credibilidade acabou levando o Facebook a encerrar completamente a plataforma de *trending topics* em junho de 2018.

OTIMIZAÇÃO INCANSÁVEL

Depositamos confiança em algoritmos teoricamente imparciais por temermos as notórias inconsistências e as inclinações humanas. Mas, embora os computadores possam implementar algoritmos de forma objetiva, seguindo um conjunto predefinido de instruções, essas instruções são escritas por humanos. Consciente ou inconscientemente, os programadores podem inserir suas tendências nos algoritmos, camuflando seus preconceitos ao traduzi-los em uma linguagem de programação. Assim, a ideia de que deveríamos confiar na neutralidade das histórias selecionadas como *trending topics* com base no fato de que o Facebook, uma das principais companhias tecnológicas do mundo, cedeu o poder a um de seus próprios algoritmos cai por terra.

Assim como as camisetas ofensivas da Solid Gold Bomb e o crescimento exponencial de preços da Amazon, as tribulações do Facebook servem para destacar a necessidade de mais, e não menos, supervisão humana. À medida que os algoritmos ficam cada vez mais complexos, suas saídas podem se tornar proporcionalmente imprevisíveis, daí a necessidade de serem policiadas com mais escrutínio. Esse escrutínio, contudo, não é responsabilidade exclusiva das gigantes da tecnologia. Com os algoritmos de otimização infiltrando-se mais e mais em todas as esferas da nossa vida cotidiana, nós, como usuários finais desses atalhos, precisamos assumir parte da responsabilidade de garantir a veracidade dos resultados que recebemos. Confiamos na fonte das notícias que lemos? A rota sugerida pelo sistema de navegação por satélite faz sentido? Achamos que o preço cobrado de maneira automatizada representa a realidade do mercado? Embora os algoritmos possam fornecer informações capazes de facilitar decisões cruciais, no final das contas eles não substituem os nossos julgamentos sutis, tendenciosos, irracionais, inescrutáveis, mas completamente humanos.

Quando investigarmos as principais ferramentas empregadas na batalha contra doenças contagiosas no próximo capítulo, descobriremos que exatamente a mesma tese se aplica: embora os avanços da medicina moderna tenham representado um enorme progresso no sentido de impedir a disseminação desses males, a matemática mostra que algumas das formas mais eficazes de impedir epidemias são as ações e as escolhas simples realizadas no nível individual.

7

SUSCETÍVEL, INFECTADO, REMOVIDO:

O controle das doenças está nas nossas mãos

Nas férias de Natal de 2014, o "Lugar Mais Feliz da Terra" tornou-se palco de um martírio abjeto para inúmeras famílias. Centenas de milhares de pais e filhos visitaram a Disneylândia na Califórnia durante o período com o intuito de levar para casa memórias mágicas que durariam a vida inteira. Em vez disso, deixaram o lugar com um souvenir inesperado: uma doença altamente contagiosa.

Um desses visitantes era Mobius Loop, de apenas quatro meses. Sua mãe, Ariel, e o pai, Chris, eram fanáticos confessos pela Disneylândia, ao ponto de terem se casado lá em 2013. Ariel, enfermeira, estava completamente ciente dos riscos de expor o sistema imunológico ainda em desenvolvimento do filho recém-nascido a doenças contagiosas. Ela quase não saía de casa com o bebê. Também exigia que qualquer um que quisesse visitar Mobius antes da sua primeira rodada de vacinas estivesse atualizado com as imunizações contra a gripe sazonal, o tétano, a difteria e a coqueluche.

Na metade de janeiro de 2015, com a primeira rodada de vacinas concluída e os passes anuais quentinhos nos bolsos, Ariel e Chris decidiram levar Mobius para viver a "experiência mágica" da Disneylândia. Depois de terem assistido a desfiles e encontrado personagens em tamanho gigante de desenhos animados, os Loops voltaram para casa encantados com o quanto Mobius havia se divertido na primeira aventura na terra da Disney.

Duas semanas depois, após ter passado uma noite com dificuldade para fazer Mobius dormir, Ariel observou marcas vermelhas no peito e atrás da cabeça do bebê. Ela aferiu a temperatura dele e constatou que Mobius estava com 39°C de febre. Sem conseguir controlar a temperatura do filho, Ariel telefonou para o médico, que a instruiu a levar o bebê imediatamente para o pronto-socorro. Quando eles chegaram, foram recebidos do lado de fora por uma equipe de controle de infecções usando roupas completas de proteção. Ariel e Chris também receberam máscaras e luvas, sendo obrigados a entrar às pressas no hospital pelos fundos e conduzidos a uma sala de isolamento com pressão negativa. No interior, profissionais da medicina examinaram Mobius cuidadosamente antes de pedir a Ariel que o segurasse enquanto colhiam sangue para um exame definitivo. Apesar de nunca ter recebido um caso da doença, toda a equipe do pronto-socorro suspeitava da mesma coisa: sarampo.

Graças à eficácia dos programas de vacinação instituídos na década de 1960, poucos cidadãos dos países ocidentais, incluindo muitos profissionais da medicina, jamais testemunharam o quão sérios os sintomas do sarampo podem ser. Mas basta visitarmos lugares menos desenvolvidos, como a Nigéria, onde os casos anuais de sarampo ficam na casa das dezenas de milhões, para termos uma ideia melhor do que é a doença. As complicações podem incluir pneumonia, encefalite, cegueira e até morte.

No ano 2000, o sarampo foi declarado oficialmente erradicado em todo o território dos Estados Unidos.[1] Quando uma doença é declarada

SUSCETÍVEL, INFECTADO, REMOVIDO

erradicada significa que não circula mais no país e que quaisquer novos casos foram resultado de surtos desencadeados por pessoas que retornaram de viagens internacionais.

Nos nove anos de 2000 a 2008, houve apenas 557 casos confirmados de sarampo nos Estados Unidos. Mas só em 2014 foram 667 casos. Com o ano acabando, o surto proveniente da Disneylândia, que afetou os Loops e dezenas de outras famílias, espalhou-se rapidamente pelo país. Quando passou, infectara mais de 170 pessoas em 21 estados. O surto da Disneylândia faz parte de uma tendência de epidemias comuns cada vez maiores. O sarampo está se espalhando novamente nos Estados Unidos e na Europa, e colocando pessoas vulneráveis em risco.

•

Doenças infectam seres humanos desde que a nossa linhagem dos hominídeos divergiu da dos chimpanzés e bonobos. Grande parte da nossa história é acompanhada pela subtrama tácita das doenças contagiosas. Foi descoberto recentemente, por exemplo, que a malária e a tuberculose, afetaram muito a população do Egito Antigo há mais de 5 mil anos. Estima-se que de 541 a 542 da era comum, a pandemia global conhecida como "Praga de Justiniano" matou entre 15% e 25% da população de 200 milhões de pessoas do mundo. Depois da invasão do México por Cortés, a população nativa caiu de cerca de 30 milhões em 1519 para apenas 3 milhões cinquenta anos depois. Os médicos astecas não conseguiram enfrentar as doenças até então desconhecidas trazidas pelos conquistadores do Ocidente. E a lista não acaba por aí.

Mesmo hoje, em uma civilização com a medicina cada vez mais avançada, patógenos causadores de doenças continuam sofisticados a ponto de a medicina não conseguir eliminá-los. Muitas pessoas passam pela banalidade do resfriado comum anualmente. Se você não ficou gripado, sem dúvida, conhece muitas pessoas que ficaram. Poucos indivíduos no mundo desenvolvido tiveram cólera ou tuberculose, mas essas doenças pandêmicas não são incomuns em grande parte da África e da Ásia. Curiosamente, contudo, mesmo em comunidades onde a prevalência da doença é alta, sucumbir não é uma certeza. Parte do nosso fascínio mórbido pelas doenças está relacionada à sua ocorrência aparentemente aleatória, levando horrores indizíveis a alguns, enquanto membros da mesma comunidade são poupados.

Há, contudo, um campo da ciência pouco conhecido, mas muito bem-sucedido, trabalhando nos bastidores para esclarecer os mistérios das doenças contagiosas. Ao recomendar medidas preventivas para interromper a disseminação do HIV e resolver a crise do Ebola, a epidemiologia matemática está desempenhando um papel crucial na luta contra contágios de grande escala. Do destaque dos riscos a que nos expõe o crescente movimento antivacina ao combate a pandemias globais, a matemática está no centro das intervenções cruciais de vida ou de morte que nos permitem eliminar as doenças da face da Terra.

O flagelo da varíola

Na metade do século XVIII, a varíola era mundialmente endêmica. Só na Europa, estima-se que 400 mil pessoas eram vitimadas todos os anos pela doença — o que corresponde a até 20% de todas as mortes no continente. Metade dos que sobreviviam ficavam cegos e desfigurados. Trabalhando como médico na zona rural de Gloucestershire, Edward Jenner testemunhara a crença genuína de suas pacientes de que, se se tornassem leiteiras, poderiam ficar protegidas da varíola. Jenner deduziu que a varíola bovina, uma variação mais leve da doença à qual a maioria das mulheres que trabalhavam com ordenha tinha exposição, oferecia certa imunidade.

Para investigar essa hipótese, em 1796 Jenner fez uma experiência pioneira relacionada à prevenção de doenças que hoje seria amplamente considerada antiética.[2] Ele extraiu pus de uma lesão

SUSCETÍVEL, INFECTADO, REMOVIDO
249

no braço de uma leiteira infectada com varíola bovina e esfregou em um corte no braço de um menino de 8 anos, James Phipps. O menino rapidamente desenvolveu uma lesão e febre, mas em dez dias estava curado, tão esperto e saudável quanto antes da inoculação. Como se não fosse o bastante ter sido infectado uma vez por Jenner, dois meses depois Phipps foi submetido a outra inoculação, agora com a forma mais perigosa da varíola. Vários dias depois, ao constatar que Phipps não desenvolvera sintomas de varíola, Jenner concluiu que ele estava imune à doença. Jenner deu ao seu processo protetor o nome de "vacina", do latim *vaccas*, ou *vaca*. Em 1801, Jenner registrou suas esperanças para a descoberta: "que a aniquilação da varíola, o flagelo mais temido pela espécie humana, seja o resultado final dessa experiência." Quase duzentos anos depois, em 1977, após um programa de vacina orquestrado pela Organização Mundial da Saúde, seu sonho se tornou realidade.

A história do desenvolvimento da vacina por Jenner aponta para uma ligação indelével entre a varíola e a história da prevenção moderna de doenças. A epidemiologia matemática também tem suas raízes na tentativa de combater a varíola, mas antecedem Jenner.

•

Muito antes de Jenner desenvolver sua ideia da vacina, numa tentativa desesperada de se salvarem da incidência cada vez maior de varíola, indianos e chineses praticaram a variolação. Ao contrário da vacinação, a variolação envolvia se a uma pequena quantidade de material associado à doença. No caso da varíola, cascas de ferida em pó de vítimas anteriores eram aspiradas, ou pus era introduzido em um corte no braço. O objetivo era introduzir uma forma mais leve de varíola, o que, embora ainda desagradável, era muito menos perigosa, e daria ao paciente imunidade vitalícia aos severos sintomas da forma mais agressiva da doença. A prática rapidamente se espalhou para o Oriente Médio, e daí para a Europa no início do século XVIII, onde a varíola fazia um grande número de vítimas.

250 AS MATEMÁTICAS DA VIDA E DA MORTE

Apesar da aparente eficácia, a variolação tinha detratores. Em alguns casos, a prática não conseguia proteger pacientes de uma segunda e mais séria ocorrência de varíola quando sua imunidade diminuía. A reputação da variolação provavelmente era mais prejudicada ainda pelos 2% dos casos em que pacientes morriam em consequência do tratamento. A morte de Octavius, o filho de 4 anos do monarca inglês Rei Jorge III, ganhou grande destaque e não ajudou a melhorar a impressão pública em relação ao método. Embora a taxa de mortalidade de 2% ainda fosse significativamente baixa em relação aos 20-30% associados à disseminação natural das doenças, críticos apontavam para a possibilidade de muitos pacientes variolados jamais serem naturalmente expostos à varíola, afirmando que o tratamento generalizado era um risco desnecessário. Também era observado que pacientes variolados podiam espalhar a forma mais agressiva da doença com tanta eficiência quanto as vítimas naturalmente infectadas. Na ausência de ensaios clínicos controlados, contudo, não era fácil quantificar o efeito da variolação e remover a sombra que restava sobre o procedimento.

Esse foi exatamente o tipo de problema da saúde pública que atraiu o interesse do matemático suíço Daniel Bernoulli, um dos maiores heróis sem crédito do século XVIII. Entre seus muitos feitos matemáticos, os estudos de Bernoulli sobre a dinâmica dos fluidos levaram-no a desenvolver equações que oferecem uma explicação para a forma como as asas podem sustentar o voo dos aviões. Antes de dominar a matemática avançada, no entanto, a primeira formação de Bernoulli foi em medicina. Mais tarde, combinados ao conhecimento médico, seus estudos sobre a dinâmica dos fluidos o levaram a descobrir o primeiro procedimento que possibilitaria a aferição da pressão sanguínea. Furando um cano com um tubo oco, Bernoulli conseguiu determinar a pressão do fluido que passava pelo cano analisando o quanto ele subia no tubo. O método desagradável desenvolvido a partir da descoberta envolvia a inserção de um tubo de vidro diretamente numa artéria do paciente. Esse método só seria substituído por uma alternativa menos invasiva 170 anos depois.[3] A rica formação acadêmica de Bernoulli

SUSCETÍVEL, INFECTADO, REMOVIDO

também o levou a aplicar uma abordagem matemática para a determinação da eficácia da variolação, questão cuja resposta os praticantes da medicina tradicionais só podiam conjecturar.

Bernoulli sugeriu uma equação para descrever a proporção de indivíduos de uma dada idade que nunca haviam tido varíola e, portanto, ainda eram suscetíveis à doença.[4] Ele ajustou a equação com uma tábua de vida montada por Edmund Halley (o do cometa), que descrevia a proporção de nascidos vivos que sobreviviam agrupados por idade. Com isso, ele conseguiu calcular a proporção de pessoas que haviam tido a doença e se recuperado, assim como a proporção das que tinham morrido. Com uma segunda equação, Bernoulli pôde calcular o número de vidas que seriam salvas se a variolação fosse praticada periodicamente por toda a população. Ele concluiu que, com a variolação universal, quase 50% dos recém-nascidos sobreviveriam até os 25 anos — o que, embora deprimente para os dias de hoje, era uma grande melhoria em relação aos 43% que sobreviveriam se nada fosse feito a respeito da varíola. Talvez o mais notável seja o fato de ele ter provado que essa simples intervenção médica poderia aumentar a expectativa de vida em mais de três anos. Para Bernoulli, não havia dúvidas de que o estado deveria realizar a intervenção médica. Na conclusão do seu artigo, ele escreveu: "Eu tão somente desejo que, em uma questão que afeta de tal forma o bem-estar da raça humana, nenhuma decisão seja tomada sem todo o conhecimento que pode ser alcançado por uma pequena dose de análise e cálculos."

Hoje, o propósito da epidemiologia matemática não se afastou muito dos objetivos originais de Bernoulli. Com modelos matemáticos básicos, podemos começar a prever a progressão das doenças e entender o efeito de intervenções em potencial sobre a sua disseminação. Com modelos mais complexos, podemos começar a responder perguntas relacionadas à alocação mais eficiente de recursos limitados ou identificar as consequências inesperadas de intervenções na saúde pública.

O modelo S-I-R

No final do século XIX, os problemas de saneamento associados aos ambientes superpopulados da Índia colonial levaram a uma série de epidemias letais, entre as quais a cólera, a lepra e a malária, que varreram o país e mataram milhões.[5] O surto de uma quarta doença, cujo nome inspirou terror por centenas de anos, daria origem a um dos saltos de desenvolvimento mais importantes na história da epidemiologia.

Ninguém sabe ao certo como a doença chegou a Bombaim em agosto de 1896, mas não há dúvidas quanto à devastação que ela causou.[6] A explicação mais provável pode estar relacionada a um navio mercante trazendo vários clandestinos indesejados que saiu da colônia britânica de Hong Kong. Duas semanas depois, ele aportou em Port Trust, Bombaim (atual Mumbai). Enquanto estivadores suados se ocupavam descarregando o navio sob o calor de 30°C, vários dos passageiros clandestinos desembarcaram despercebidos e logo rumaram para os bairros pobres da cidade. Esses caronas traziam sua própria carga indesejada, e com ela um caos que engoliria primeiro Bombaim e depois o resto da Índia. Os passageiros clandestinos eram ratos trazendo consigo as pulgas responsáveis pela disseminação da bactéria *Yersinia pestis*: a praga.

Os primeiros casos da praga entre bombainenses foram detectados na região de Mandvi, localizada no entorno do porto. A doença se espalhou sem obstáculos pela cidade, e, no final de 1896, matava cerca de 8 mil pessoas por mês. No início de 1897, a praga havia se espalhado para a vizinha Poona (hoje, Pune) e em seguida acabaria se espalhando por toda a Índia. Em maio de 1897, rígidas medidas de contenção da doença haviam aparentemente causado eliminação da praga. Entretanto, a doença passaria os próximos 30 anos voltando periodicamente para assombrar a Índia, matando mais de 12 milhões dos seus cidadãos.

•

SUSCETÍVEL, INFECTADO, REMOVIDO

Foi em meio a um desses surtos da praga que um jovem médico militar escocês chamado Anderson McKendrick chegou em 1901. Ele passaria quase 20 anos na Índia fazendo pesquisas (como vimos no capítulo 1, McKendrick foi o primeiro cientista a mostrar que o número de bactérias aumentava com destino à capacidade de carga de acordo com o modelo de crescimento logístico), intervenções médicas públicas e adquirindo uma compreensão mais profunda das zoonoses — doenças que, como a gripe suína, pode infectar tanto animais quanto humanos. Seu sucesso tanto nas pesquisas quanto na prática da medicina levaria McKendrick à presidência do Instituto Pasteur de Kasauli. Ironicamente, durante o tempo que passou em Kasauli, ele contraiu brucelose, uma doença debilitante causada pelo consumo de leite não pasteurizado. A doença levou-o a vários períodos de licença médica na Escócia.

Em um desses períodos de licença, inspirado por um encontro anterior com outro médico do Indian Medical Service e vencedor do Prêmio Nobel, Sir Ronald Ross, ele decidiu estudar matemática. O estudo e a pesquisa na área da disciplina dominariam os últimos anos de McKendrick na Índia, antes de ele ter sido permanentemente impedido de trabalhar em 1920 depois de contrair uma doença intestinal tropical.

Na Escócia, McKendrick assumira a posição de superintendente do laboratório da Royal College of Physicians de Edimburgo. Foi lá que ele conheceu um jovem e talentoso bioquímico chamado William Kermack. Pouco depois de conhecer McKendrick, Kermack foi vítima de uma explosão devastadora que o deixou instantânea e permanentemente cego. Apesar do revés, sua parceria com McKendrick foi bem-sucedida. Com base em informações sobre os surtos da praga em Bombaim coletadas durante a estadia de McKendrick na Índia, eles conduziram o estudo mais influente da história da epidemiologia matemática.[7]

Juntos, produziram um dos primeiros e mais proeminentes modelos matemáticos da disseminação de doenças. Para construir esse modelo, eles separaram a população em três categorias básicas, de acordo com o estado em relação à doença. Pessoas que ainda não a haviam tido eram rotuladas, de modo um pouco agourento, como "suscetíveis". Presumia-se que todos nasciam suscetíveis e capazes de serem infectados. Aqueles que tivessem contraído a doença e fossem capazes de transferi-la para os suscetíveis eram os "infectados". O terceiro grupo era eufemisticamente chamado de classe "removida". Geralmente, essas eram ou as pessoas que haviam tido a doença e se recuperado com imunidade, ou os que haviam morrido por causa dela. Esses indivíduos "removidos" não contribuíam mais para disseminar a doença. Essa clássica representação matemática da disseminação da doença é chamada de modelo S-I-R.

Em seu artigo, Kermack e McKendrick demonstraram a utilidade do modelo S-I-R, mostrando que ele podia recriar com exatidão a ascensão e queda de vários casos da praga no surto de 1905 em Bombaim. Nos 90 anos transcorridos desde a sua criação, o modelo S-I-R (e suas variantes) teve muito sucesso na descrição de todos os tipos de outras doenças. Da dengue, na América Latina, à peste suína na Holanda e ao norovírus na Bélgica, o modelo S-I-R pode fornecer lições vitais para a prevenção contra doenças.

Presenteísmo, previsões e o problema da praga

Nos últimos anos, o advento do trabalho intermitente e o aumento dos empregos temporários — um traço da economia "do biscate" — têm levado um número cada vez maior de pessoas a irem trabalhar doentes. Enquanto o absenteísmo já foi alvo de vastas pesquisas, só recentemente os custos do "presenteísmo" começaram a ser entendidos. Estudos combinando a modelagem matemática à frequência no local de trabalho chegaram a conclusões surpreendentes. Medidas aplicadas para diminuir o número de faltas dos funcionários, incluindo a redução da licença paga, estão causando um aumento considerável do número de pessoas que vão trabalhar independentemente do quão mal estejam se sentindo, o que acaba levando a mais doenças e à redução do nível geral de eficiência.

SUSCETÍVEL, INFECTADO, REMOVIDO

O problema do presenteísmo afeta principalmente a área da saúde e da educação. Por ironia, enfermeiras, médicos e professores sentem-se tão comprometidos com o grande número de pessoas sob os seus cuidados que com frequência acabam colocando-as em perigo ao trabalharem doentes. Mas é o setor de hospitalidade que tem mais problemas com o presenteísmo. Um estudo mostrou que só nos Estados Unidos mil surtos do vírus do vômito, ou norovírus, estavam ligados a alimentos contaminados entre 2009 e 2012.[8] Mais de 21 mil pessoas adoeceram por causa deles, e 70% dos surtos estavam ligados a funcionários doentes do setor de alimentação.

Cinco anos depois da conclusão do estudo, o Chipotle Mexican Grill tornou-se uma vítima célebre das consequências prejudiciais do presenteísmo. De 2013 a 2015, o Chipotle foi a marca mais forte dos restaurantes especializados em comida mexicana nos Estados Unidos. Apesar de haver uma política de licença paga, funcionários de muitas franquias do Chipotle de todo o país alegaram que os gerentes exigiam que trabalhassem doentes, sob a ameaça de perderem seus empregos.

No dia 14 de julho de 2017, Paul Cornell foi saborear um burrito na franquia do Chipotle de Sterling, Virginia. Apesar de estar com cólicas estomacais e náusea, naquela mesma noite um funcionário anônimo da cozinha bateu o ponto. Passadas 24h, Cornell estava no hospital, sendo medicado por um cateter e sofrendo com fortes dores de estômago, náusea, diarreia e vômitos, o que apontava para uma infecção do norovírus. Outros 135 funcionários e clientes contraíram o vírus depois de terem visitado o restaurante.

Nos cinco dias que se seguiram ao surto, as ações do Chipotle despencaram, fazendo o valor de mercado da companhia perder mais de um bilhão de dólares e levando seus próprios acionistas a entrarem com uma ação de classe contra a cadeia. No final de 2017, o Chipotle não ficou nem entre a primeira metade das redes de restaurantes mexicanos favoritas da América.

O modelo S-I-R ilustra a importância de não ir trabalhar doente. Ao ficar em casa até se recuperar completamente, você sai da classe infectada diretamente para a classe removida. O modelo demonstra que essa atitude simples pode reduzir o tamanho de um surto, diminuindo as oportunidades de transmissão da doença para indivíduos suscetíveis. E não só isso: você também se dá uma chance melhor de recuperação rápida se não "enfrentar a dor com trabalho". O modelo S-I-R descreve como, se todos que contraírem uma doença contagiosa seguirem essa prática, o benefício será geral, com um número muito menor de fechamentos de restaurantes, escolas e hospitais que poderiam ser evitados.

●

Mais do que sua capacidade descritiva, entretanto, talvez o modelo S-I-R mereça mais louvor pelo seu poder de previsão. Em vez de sempre analisar epidemias anteriores, o modelo permitiu que Kermack e McKendrick olhassem para a frente — que previssem a dinâmica explosiva dos surtos de doenças e compreendessem os padrões por vezes misteriosos da sua progressão. Eles usaram o modelo S-I-R para resolver algumas das maiores charadas epidemiológicas da época. Um desses debates girava em torno da pergunta: "O que leva uma doença a desaparecer?" O simples fato de a doença em questão ter infectado todos os indivíduos de uma população? Esgotada a população antes suscetível, talvez a doença simplesmente não tenha mais para onde ir? Ou talvez o patógeno causador da doença se torne mais fraco com o tempo, ao ponto de não conseguir mais infectar indivíduos saudáveis.

Em seu influente artigo, os dois cientistas escoceses conseguiram mostrar que nenhuma dessas suposições era necessariamente a resposta. Ao analisar a condição da sua população no final de um surto simulado, eles descobriram que sempre restavam alguns indivíduos suscetíveis. Talvez isso vá de encontro à nossa intuição (estimulada por filmes e histórias de terror promovidas pela mídia), segundo a qual uma doença desaparece por não haver mais pessoas a serem infectadas. Na verdade, à medida que os indivíduos infectados se recuperam ou morrem, o contato entre os infectados e suscetíveis restantes torna-se tão raro que

SUSCETÍVEL, INFECTADO, REMOVIDO

os primeiros nunca têm a oportunidade de transmitir a doença antes de terem sido removidos (seja pela recuperação com a imunidade ou pela morte). O modelo S-I-R prevê que, no final das contas, os surtos passam pela falta de pessoas infecciosas, e não suscetíveis.[9]

Na pequena comunidade de modeladores especializados em epidemias dos anos 1920, o modelo S-I-R de Kermack e McKendrick foi uma contribuição gigantesca. Ele levou as pesquisas sobre a progressão de doenças para muito além dos estudos puramente descritivos já feitos, permitindo vislumbres bem mais claros do futuro. Entretanto, as janelas abertas por ele eram limitadas pela base estreita sobre a qual o modelo foi desenvolvido: as inúmeras suposições limitando as situações em que ele podia fazer previsões úteis. Entre essas suposições, estavam: a de uma taxa frequente de transmissão de doenças entre humanos; a de que pessoas infectadas instantaneamente se tornavam infecciosas; e a de que os números populacionais não mudavam. Embora úteis para a descrição de algumas doenças em alguns casos, essas suposições não se aplicam à maioria.

Por exemplo, ironicamente, os dados sobre a praga de Bombaim usados por Kermack e McKendrick para "validar" seu modelo quebram muitas dessas suposições. Para começar, a praga de Bombaim não foi transmitida principalmente entre humanos, mas por ratos com pulgas que portavam a bactéria da praga. Seu modelo também presumia uma taxa constante de transmissão entre vetores infectados e suas vítimas suscetíveis. Na verdade (como no caso da disseminação do desafio do balde de gelo, visto no capítulo 1), a praga em Bombaim contava com um forte componente sazonal, pois a presença de pulgas e bactérias aumentava drasticamente de janeiro a março, consequentemente aumentando a taxa de transmissão.

Ainda assim, gerações futuras de matemáticos adotariam o modelo S-I-R original, flexibilizando suas suposições restritivas e expandindo a abrangência das doenças a que a matemática podia emprestar seu poder analítico.

Uma das primeiras adaptações feitas no modelo S-I-R original foi a representação das doenças que não oferecem imunidade a suas vítimas. A progressão dessas doenças, típica de doenças sexualmente transmissíveis como a gonorreia, não tem população removida. Assim que alguém se recupera de gonorreia, pode voltar a ser infectado. Como ninguém morre dos sintomas da gonorreia, ninguém nunca é "removido" pela doença. Esses modelos geralmente são rotulados como S-I-S, descrevendo o padrão de progressão de um indivíduo de suscetível para infectado e novamente para suscetível. Como a população de pessoas suscetíveis nunca é esgotada, mas é renovada à medida que as pessoas se recuperam, o modelo S-I-S prevê que a doença pode se tornar autossustentável ou "endêmica" dentro de uma população isolada sem nascimentos nem mortes. Na Inglaterra, a condição de endêmica da gonorreia contribuiu para que ela se tornasse a segunda doença sexualmente transmissível mais comum, com mais de 44 mil casos registrados em 2017.

Na verdade, são necessárias ainda mais adaptações ao modelo básico para representar de modo adequado doenças sexualmente transmissíveis como a gonorreia. Esse padrão de progressão não é tão simples como doenças a exemplo do resfriado comum, em que todos podem infectar todos. No caso das doenças sexualmente transmissíveis, os infectados geralmente só infectam pessoas que correspondem à sua orientação sexual. Como a maioria dos encontros sexuais são heterossexuais, o modelo matemático mais óbvio divide a população entre homens e mulheres, e só permite o contágio entre esses dois grupos, e não entre todos. Modelos em que a natureza bipartite das interações heterossexuais é levada em conta produzem uma disseminação mais lenta das doenças do que os modelos que presumem que todos podem transmitir a doença para todos, não importando o sexo ou a orientação sexual. Entretanto, os modelos das doenças sexualmente transmissíveis estão cheios de possíveis armadilhas.

HPV — Mais do que um oncovírus

As memórias do meu quinto aniversário ainda eram recentes quando minha mãe foi diagnosticada com câncer do colo do útero aos 40 anos. Ela suportou rodadas consecutivas de sessões debilitantes de quimio e radioterapia. Felizmente, ao final do doloroso processo, ela recebeu a notícia de que ele resultara em remissão completa. Fiquei surpreso ao saber, mais tarde, que o câncer do colo do útero é causado principalmente por um vírus — um câncer que se pode pegar, geralmente por meio de relações sexuais. Acho difícil digerir a ideia de meu pai ter portado o vírus que causou câncer à minha mãe. Ele cuidou dela com muita dedicação quando o câncer voltou. Só sua força de vontade manteve nossa família unida quando ela morreu algumas semanas antes do seu aniversário de 45 anos. Mesmo inconscientemente, como pode ter sido ele?

Em sua grande maioria, o vírus do papiloma humano (HPV) causador do câncer do colo do útero é de fato transmitido via relações sexuais. Mais de 60% de todos os casos de câncer do colo do útero são causados por dois tipos do HPV[10], que, aliás, é a doença sexualmente transmissível mais comum do mundo.[11] Os homens podem portar o vírus sem a manifestação de sintomas e transmiti-lo para suas parceiras sexuais, contribuindo para o fato de o câncer do colo do útero ser o quarto mais comum entre as mulheres, com cerca de meio milhão de novos casos e um quarto de milhão de mortes registrados anualmente.

Em 2006, as primeiras vacinas revolucionárias contra o HPV foram aprovadas pela Food and Drug Administration americana. Como seria de se esperar, considerando a elevada incidência, grandes expectativas cercavam a vacina. Estudos realizados no Reino Unido por volta da época do desenvolvimento da vacina indicaram que a estratégia de maior custo-benefício seria imunizar adolescentes do sexo feminino entre 12 e 13 anos, as possíveis futuras vítimas do câncer do colo do útero.[12] Estudos relacionados conduzidos em outros países, considerando modelos matemáticos da transmissão heterossexual da doença, confirmaram que a vacinação das mulheres era o melhor curso de ação a ser tomado.[13]

Entretanto, esses estudos preliminares acabaram por demonstrar que qualquer modelo matemático depende das suposições que lhe servem de base e dos dados que lhe servem de parâmetro. No entanto, a maioria das análises ignorou uma importante característica do HPV nas suposições dos seus modelos: a de que os tipos contra os quais a vacina oferecia imunidade também podem causar uma série de outras doenças tanto em homens quanto em mulheres.[14]

Se você já teve uma verruga, então já foi contaminado por pelo menos um dos cinco tipos de HPV. Da população do Reino Unido, 80% serão infectados por um tipo de HPV em algum momento da vida. Além de causar o câncer do colo do útero, os tipos 16 e 18 do HPV contribuem para 50% dos casos de câncer de pênis, 80% dos de câncer anal, 20% dos de câncer de boca e 30% dos de câncer de garganta.[15] Quando perguntado se sentia arrependimento por ter passado a vida fumando e bebendo depois de ter se recuperado de um câncer de garganta, o ator Michael Douglas notoriamente respondeu, com muita honestidade, a repórteres do *Guardian* que não se arrependia, pois seu câncer havia sido causado pelo contágio por HPV via sexo oral. Tanto nos Estados Unidos quanto no Reino Unido, a maioria dos casos de câncer causados pelo HPV não são do colo do útero.[16] Os tipos 6 e 11 do HPV também causam nove de dez casos de verrugas genitais.[17] Nos Estados Unidos, aproximadamente 60% dos custos da saúde associados a todas as infecções pelo HPV que não causam câncer do colo do útero são gastos no tratamento dessas verrugas.[18] O câncer do colo do útero é uma parte importante da narrativa sobre o HPV, mas não é o quadro completo.

Em 2008, na época em que a vacina começava a ser introduzida, o virologista alemão Harald zur Hausen recebeu o Prêmio Nobel de Medicina pela "descoberta de que os vírus do papiloma humano causam câncer do colo do útero". A relação com outros tipos de câncer e demais doenças foi um tanto ignorada pelo comitê da premiação e pela maior parte do mundo. O único estudo do Reino Unido que incluiu outros tipos além do câncer do colo do útero não conseguiu fazê-lo com nenhum grau de certeza, pois na época o peso das doenças e o impacto produzido pela vacinação contra elas não eram compreendidos. A maioria dos modelos sugeria que, contanto que a proporção certa de pessoas do sexo feminino fosse vacinada, a prevalência das doenças relacionadas ao HPV entre os homens sem proteção também cairia. O público em geral, talvez ciente apenas do papel do HPV no que dizia respeito ao câncer do colo do útero — o câncer comum que se espalha como uma doença contagiosa —, aceitou sem questionar a decisão de vacinar apenas as meninas. Por que os meninos deveriam ser vacinados se não estão sujeitos ao principal câncer causado pelo HPV?

Contudo, imagine os protestos públicos se uma vacina desenvolvida para o vírus causador da AIDS, o da imunodeficiência humana (HIV), e a ordem fosse de que só as mulheres deveriam receber a vacina de graça, na esperança de que os homens fossem protegidos pela imunidade das mulheres. Além das questões associadas à vacinação parcial e à ineficiência da vacina, talvez a primeira questão levantada pelos críticos fosse a proteção dos homens gays: eles deveriam ficar sem nenhuma proteção contra o vírus mortal? O mesmo argumento se aplica ao caso do HPV. Ao negligenciarem as relações homossexuais nos seus modelos matemáticos, os primeiros estudos haviam ignorado os efeitos das práticas sexuais entre pessoas do mesmo sexo. Modelos baseados em redes sexuais incluindo relacionamentos homossexuais apresentam uma taxa superior de transmissão de doenças do que os que consideram apenas os heterossexuais.[19] A prevalência do HPV entre os homens que têm relações com outros homens é bem maior do que entre a população geral.[20] Nos Estados Unidos, a incidência do câncer anal nesse grupo é mais de quinze vezes maior. Em 35 a cada 100 mil indivíduos, ela é comparável às taxas do câncer do colo do útero entre as mulheres anteriores à introdução do exame preventivo contra esse tipo de câncer, e bem mais alta do que as taxas atuais do câncer do colo do útero nos Estados Unidos.[21] Quando os modelos foram recalibrados, levando em conta os relacionamentos homossexuais, os novos conhecimentos sobre a proteção oferecida contra outros tipos de câncer e informações atualizadas sobre a abrangência da proteção advinda da vacinação, descobriu-se que vacinar tanto meninos quanto meninas torna-se uma opção com elevado custo-benefício.

Em abril de 2018, o Serviço Nacional de Saúde do Reino Unido enfim passou a oferecer a vacinação contra o HPV a homens homossexuais de 15 a 45 anos. Em julho do mesmo ano, foram feitas recomendações baseadas em um novo estudo sobre custo-benefício para que todos os meninos do Reino Unido recebessem a vacina contra o HPV na mesma idade que as meninas.[22] Felizmente, minha filha e meu filho terão acesso à mesma proteção contra o contágio e a disseminação do vírus que matou a avó deles. Isso serve para mostrar que a força das conclusões obtidas até dos mais sofisticados modelos matemáticos é equivalente às suas suposições mais fracas.

A próxima pandemia

Outro fator de confusão relacionado à infecção pelo HPV são os portadores assintomáticos. Indivíduos podem ter o vírus e infectar outros indivíduos sem apresentar sintomas. Por isso, outra adaptação comumente feita ao modelo S-I-R básico tendo em vista uma representação mais realista das doenças é incluir uma classe de pessoas que, quando infectadas, podem transmitir a doença sem manifestar sintomas. Ao ganhar a classe chamada "portadores", o modelo S-I-R torna-se S-C-I-R, crucial para representar a transmissão de muitas doenças, inclusive algumas das mais mortais de todos os tempos.

Alguns pacientes apresentam alguns sintomas semelhantes aos da gripe algumas semanas depois de terem contraído o HIV. A agressividade dos sintomas varia muito, e alguns portadores não observam nada de incomum. Apesar de não provocar sintomas óbvios, o vírus vai lentamente prejudicando o sistema imunológico do paciente, deixando-o vulnerável a infecções oportunistas como a tuberculose ou algum câncer, que poderiam ter sido evitados por um sistema imunológico saudável. Diz-se que os pacientes nos últimos estágios da infecção pelo HIV adquiriram a síndrome da imunodeficiência (AIDS). Esse longo período de incubação é uma das principais razões

SUSCETÍVEL, INFECTADO, REMOVIDO

porque o HIV/AIDS se tornou uma pandemia, o que significa que se espalhou pelo mundo inteiro e continua se espalhando. Portadores que ignoram ter o vírus transmitem a doença muito mais rapidamente do que quem sabe que é soropositivo. Há cerca de 30 anos, o HIV ocupa uma das principais causas de mortes por doenças infecciosas no mundo inteiro.

Acredita-se que o HIV tenha surgido entre primatas não humanos da África Central no início do século XX. Provavelmente pela manipulação de primatas infectados caçados e consumidos por humanos, uma mutação do vírus da imunodeficiência símia (SIV) pulou de espécie para os humanos e se disseminou entre nós através da troca de fluidos corporais. Zoonoses que pulam entre espécies, como as formas originais do HIV, representam uma das maiores ameaças em potencial à saúde pública.

Em 2018, o vice-diretor médico da Inglaterra, professor Jonathan Van-Tam, apontou uma dessas doenças, o vírus H7N9 — uma variação nova da gripe aviária — como a causa mais provável da próxima pandemia global de gripe. O vírus atualmente tem grande prevalência entre as populações de aves chinesas, e infectou mais de 1.500 pessoas. Para termos uma base de comparação, a gripe espanhola, que foi a pandemia mais mortal do século XX, infectou cerca de 500 milhões de pessoas no mundo inteiro. Entretanto, a taxa de mortalidade da gripe espanhola foi de apenas cerca de 10%. O H7N9 mata por volta de 40% dos infectados. Felizmente, até agora, o H7N9 não adquiriu a capacidade crucial de transmissão entre os humanos, o que permitiria que alcançasse a escala da gripe espanhola. Apesar de experiências com animais sugerirem que ele só está a três mutações de distância disso, talvez, como seu antecessor, o vírus da gripe aviária H5N1, ele nunca chegue a tal ponto. Há uma grande possibilidade de a próxima pandemia global não ser de uma doença nova, e a repetição de um quadro já visto muitas vezes.

Paciente zero

Certa tarde, no final de 2013, Emile Ouamouno, de 2 anos, brincava com algumas outras crianças no remoto vilarejo guineano de Meliandou. Um dos principais esconderijos das crianças era uma imensa árvore oca nos arredores do vilarejo. A cavidade profunda e escura também era o abrigo perfeito para uma população de morcegos-de-cauda-livre, que se alimentam de insetos. Enquanto brincava na árvore infestada por morcegos, Emile teve contato ou com excrementos recentes desses animais, ou talvez até tenha ficado cara a cara com um.

No dia 2 de dezembro, a mãe de Emile percebeu que o filho, geralmente cheio de energia, estava cansado e letárgico. Depois de colocar a mão na testa dele e sentir que estava quente, ela o colocou na cama para se recuperar. Entretanto, ele logo foi acometido por vômitos e diarreia com fezes escuras. Emile morreu quatro dias depois.

Após ter cuidado devotadamente do filho, a mãe de Emile também contraiu a doença e morreu uma semana depois. A irmã de Emile, Philomène, foi a próxima, seguida pela avó no primeiro dia do ano. A parteira do vilarejo, que cuidara da família durante as enfermidades, sem saber levou a doença consigo para vilarejos vizinhos e de lá para o hospital da cidade mais próxima, Guéckédou, onde buscou tratamento depois de também ter adoecido. A partir daí, uma grande fonte de disseminação foi uma funcionária da saúde que tratou a parteira. Ela transmitiu o vírus para um hospital em Macenta, cerca de 80 km a leste, onde infectou o médico que a tratou. Este, por sua vez, infectou o irmão na cidade de Kissidougou, 130 km a noroeste, e a disseminação continuou.

No dia 18 de março, o número e a gravidade dos casos estavam se tornando uma preocupação séria. Autoridades da saúde anunciaram o surto de uma febre hemorrágica ainda não identificada que "cai como um raio". Duas semanas depois, identificada a doença, a organização Médicos Sem Fronteiras qualificou a escala da disseminação como "sem precedentes". A partir daí, Emile Ouamouno, de outro modo uma criança comum, seria transformado em alguém que o mundo

SUSCETÍVEL, INFECTADO, REMOVIDO

jamais esqueceria. Tragicamente, ele ganharia a infame denominação de "Paciente Zero", vítima da primeira transmissão de animal para humano do que havia se tornado a maior e mais desenfreada epidemia de Ebola de todos os tempos.

O fato de conhecermos a progressão da doença deve-se à profundidade com que médicos e profissionais da saúde analisaram a doença, colocando-se diretamente no caminho da infecção. Um método conhecido como "rastreamento de contato" permite que especialistas em epidemias façam o caminho inverso através de várias gerações de indivíduos infectados, até chegar ao primeiro caso, ou "Paciente Zero", o epíteto que ganharia Emile. Pedindo aos indivíduos infectados que listem todas as pessoas com quem tiveram contato após o período de incubação da doença (o tempo transcorrido entre o contágio e a manifestação dos sintomas), os cientistas podem montar um quadro da rede de contato das vítimas. Por meio de várias interações do processo de acordo com os indivíduos que formam a rede, a disseminação da doença com frequência consegue ser rastreada até uma única fonte. Além de nos permitir entender o complexo padrão da disseminação da doença, e com isso a sugestão de métodos para evitar futuros surtos, o rastreamento de contato também possibilita a adoção de medidas imediatas para controlar a disseminação. Ele pode servir de base para estratégias eficazes de contenção de uma doença nos primeiros estágios. Todo mundo que tenha tido contato com um indivíduo contaminado durante o período de incubação é posto em quarentena até ficar comprovado que cada indivíduo não tem a doença ou foi infectado. Caso tenha sido, ele pode ficar isolado até não poder mais transmitir a doença.

•

Na prática, contudo, redes de contatos são frequentemente incompletas, e há muitos portadores desconhecidos pelas autoridades. Alguns indivíduos sequer sabem que contraíram a doença devido ao período de incubação — o tempo pós-infecção e que antecede a manifestação

266 AS MATEMÁTICAS DA VIDA E DA MORTE

dos sintomas. No caso do Ebola, o período de incubação pode durar até 21 dias, mas em média é de cerca de doze dias. Em outubro de 2014, ficou claro que a epidemia na África Ocidental podia ganhar proporções globais. Alegando o objetivo de proteger seus cidadãos, o governo do Reino Unido anunciou que um exame preventivo aprimorado de Ebola seria realizado em passageiros que chegassem ao território de locais de alto risco em cinco aeroportos importantes e no terminal Eurostar, em Londres.

Um programa semelhante realizado no Canadá durante uma epidemia de SARS (síndrome respiratória aguda grave) em 2004 foi aplicado a quase meio milhão de passageiros, nenhum dos quais apresentou temperatura correspondente à SARS. Esse programa custou ao governo canadense 15 milhões de dólares. Em retrospecto, o programa de rastreamento foi uma medida inútil, que talvez tenha servido apenas para assegurar à população do Canadá que ela estava segura, mas ineficaz como estratégia de intervenção.

Com esse custo em mente, além da impressão de que o programa não passou de uma reação desnecessariamente desesperada, uma equipe de matemáticos da Escola de Higiene e Medicina Tropical de Londres desenvolveu um modelo matemático simples incorporando um período de incubação.[23] Considerando o período médio de doze dias do Ebola e o tempo de seis horas e meia de voo de Freetown, em Serra Leoa, a Londres, os matemáticos calcularam que apenas cerca de 7% dos indivíduos portadores de Ebola a bordo dos aviões seriam detectados por novas medidas caras. Eles sugeriram que seria melhor investir o dinheiro na crise humanitária em desenvolvimento na África Ocidental, atacando a fonte do problema e, consequentemente, reduzindo o risco de transmissão para o Reino Unido. Eis um exemplo da intervenção matemática no seu melhor — simples, decisivo e baseado em evidências. Em vez de especular sobre a eficácia de um programa de rastreamento, uma representação matemática simples da situação pode fornecer informações decisivas e ajudar a definir uma estratégia.

R0 e a explosão exponencial

O caminho de transmissão usado para identificar Emile Ouamouno como o Paciente Zero do Ebola está longe de ser único. A doença se espalhou do seu epicentro em Meliandou por meio de vários caminhos distintos. Na verdade, nos estágios iniciais, a doença se replicou exponencialmente por vários canais independentes, de forma muito semelhante aos memes nas campanhas de marketing viral descritas no capítulo 1. Uma pessoa infectou mais três, que infectaram outras, as quais retransmitiram a doença, e, assim, o surto explodiu. Se um surto alcançará a posição de infâmia ou morrerá na obscuridade pode ser determinado por apenas um número para o surto — o número básico de reprodução.

Pensemos em uma população completamente suscetível a uma doença em particular, algo semelhante à situação dos habitantes da Mesoamérica no século XIV, antes da chegada dos conquistadores. O número médio dos indivíduos que até então não haviam sofrido exposição e que são infectados por um único portador recém-introduzido de uma doença é chamado "número básico de reprodução" e costuma ser representado como R0. Se uma doença tiver um R0 menor do que um, o contágio cessará rapidamente, já que cada pessoa infectada transmite a doença, em média, para menos de um indivíduo. O surto não pode manter sua própria disseminação. Se R0 for maior do que um, o surto crescerá exponencialmente.

Tomemos como exemplo a SARS, cujo número básico de reprodução é dois. A primeira pessoa infectada é o Paciente Zero. Ela transmite a doença para duas outras, que transmitem, cada uma, para mais duas, essas a retransmitindo para outras duas. Como vimos no capítulo 1, a Figura 23 ilustra o crescimento exponencial que caracteriza a fase inicial do contágio. Se a disseminação prosseguisse assim, dez gerações depois na cadeia de progressão, mais de mil pessoas teriam sido infectadas. Mais dez passos adiante, o número de vítimas aumentaria para mais de um milhão.

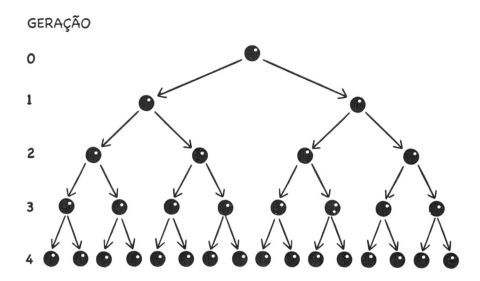

Figura 23: A disseminação exponencial de uma doença com número básico de reprodução, R0 igual a dois. Define-se que o primeiro indivíduo está na Geração Zero. Ao entrarmos na quarta geração, dezesseis novas pessoas são infectadas.

Na prática, assim como na disseminação de uma ideia viral, a expansão de uma pirâmide financeira, o crescimento de uma colônia de bactérias ou a proliferação de uma população, o crescimento exponencial previsto pelo número básico de reprodução raramente é sustentado após algumas gerações. Os surtos acabam por alcançar um pico e entrar em declínio em virtude da frequência dos contatos entre infectados e suscetíveis. Infelizmente, mesmo quando não há mais infectados e o surto terminou oficialmente, restam alguns suscetíveis. Já na década de 1920, Kermack e McKendrick desenvolveram uma fórmula que usava o número básico de reprodução para prever quantos indivíduos suscetíveis permaneceriam ilesos ao final de um surto. Com um R0 estimado em cerca de 1,5, a fórmula de Kermack e McKendrick prevê que o surto de Ebola de 2013–2016 teria alcançado 58% da população se não houvesse nenhuma intervenção. Por outro lado, constatou-se que os surtos de pólio têm um R0 de cerca de 6, o que, segundo a previsão de Kermack e McKendrick, significa que apenas um quarto de 1% sobreviveria incólume na falta de uma intervenção.

SUSCETÍVEL, INFECTADO, REMOVIDO

O número básico de reprodução é um descritor de utilidade universal para um surto, pois encapsula todas as sutilezas da transmissão da doença em um único número. Da forma como o contágio se desenvolve no organismo ao modo de transmissão e até à estrutura das sociedades dentro do qual a doença se dissemina, ele captura todos os fatores essenciais de um surto e permite uma reação adequada. O R0 geralmente pode ser dividido em três componentes: o tamanho da população; o ritmo com que os suscetíveis são infectados (comumente chamado de força de infecção); e a taxa de recuperação ou morte pela doença. O R0 é diretamente proporcional aos primeiros dois fatores e inversamente proporcional à taxa de recuperação. Quanto maior a população e mais rápida a disseminação da doença entre indivíduos, mais provável se torna um surto. Quanto mais rápido os indivíduos se recuperam, menos tempo têm para transmitir a doença para outros, e, consequentemente, menor é a probabilidade de um surto. No caso das doenças humanas, só podemos controlar os dois primeiros fatores. Embora antibióticos e antivirais possam reduzir a duração de certas doenças, a taxa de recuperação ou fatalidade muitas vezes é uma propriedade inerente ao próprio patógeno causador da doença. Uma grandeza que apresenta forte relação com R0 é o número *efetivo* de reprodução (muitas vezes representado por Re) — o número médio de infecções secundárias causadas por um indivíduo em um *ponto dado* na progressão do surto. Se Re puder ser reduzido para abaixo de 1 por uma intervenção, a doença perde fôlego e desaparece.

Embora crucial para o controle de doenças, R0 não nos fala sobre a experiência individual com uma doença grave. Uma doença extremamente contagiosa como o sarampo, por exemplo, com um R0 entre 12 e 18, é considerada menos grave para um indivíduo do que uma doença como o Ebola, com um menor — de cerca de 1,5. Embora o sarampo se dissemine rapidamente, sua taxa de letalidade é pequena se comparada à de 50–70% dos pacientes do Ebola, que acabam morrendo da doença.

Talvez surpreendentemente, as doenças com taxas de letalidade elevadas tendem a ser menos contagiosas. Se uma doença mata um número bem grande de suas vítimas muito rápido, ela reduz suas chances de ser transmitida. Doenças que matam a maioria dos infectados e também se disseminam com eficiência são muito raras, e geralmente se limitam ao cinema catástrofe. Embora uma taxa de letalidade alta aumente significativamente o medo associado a um surto, doenças com um R0 elevado, mas uma taxa de letalidade baixa pode acabar matando mais pessoas em virtude do maior número de infectados.

A matemática dita que, ao concluirmos que uma doença precisa ser controlada, as taxas de letalidade não fornecem informações úteis sobre como desacelerar a disseminação. Os três fatores que compõem R0, no entanto, sugerem intervenções importantes que podem pôr um freio em surtos de doenças fatais antes que eles sigam seu curso livremente.

Assumindo o controle

Uma das opções mais eficazes para a redução da disseminação de doenças é a vacinação. Levando as pessoas diretamente do estado suscetível ao removido, pulando o estado infectado, ela reduz o tamanho da população suscetível. Entretanto, a vacinação é uma medida de natureza preventiva, aplicada na tentativa de reduzir a probabilidade dos surtos. Instaurado um surto, na maioria das vezes, é inviável desenvolver e testar uma vacina eficaz dentro de um período válido.

Uma estratégia alternativa, empregada para doenças animais e que tem o mesmo efeito redutor sobre Re, o número efetivo de reprodução, é o abate seletivo. Em 2001, quando a Grã-Bretanha estava no meio da crise da doença mão-pé-boca, a decisão foi adotar o abate seletivo. Com o abate dos indivíduos infectados, o período de contágio foi reduzido de até três semanas a uma questão de dias, diminuindo dramaticamente o número efetivo de reprodução. Nesse surto, entretanto, o abate seletivo dos animais infectados não foi o suficiente para controlar a doença. Alguns infectados acabaram escapando, transmitindo a doença para outros nos arredores. A reação do governo foi a aplicação de uma estratégia de "abate seletivo radial", abatendo animais (infectados ou não) dentro de um raio de 3 km de fazendas infectadas. À primeira vista, o abate de indivíduos saudáveis parece uma ação inútil. Todavia, como

SUSCETÍVEL, INFECTADO, REMOVIDO 271

ela reduz a população de animais suscetíveis na área local — um dos fatores que contribuem para o número de reprodução —, a matemática dita que reduz a velocidade da disseminação da doença.

Para surtos ativos de doenças humanas em populações não vacinadas, o abate seletivo claramente não é uma opção. Por outro lado, quarentena e isolamento podem ser extremamente eficientes para reduzir a taxa de transmissão e, consequentemente, o número efetivo de reprodução. O isolamento dos pacientes infectados reduz o ritmo da disseminação, enquanto a quarentena de indivíduos saudáveis reduz a população suscetível efetiva. As duas ações contribuem para a redução do número efetivo de reprodução. O último surto de varíola da Europa, ocorrido na Iugoslávia em 1972, foi rapidamente controlado por medidas extremas de quarentena. Até 10 mil indivíduos possivelmente infectados foram mantidos por guardas armados em hotéis requisitados para esse propósito expresso até não haver mais ameaça de novos casos.

Em cenários menos extremos, aplicações simples da modelagem matemática podem sugerir a duração mais eficaz do isolamento dos pacientes infectados.[24] Também podem determinar se a população não infectada deve ou não ser posta em quarentena, para isso pesando os custos econômicos da quarentena de indivíduos saudáveis em relação ao risco de um surto mais amplo da doença. Esse tipo de modelagem matemática é ideal para situações em que a realização de estudos de campo sobre a progressão da doença é inviável por razões logísticas e éticas. Por exemplo, durante o surto de uma doença é inumano privar parte da população de uma intervenção que poderia salvar vidas para os propósitos de um estudo. Do mesmo modo, é inviável colocar uma grande proporção da população em quarentena por um longo período no mundo real. Essas preocupações desaparecem em um modelo matemático. Podemos testar modelos com toda a população em quarentena, ou ninguém, ou parte dela, na tentativa de pesar o impacto econômico desse isolamento forçado em relação ao efeito que terá na progressão da doença.

Essa é a verdadeira beleza da epidemiologia matemática — a possibilidade de testar cenários inviáveis no mundo real, às vezes com resultados surpreendentes. Por exemplo, a matemática já mostrou que, para doenças como a catapora (varicela), o isolamento e a quarentena podem ser a estratégia errada. Tentar segregar crianças infectadas ou não levará a vários dias perdidos na escola e no trabalho para evitar uma doença em geral não considerada grave. Talvez mais significativamente, contudo, modelos matemáticos provam que a quarentena de crianças saudáveis pode adiar o contágio da doença para um momento em que estarão mais velhas, quando as complicações da catapora podem ser muito mais sérias. Esses efeitos contraintuitivos de uma estratégia aparentemente lógica como o isolamento poderiam nunca ter sido completamente entendidos não fossem pelas intervenções matemáticas.

Se a quarentena e o isolamento têm consequências inesperadas para algumas doenças, eles simplesmente não funcionam para outras. Modelos matemáticos da disseminação de doenças identificaram que o nível de sucesso de uma estratégia de quarentena depende do momento do pico do contágio.[25] Se uma doença é mais contagiosa nos primeiros estágios, antes de os sintomas surgirem, os pacientes podem disseminá-la para a maioria de suas vítimas em potencial antes de serem isolados. Por sorte, no caso do Ebola, em que poucas estratégias de controle podem ser aplicadas, a maioria das transmissões ocorrem depois do surgimento dos sintomas, quando os pacientes já podem ser isolados.

Aliás, o período de contágio do Ebola é tão prolongado que, mesmo após a morte, as cargas virais das vítimas continuam altas. Os mortos podem infectar indivíduos que entrem em contato com seus cadáveres. O funeral de uma curandeira em Serra Leoa foi um dos maiores focos nos primeiros estágios da disseminação do surto. Com os casos se espalhando rapidamente por toda a Guiné, as pessoas começaram a ficar mais desesperadas. Informados dos poderes dessa renomada curandeira, que acreditava poder curar a doença, pacientes do Ebola da Guiné cruzaram a fronteira para Serra Leoa a fim de consultá-la. Como seria de se esperar, a própria curandeira rapidamente adoeceu e morreu. Durante dias, seu enterro atraiu centenas de pessoas, todas as quais observando as práticas funerárias tradicionais, que incluem lavar e tocar o cadáver. Esse único evento está diretamente ligado a mais de 350 mortes pelo Ebola e facilitou a introdução da doença em Serra Leoa.

Em 2014, no ápice do surto do Ebola, um estudo matemático concluiu que aproximadamente 22% dos novos casos da doença provinham de vítimas falecidas.[26] O mesmo estudo sugeriu que, limitando-se práticas tradicionais, inclusive rituais de sepultamento, o número básico de reprodução poderia ser reduzido a um nível em que o surto tornar-se-ia insustentável. Uma das intervenções mais importantes realizadas pelos governos da África Ocidental e organizações humanitárias trabalhando na área foi restringir os procedimentos funerários tradicionais e garantir que todas as vítimas do Ebola fossem sepultadas com segurança e dignidade. Combinadas a campanhas de educação, ao oferecimento de alternativas para práticas tradicionais inseguras e à imposição de restrições às viagens, mesmo de indivíduos saudáveis, essas medidas possibilitaram a contenção do surto. Em 9 de junho de 2016, quase dois anos e meio depois do contágio de Emile Ouamouno, foi declarado o fim do surto de Ebola da África Ocidental.

Imunidade de grupo

Além de ajudarem no combate de doenças contagiosas, os modelos matemáticos de epidemias também podem contribuir para a nossa compreensão de fatores incomuns de diferentes cenários das doenças. É o que ocorre a uma série de questões interessantes relacionadas a doenças infantis como caxumba e rubéola: por que essas doenças varrem a sociedade periodicamente, afetando apenas as crianças? É possível que tenham uma predileção por alguma característica sutil da infância? E por que persistem há tanto tempo? Talvez, passem anos adormecidas, aguardando o próximo grande surto, antes de voltarem a atacar os mais indefesos.

As doenças infantis exibem esse padrão de surtos periódicos entre os mais jovens porque o número efetivo de reprodução varia com o tempo na população de indivíduos suscetíveis. Depois que um surto afeta grandes fatias da população infantil indefesa, uma doença como a escarlatina não simplesmente desaparece. Ela continua presente na população, mas com um número efetivo de reprodução em torno de um. É o bastante para a doença se manter ativa. O tempo passa, a população envelhece, e nascem mais crianças indefesas. Com o aumento da população vulnerável, o número efetivo de reprodução também cresce, tornando novos surtos cada vez mais prováveis. Quando ele enfim ocorre, as vítimas acometidas pela doença geralmente estão na parte mais jovem e frágil do grupo demográfico, já que a maioria dos mais velhos ficou imune com a experiência anterior da doença. Aqueles que não tiveram a doença na infância geralmente estão mais protegidos pelo fato de não terem grande exposição ao grupo etário.

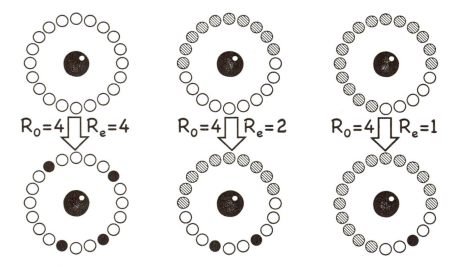

Figura 24: Um único indivíduo infectado (em preto) encontra 20 indivíduos suscetíveis (em branco) ou vacinados (em cinza) durante o período de contágio de uma semana. Se ninguém for vacinado (*esquerda*), esse único indivíduo infectado transmite a doença para quatro outros, o que significa que o número básico de reprodução, R0, é 4. Quando metade da população é vacinada (*centro*), só dois indivíduos suscetíveis são infectados. O número efetivo de reprodução, Re, cai para 2. Por fim (*direita*), quando 3/4 da população é vacinada, só uma pessoa em média é contagiada. O número efetivo de reprodução cai para o valor crítico de 1.

SUSCETÍVEL, INFECTADO, REMOVIDO

A ideia de que uma grande população de indivíduos imunes pode desacelerar ou até impedir a disseminação de uma doença, como ocorre nos períodos de hibernação entre os surtos das doenças infantis, é um conceito matemático chamado "imunidade de grupo". Surpreendentemente, esse efeito comunitário não requer que todos sejam imunizados para que toda a população seja protegida. Reduzindo-se o número efetivo de reprodução a menos de um, a cadeia de transmissão pode ser quebrada, e a doença cessada. Crucialmente, a imunidade de grupo significa que aqueles com sistemas imunológicos frágeis demais para tolerar a vacinação — entre os quais idosos, recém-nascidos, grávidas e portadores de HIV — também podem se beneficiar da proteção propiciada pela vacinação. O limiar para a fração imune da população necessário para a proteção do grupo suscetível depende do quanto a doença é contagiosa. A resposta para o tamanho da proporção está no número básico de reprodução, R0.

Tomemos, por exemplo, uma pessoa infectada por uma gripe muito contagiosa. Se ela encontrar 20 indivíduos suscetíveis durante a semana de contágio, e quatro deles forem infectados, o número básico de reprodução da doença, R0, é 4. Cada indivíduo suscetível tem uma probabilidade de um em cinco de ser infectado. Isso serve para ilustrar como o número de reprodução depende do tamanho da população suscetível. Se o nosso paciente gripado houvesse entrado em contato com apenas dez pessoas suscetíveis durante a semana de contágio (como no painel central da Figura 24), com a probabilidade de transmissão permanecendo a mesma, ele teria infectado em média apenas duas delas, fazendo o número efetivo de reprodução cair pela metade, de quatro para dois.

A forma mais eficaz de reduzir o tamanho da população suscetível é a vacinação. O número das pessoas a serem vacinadas para se alcançar a imunidade de grupo depende da redução do número efetivo de reprodução para menos do que um. Assim, se conseguíssemos vacinar 3/4 da população (como na situação da direita na Figura 24), apenas 1/4 (ou cinco) dos 20 contatos feitos em uma semana pelo paciente gripado continuaria suscetível. Em média, só um deles seria infectado. Não é

276　　AS MATEMÁTICAS DA VIDA E DA MORTE

coincidência o fato de esse limiar crítico de vacinação para alcançar--se a imunidade de grupo em relação a uma doença com número básico de reprodução igual a 4 requerer que 3/4 (ou 1–1/4) da população seja vacinada. Em geral, só podemos nos dar ao luxo de deixar $1/R_0$ da população sem vacina, e devemos proteger a fração restante $(1–1/R_0$ da população) se quisermos alcançar o limiar da imunidade de grupo. Para a varíola, cujo número básico de reprodução é por volta de quatro, podemos deixar um 1/4 (ou 25%) da população sem proteção. A vacinação de apenas 80% (5% acima do limiar crítico de imunização de 75% para garantir) da população suscetível contra a varíola foi o suficiente em 1977 para uma das maiores realizações da nossa espécie: a eliminação de uma doença humana da face da Terra. Esse feito ainda não foi repetido.

As implicações debilitantes e perigosas do contágio da varíola já bastavam para torná-la um alvo da erradicação. O limiar crítico de imunização baixo também fazia dela um alvo relativamente fácil. É mais difícil nos protegermos contra outros tipos de doença que se disseminam com mais facilidade. Levando em conta que o R_0 da catapora é estimado em cerca de 10, precisaríamos imunizar 9/10 da população para proteger o restante e eliminar a doença. Já para a eliminação do sarampo, de longe a doença transmissível entre humanos mais contagiosa da Terra, com um R_0 estimado entre 12 e 18, seria preciso vacinar entre 92% e 95% da população. Um estudo que modelou a disseminação do surto de sarampo de 2015 da Disneylândia — quando Mobius Loop foi infectado — sugeriu que as taxas de vacinação entre as pessoas expostas provavelmente eram inferiores a 50%, muito abaixo do limiar necessário para a imunidade de grupo.[27]

Sra. Tríplice Viral

Desde a sua introdução em 1988, a taxa de vacinação da Inglaterra contra o sarampo — por meio da injeção da tríplice viral, que abrange sarampo, caxumba e rubéola — tem aumentado gradualmente. Em

SUSCETÍVEL, INFECTADO, REMOVIDO

1996, a taxa de vacinação alcançou um marco recorde de 91,8%, aproximando-se do limiar crítico de imunização para a eliminação do sarampo. Em 1998, contudo, um incidente atrapalharia o processo de vacinação por anos.

O desastre na saúde pública não foi causado por animais doentes, problemas de saneamento nem falhas na política governamental, mas por uma funesta publicação de cinco páginas no respeitado periódico médico Lancet.[28] No estudo, o autor principal Andrew Wakefield sugeriu uma ligação entre a tríplice viral e os transtornos do espectro do autismo. Com base nas suas "descobertas", Wakefield lançou a própria campanha contra a tríplice viral, afirmando durante uma coletiva de imprensa: "Não posso apoiar o uso contínuo dessas três vacinas em conjunto até esse problema ser resolvido." A mídia convencional de modo geral não resistiu à isca.

Entre as manchetes do Daily Mail que cobriram a história, podemos citar "A tríplice viral matou minha filha", "Temores contra a tríplice viral ganham vulto" e "A tríplice viral é segura? Balela. E o escândalo só piora." Nos anos que se seguiram ao artigo de Wakefield, a história cresceu, tornando-se o assunto científico mais discutido no Reino Unido em 2002. Além de alimentar o medo de muitos pais alarmados, como já é de se esperar, a cobertura que a mídia fez da história deixou de mencionar que o estudo de Wakefield foi conduzido com apenas doze crianças, uma coorte extremamente pequena para se chegar a conclusões significativas de grande escala. Qualquer publicação que tenha apresentado algum alerta de cuidado em relação ao estudo foi afogada pelas sirenes provenientes da imprensa em peso. A consequência foi que muitos pais começaram a não dar permissão para que seus filhos fossem vacinados. Ao longo dos dez anos seguintes à publicação do infame artigo do Lancet, a abrangência da tríplice viral cairia de mais de 90% para abaixo de 80%. Os casos confirmados de sarampo aumentariam de 56 em 1998 para mais de 1.300 dez anos depois. Os casos de caxumba, cuja prevalência vinha caindo nos anos 1990, de repente dispararam.

Em 2004, enquanto os casos de sarampo, caxumba e rubéola continuavam se multiplicando, o jornalista investigativo Brian Deer se dedicou à exposição da fraude no trabalho de Wakefield. Deer divulgou que, antes de submeter seu artigo para publicação, Wakefield recebera mais de 400 mil libras de advogados à procura de evidências contra as companhias farmacêuticas que produzem as vacinas. Além disso, ele expôs documentos que afirmava provarem que Wakefield registrara patentes para uma vacina rival à tríplice viral. Crucialmente, Deer afirmou ter provas de que Wakefield havia manipulado os dados em seu artigo para dar a falsa impressão de uma ligação com o autismo. As provas de Deer, apontando para fraude científica e conflitos extremos de interesse por parte de Wakefield, acabaram por levar a uma retratação dos editores do *Lancet*. Em 2010, Wakefield teve o registro médico cassado pelo Conselho Médico Geral. Nos 20 anos transcorridos desde a publicação do artigo original de Wakefield, pelo menos catorze estudos amplos com centenas de milhares de crianças do mundo inteiro não encontraram evidências de uma ligação entre a tríplice viral e o autismo. Infelizmente, contudo, a influência de Wakefield continua viva.

•

Embora a vacinação da tríplice viral no Reino Unido tenha retomado os níveis anteriores ao incidente, as taxas de vacinação no mundo desenvolvido estão caindo, enquanto os casos de sarampo aumentam. Em 2018 na Europa, mais de 60 mil casos de sarampo foram registrados, entre os quais 72 foram fatais — o dobro do número do ano anterior. Isso é, antes de tudo, resultado de um movimento antivacina cada vez mais forte. A Organização Mundial da Saúde lista o que chama de "hesitação vacinal" como uma das maiores ameaças à saúde global de 2019. O *Washington Post,* entre outras publicações, atribui o aumento dos "anti-vaxxers" diretamente a Wakefield, descrevendo-o como "o fundador do movimento antivacina moderno". As doutrinas do movimento, no entanto, se expandiram para muito além das descobertas desmascaradas de Wakefield. Elas vão de afirmações de que as vacinas contêm níveis arriscados de substâncias químicas tóxicas a alegações

SUSCETÍVEL, INFECTADO, REMOVIDO

de que elas infectam crianças com as próprias doenças que tentam prevenir. Na verdade, substâncias químicas tóxicas como o formaldeído são produzidas pelo nosso próprio sistema metabólico em quantidades maiores do que os traços encontrados nas vacinas. Ao mesmo tempo, são extremamente raros os casos em que as vacinas causam a doença que deveriam evitar, especialmente entre indivíduos saudáveis.

Apesar das diversas refutações convincentes às suas alegações, a retórica antivacina ganhou popularidade depois de ter recebido apoio de grandes celebridades como Jim Carrey, Charlie Sheen e Donald Trump. Numa reviravolta quase implausível demais para ser, sequer, imaginável, em 2018 Wakefield confirmou sua elevação ao status de celebridade quando começou a namorar a ex-top model Elle Macpherson.

O novo ativismo das celebridades contou com a ascensão das redes sociais para que essas personalidades pudessem divulgar seus pontos de vista mais diretamente para os fãs. Com o desgaste da confiança na mídia convencional, as pessoas estão cada vez mais recorrendo a verdadeiras câmaras de eco em busca de confirmação. A ascensão dessas plataformas alternativas forneceu um espaço para o movimento antivacina crescer sem ser a ameaça ou os desafios da ciência baseada em evidências. O próprio Wakefield chegou a descrever a popularização das redes sociais como um "belo desenvolvimento" — talvez, para os propósitos dele.

•

Todos temos escolhas a fazer que afetam a probabilidade de contrairmos uma doença contagiosa: tirar ou não férias em países exóticos; com quem deixar nossos filhos brincar; locomovermo-nos ou não num meio de transporte público lotado. Quando estamos doentes, outras escolhas afetam a probabilidade de transmitirmos a doença: cancelar ou não uma reunião muito aguardada com os amigos; deixar ou não nossos filhos faltarem à escola; cobrir ou não as bocas quando tossimos. A decisão crucial de nos vacinarmos e aos nossos dependentes só pode ser tomada com antecedência. Ela afeta nossas chances não só de contrair doenças, mas também de transmiti-las.

Algumas dessas decisões não custam nada, o que torna sua adoção muito simples. Não custa nada espirrar com um lenço de tecido ou papel. É comprovado que o simples ato de lavar as mãos com frequência e cuidado reduz os números efetivos de reprodução de doenças respiratórias como a gripe em até 3/4. Para algumas doenças, pode ser o suficiente para ficarmos abaixo do limiar de R0, sob o qual uma doença contagiosa não alcança um surto.

Outras decisões consistem em dilemas maiores. É sempre tentador mandar os filhos para a escola, mesmo quando sabemos que isso aumenta o número de contatos potencialmente infectados que eles farão, e, portanto, a possibilidade de uma epidemia. No centro de todas as nossas escolhas deve estar a compreensão dos riscos e consequências inerentes.

A epidemiologia matemática nos oferece uma forma de analisar e entender essas decisões. Ela explica por que é melhor para todos se mantivermos distância do trabalho ou da escola quando estivermos doentes. Ela nos diz como e por que lavar as mãos pode ajudar a evitar surtos pela redução da força de infecção. De vez em quando, surpreendentemente, pode enfatizar que as doenças que mais inspiram medo nem sempre são as mais preocupantes.

Numa escala mais ampla, sugere estratégias para lidarmos com o surto de uma doença e as medidas preventivas que podemos adotar para evitá-las. Além de evidências científicas confiáveis, a epidemiologia matemática demonstra sem a menor dúvida que a vacinação é essencial. Ela não só protege você, como sua família, seus amigos, vizinhos e colegas. Números da Organização Mundial da Saúde mostram que as vacinas evitam milhões de mortes anualmente e poderiam evitar outras milhões se conseguíssemos ampliar a abrangência global.[29] Elas são a melhor maneira de evitar o surto de doenças mortais, e a única chance que temos de eliminar definitivamente seus impactos devastadores. A epidemiologia matemática é um raio de esperança para o futuro, uma chave que pode abrir a porta para os segredos de alcançarmos esses feitos hercúleos.

Epílogo

EMANCIPAÇÃO MATEMÁTICA

A matemática moldou a nossa história: através dos ancestrais que venceram o jogo numérico da evolução e das doenças que ameaçaram e filtraram a nossa espécie. Nossa biologia reflete as regras imutáveis da matemática. Ao mesmo tempo, nossa estética matemática se transformou para refletir nossa própria fisiologia, e a nossa compreensão da matemática evoluiu junto conosco por milhões de anos até alcançar o estado atual.

Na sociedade de hoje, a matemática está por trás de quase tudo que fazemos. Ela é fundamental para a comunicação e para os métodos de navegação geográfica. Alterou completamente o comércio e revolucionou tanto o nosso trabalho quanto o entretenimento. Sua influência pode ser sentida em todo tribunal e hospital, em todo escritório e todo lar.

A matemática é usada diariamente para a execução de tarefas antes inimagináveis. Algoritmos matemáticos sofisticados permitem-nos encontrar a resposta para quase qualquer assunto em questão de segundos. Pessoas do mundo inteiro são ligadas em instantes pelo poder matemático da internet. Os guardiões da justiça usam a matemática como uma força para o bem na detecção de criminosos pela arqueologia forense.

Devemos nos lembrar, contudo, de que a matemática só é tão benigna quanto quem a usa. Afinal de contas, a mesma matemática que serviu para condenar o falsificador de quadros Han van Meegeren também produziu a bomba atômica. Está claro que devemos nos esforçar para entender as implicações completas das ferramentas matemáticas que usamos com tanta frequência. O que começa com recomendações de amigos e anúncios publicitários personalizados pode terminar com notícias falsas entre os assuntos mais comentados ou a corrosão da nossa privacidade.

À medida que a matemática se torna cada vez mais prevalente nas nossas vidas, as possibilidades de um desastre inesperado se multiplicam. Por mais que já tenhamos visto tantas vezes os maravilhosos usos da matemática permitirem feitos até então impensáveis, também vimos as consequências desastrosas dos erros matemáticos. A matemática praticada com cuidado pode colocar o homem na Lua, mas o contrário destruiu o Orbiter de Marte. Quando manipulada apropriadamente, a matemática pode ser uma ferramenta poderosa para a análise criminal, mas nas mãos de charlatões inescrupulosos pode custar a liberdade de inocentes. Na sua melhor forma, a matemática é a tecnologia médica de ponta capaz de salvar vidas; na pior, são os erros no cálculo de doses de medicamentos que acabam com elas. É nosso dever aprender com os erros matemáticos para que eles não sejam repetidos, ou, melhor ainda, para que seja impossível repeti-los.

A modelagem matemática pode nos oferecer um vislumbre do futuro. Os modelos matemáticos não só descrevem o mundo como é — os dados com base nos quais são calibrados —, mas oferecem um grau de previsão. A epidemiologia matemática permite-nos vislumbrar o futuro da progressão da doença e adotar medidas preventivas proativas em vez de estarmos sempre correndo atrás com jogos reativos. A parada ótima pode nos dar a melhor chance de fazermos a melhor escolha quando não podemos ver todas as opções de antemão.

EPÍLOGO

A genômica pessoal pode revolucionar a compreensão do nosso futuro risco em relação às doenças, mas só se conseguirmos padronizar a matemática com que interpretamos os resultados.

A matemática foi, é e sempre será uma corrente passando sob a superfície de todos os aspectos da nossa vida. Devemos, contudo, ter cuidado para não nos deixarmos levar pela tentação de ampliar sua aplicação para além do seu escopo. Há áreas em que a matemática é uma ferramenta completamente errada, atividades em que a supervisão humana é inquestionavelmente necessária. Mesmo que algumas das tarefas mentais mais complexas possam ser delegadas para um algoritmo, questões do coração jamais poderão ser limitadas a um simples conjunto de regras. Nenhuma instrução ou equação jamais imitará as verdadeiras complexidades da condição humana.

Não obstante, um pouco de conhecimento matemático na nossa sociedade cada vez mais quantitativa pode nos ajudar a aplicar o poder dos números em nosso benefício. Regras simples permitem-nos fazer as melhores escolhas e evitar os piores erros. Pequenas alterações na forma como pensamos nos nossos ambientes em rápida evolução nos ajudam a "manter a calma" diante de mudanças cada vez mais rápidas ou a nos adaptar a realidades cada vez mais automatizadas. Modelos básicos das nossas ações, reações e interações podem nos preparar para o futuro antes da sua chegada. As histórias relacionadas às experiências de outras pessoas são, do meu ponto de vista, os modelos mais simples e poderosos. Elas nos permitem aprender com os erros dos nossos predecessores para que, antes de embarcarmos em qualquer expedição numérica, possamos garantir que falemos todos a mesma linguagem, que tenhamos relógios sincronizados e combustível suficiente no tanque.

Metade da batalha para o nosso empoderamento matemático é ousar questionar a autoridade daqueles que empunham armas — quebrando a ilusão de certeza. Apreciar riscos absolutos e relativos, vieses de proporção, *mismatched framing* e vieses de amostragem nos dá o poder de sermos céticos em relação às estatísticas que gritam as manchetes de jornais, os "estudos" empurrados pelas propagandas ou as meias-verdades cuspidas por políticos. O reconhecimento de falácias ecológicas e eventos dependentes permite-nos dispersar os véus de fumaça que ofuscam a nossa razão, o que torna mais difícil sermos enganados por argumentos matemáticos, seja nos tribunais, nas salas de aula ou nas clínicas.

Devemos garantir que aquele que detém as estatísticas mais chocantes nem sempre vença a discussão, exigindo uma explicação sobre a matemática por trás dos números. Não devemos deixar que charlatões da medicina atrasem o recebimento de um tratamento que pode salvar nossa vida quando suas terapias alternativas não passarem de uma regressão à média. Não devemos permitir que os "anti-vaxxers" nos façam duvidar da eficácia das vacinas, quando a matemática prova que elas podem salvar vidas vulneráveis e erradicar doenças.

Está na hora de recuperarmos o poder, pois às vezes a matemática é realmente uma questão de vida e de morte.

Agradecimentos

O título e a principal motivação para *As matemáticas da vida e da morte* como um livro sobre territórios ocultos em que a matemática afeta nossas vidas diárias vieram de uma conversa regada a álcool em um pub no meu primeiro encontro pessoal com meu agente Chris Wellbelove. Chris leu todos os esboços, argumentos e capítulos que lhe enviei e fez muito mais do que isso. Tenho uma grande dívida com ele por ter apostado em mim e me guiado com sucesso ao longo do processo de promover e escrever meu primeiro livro.

Desde o dia em que assinei com a Quercus, minha editora Katy Follain cuida de mim. Ela leu inúmeros esboços do livro e fez sugestões que se transformaram em grandes melhorias. Do mesmo modo, Sarah Goldberg, minha editora nos Estados Unidos, teve uma grande influência na direção que o livro tomou. O fato de Katy e Sarah terem investido tempo pensando juntas e me dando um retorno coerente me deixa mais grato ainda. Agradeço a elas e a todas as pessoas que trabalharam incansavelmente nos bastidores da Quercus e da Scribner para fazer esse livro virar realidade.

Tenho uma grande dívida com todos que contatei enquanto escrevia o livro e que gentilmente compartilharam suas histórias comigo. Seus contos de catástrofes e trunfos matemáticos são a base deste livro. Ele simplesmente não teria acontecido sem o tempo e a generosidade que vocês doaram para responder às minhas longas listas de perguntas aparentemente irrelevantes.

Minha gratidão ao Institute for Mathematical Innovation, da Universidade de Bath, que me apoiou com uma transferência interna. Isso foi essencial para me permitir desenvolver o livro com o cuidado desejado. De modo mais geral, muitos dos meus colegas de toda a universidade com quem conversei sobre o livro me deram bastante estímulo e apoio. Minha *alma mater*, Somerville College, Oxford, também me forneceu um lugar para trabalhar quando eu precisava sair de casa, e sou muito grato por isso.

No início do processo de escrita, quando me dei conta de que precisava de algumas mentes quantitativas para criticar meu trabalho, procurei meus antigos colegas do PhD e amigos íntimos, Gabriel Rosser e Aaron Smith. Sem saberem exatamente no que estavam se metendo, eles aceitaram ler os primeiros esboços do manuscrito, mesmo tendo bebês recém-nascidos e outros aspectos complicados da vida para cuidarem. Meus sinceros agradecimentos a eles pelos aprimoramentos que seus comentários geraram para o livro.

Meu grande amigo e colega Chris Guiver teve a bondade de me hospedar na casa dele por mais de um ano enquanto eu escrevia o livro. Ele foi um excelente ouvinte para as minhas ideias, debatendo comigo noite adentro não só sobre o livro, mas também sobre ciência e a vida em geral. Chris, você provavelmente não se dá conta da importância que a sua generosidade teve para mim. Obrigado.

Meus pais, Tim e Mary, foram os maiores apoiadores ao longo do processo. Eles leram o livro inteiro *duas vezes*. São o meu público de leigos inteligentes. Mais do que apenas comentários perspicazes e uma revisão meticulosa, contudo, devo-lhes minha educação e meus valores. Vocês me apoiaram nos altos e baixos. Nunca conseguirei agradecer o bastante. Minha irmã, Lucy, me ajudou a costurar minhas ideias iniciais em algo que lembrasse um argumento coerente para venda. Não exagero ao dizer que este livro não existiria sem o tempo e esforço que ela doou, criticando com sensibilidade o meu texto e me colocando no caminho certo logo no início.

Tenho ainda uma dívida um pouco menos tangível com todos os meus parentes por, entre outras coisas, nunca terem se queixado

AGRADECIMENTOS

quando eu ia dormir no meio de uma reunião em família por ter ficado acordado até tarde na noite anterior trabalhando no livro. A importância desse descanso não pode ser superestimada.

Por fim, às pessoas que provavelmente suportaram mais em nome deste livro: minha família. Minha esposa, Caroline, foi uma grande apoiadora do projeto, a ponto de ter mexido em trechos sobre genética. Ela não só apoiou este autor de primeira viagem, como é uma tremenda mãe e CEO em tempo integral. Minha admiração por você não tem limites. Por último, a Em e Will. Obrigado por terem mantido meus pés no chão. Todas as preocupações desaparecem da minha cabeça quando chego em casa; não sobra espaço para mais nada além de vocês dois. Mesmo que este livro não venda uma única cópia, sei que não vai fazer diferença para vocês.

Referências

Introdução: Quase tudo

1. Pollock, K. H. (1991). Modeling Capture, Recapture, and Removal Statistics for Estimation of Demographic Parameters for Fish and Wildlife Populations: Past, Present, and Future. *Journal of the American Statistical Association*, 86 (413), 225. https://doi.org/10.2307/2289733.
2. Doscher, M. L., & Woodward, J. A. (1983). Estimating the size of subpopulations of heroin users: applications of log-linear models to capture/recapture sampling. *The International Journal of the Addictions*, 18 (2), 167-182.

   Hartnoll, R., Mitcheson, M., Lewis, R., & Bryer, S. (1985). Estimating the prevalence of opioid dependence. *The Lancet*, 325 (8422), 203-205. https://doi.org/10.1016/S0140-6736(85)92036-7.

   Woodward, J. A., Retka, R. L., & Ng, L. (1984). Construct Validity of Heroin Abuse Estimators. *International Journal of the Addictions*, 19 (1), 93-117. https://doi.org/10.3109/10826088409055819.
3. Spagat, M. (2012). *Estimating the Human Costs of War: The Sample Survey Approach*. Oxford University Press. https://doi.org/10.1093/oxfordhb/9780195392777.013.0014.

1. Pensando exponencialmente: Explorando o fantástico poder e os limites reais do comportamento exponencial

1. Botina, S. G., Lysenko, A. M., & Sukhodolets, V. V. (2005). Elucidation of the Taxonomic Status of Industrial Strains of Thermophilic Lactic Acid Bacteria

by Sequencing of 16S rRNA Genes. Microbiology, 74(4), 448-452. https://doi.org/10.1007/s11021-005-0087-7.

2. Cárdenas, A. M., Andreacchio, K. A., & Edelstein, P. H. (2014). Prevalence and detection of mixed-population enterococcal bacteremia. *Journal of Clinical Microbiology*, 52(7), 2604-2608. https://doi.org/10.1128/JCM.00802-14.

   Lam, M. M. C., Seemann, T., Tobias, N. J., Chen, H., Haring, V., Moore, R. J., [...] Stinear, T. P. (2013). Comparative analysis of the complete genome of an epidemic hospital sequence type 203 clone of vancomycin-resistant Enterococcus faecium. *BMC Genomics*, 14, 595. https://doi.org/10.1186/1471-2164-14-595.

3. Von Halban, H., Joliot, F., & Kowarski, L. (1939). Number of Neutrons Liberated in the Nuclear Fission of Uranium. *Nature*, 143(3625), 680-680. https://doi.org/10.1038/143680a0.

4. Webb, J. (2003). Are the laws of nature changing with time? *Physics World*, 16(4), 33-38. https://doi.org/10.1088/2058-7058/16/4/38.

5. Bernstein, J. (2008). Nuclear weapons : what you need to know. Cambridge University Press.

6. Agência Internacional de Energia Atômica. (1996). Ten years after Chernobyl: what do we really know? In *proceedings of the IAEA/WHO/EC International conference: One Decade after Chernobyl: Summing Up the Consequences*. Vienna: Vienna: International Atomic Energy Agency.

7. Greenblatt, D. J. (1985). Elimination Half-Life of Drugs: Value and Limitations. *Annual Review of Medicine*, 36(1), 421-427. https://doi.org/10.1146/annurev.me.36.020185.002225.

   Hastings, I. M., Watkins, W. M., & White, N. J. (2002). The evolution of drug-resistant malaria: the role of drug elimination half-life. *Philosophical Transactions of the Royal Society of London. Series B: Biological Sciences*, 357(1420), 505-519. https://doi.org/10.1098/rstb.2001.1036.

8. Leike, A. (2002). Demonstration of the exponential decay law using beer froth. *European Journal of Physics*, 23(1), 21-26. https://doi.org/10.1088/0143-0807/23/1/304.

   Fisher, N. (2004). The physics of your pint: head of beer exhibits exponential decay. *Physics Education*, 39(1), 34-35. https://doi.org/10.1088/0031-9120/39/1/F11.

9. Rutherford, E., & Soddy, F. (1902). LXIV. The cause and nature of radioactivity.— Part II. *The London, Edinburgh, and Dublin Philosophical Magazine and Journal of Science*, 4(23), 569-585. https://doi.org/10.1080/14786440209462881.

   Rutherford, E., & Soddy, F. (1902). XLI. The cause and nature of radioactivity.—Part I. *The London, Edinburgh, and Dublin Philosophical Magazine and Journal of Science*, 4(21), 370-396. https://doi.org/10.1080/14786440209462856.

REFERÊNCIAS

10. Bonani, G., Ivy, S., Wölfli, W., Broshi, M., Carmi, I., & Strugnell, J. (1992). Radiocarbon Dating of Fourteen Dead Sea Scrolls. *Radiocarbon*, 34(03), 843-849. https://doi.org/10.1017/S0033822200064158.

    Carmi, I. (2000). Radiocarbon Dating of the Dead Sea Scrolls. In L. Schiffman, E. Tov, & J. VanderKam (Eds.), *The Dead Sea Scrolls: Fifty Years after their Discovery. 1947-1997* (p. 881).

    Bonani, G., Broshi, M., & Carmi, I., 14 Radiocarbon Dating of the Dead Sea Scrolls. *'Atiqot*, Israel Antiquities Authority.

11. Starr, C., Taggart, R., Evers, C. A., & Starr, L. (2019). *Biology: the unity and diversity of life*, Cengage Learning.

12. Bonani, G., Ivy, S. D., Hajdas, I., Niklaus, T. R., & Suter, M. (1994). Ams 14C Age Determinations of Tissue, Bone and Grass Samples from the Ötztal Ice Man. *Radiocarbon*, 36(02), 247-250. https://doi.org/10.1017/S0033822200040534.

13. Keisch, B., Feller, R. L., Levine, A. S., & Edwards, R. R. (1967). Dating and authenticating works of art by measurement of natural alpha emitters. *Science (Nova York, N.Y.)*, 155(3767), 1238-1242. https://doi.org/10.1126/science.155.3767.1238.

14. Kenna, K. P., van Doormaal, P. T. C., Dekker, A. M., Ticozzi, N., Kenna, B. J., Diekstra, F. P., [...] Landers, J. E. (2016). NEK1 variants confer susceptibility to amyotrophic lateral sclerosis. *Nature Genetics*, 48(9), 1037-1042. https://doi.org/10.1038/ng.3626.

15. Vinge, V. (1986). *Marooned in realtime*. Bluejay Books/St. Martin's Press. (1992). *A fire upon the deep*. Tor books. (1993). The coming technological singularity: How to survive in the post-human era. Em NASA. *Lewis Research Center, Vision 21: Interdisciplinary Science and Engineering in the Era of Cyberspace*; (pp. 11-22). Extraído de https://ntrs.nasa.gov/search.jsp?R=19940022856.

16. Kurzweil, R. (1999). *The age of spiritual machines: when computers exceed human intelligence*. Nova York, NY: Viking.

17. Kurzweil, R. (2004). The Law of Accelerating Returns. Em *Alan Turing: Life and Legacy of a Great Thinker* (pp. 381-416). Berlim, Heidelberg: Springer Berlin Heidelberg. https://doi.org/10.1007/978-3-662-05642-4_16.

18. Gregory, S. G., Barlow, K. F., McLay, K. E., Kaul, R., Swarbreck, D., Dunham, A., [...] Bentley, D. R. (2006). The DNA sequence and biological annotation of human chromosome 1. *Nature*, 441(7091), 315-321. https://doi.org/10.1038/nature04727.

    International Human Genome Sequencing Consortium. (2001). Initial sequencing and analysis of the human genome. *Nature*, 409(6822), 860-921. https://doi.org/10.1038/35057062.

    Pennisi, E. (2001). The human genome. *Science* (Nova York, N.Y.), 291(5507), 1177-1180. https://doi.org/10.1126/SCIENCE.291.5507.1177.

19. Malthus, T. R. (Thomas R., & Gilbert, G., 2008). *An essay on the principle of population.* Oxford University Press.

20. McKendrick, A. G., & Pai, M. K. (1912). The Rate of Multiplication of Micro-organisms: A Mathematical Study. *Proceedings of the Royal Society of Edinburgh, 31,* 649-653. https://doi.org/10.1017/S0370164600025426.

21. Davidson, J. (1938). On the ecology of the growth of the sheep population in South Australia. *Trans. Roy. Soc. S. A.,* 62(1), 11-148. (1938). On the growth of the sheep population in Tasmania. *Trans. Roy. Soc. S. A.,* 62(2), 342-346.

22. Jeffries, S., Huber, H., Calambokidis, J., & Laake, J. (2003). Trends and Status of Harbor Seals in Washington State: 1978-1999. *The Journal of Wildlife Management,* 67(1), 207. https://doi.org/10.2307/3803076.

23. Flynn, M. N., & Pereira, W. R. L. S. (2013). Ecotoxicology and environmental contamination. *Ecotoxicology and Environmental Contamination,* 8(1), 75-85.

24. Wilson, E. O. (2002). *The future of life* (1st ed.). Knopf, Alfred A.

25. Raftery, A. E., Alkema, L., & Gerland, P. (2014). Bayesian Population Projections for the United Nations. *Statistical Science: A Review Journal of the Institute of Mathematical Statistics,* 29(1), 58-68. https://doi.org/10.1214/13-STS419.

    Raftery, A. E., Li, N., Ševčíková, H., Gerland, P., & Heilig, G. K. (2012). Bayesian probabilistic population projections for all countries. *Proceedings of the National Academy of Sciences of the United States of America,* 109(35), 13915-13921. https://doi.org/10.1073/pnas.1211452109.

    Departamento das Nações Unidas para Assuntos Econômicos e Sociais, Divisão de População. (2017). World Population Prospects: The 2017 Revision, Key Findings and Advance Tables., *ESA/P/WP/2.*

26. Block, R. A., Zakay, D., & Hancock, P. A. (1999). Developmental Changes in Human Duration Judgments: A Meta-Analytic Review. *Developmental Review,* 19(1), 183-211. https://doi.org/10.1006/DREV.1998.0475.

27. Mangan, P., Bolinskey, P., & Rutherford, A. (1997). Underestimation of time during aging: The result of age-related dopaminergic changes. Em *Annual Meeting of the Society for Neuroscience.*

28. Craik, F. I. M., & Hay, J. F. (1999). Aging and judgments of duration: Effects of task complexity and method of estimation. *Perception & Psychophysics,* 61(3), 549-560. https://doi.org/10.3758/BF03211972.

29. Church, R. M. (1984). Properties of the Internal Clock. *Annals of the New York Academy of Sciences,* 423(1), 566-582. https://doi.org/10.1111/j.1749-6632.1984.tb23459.x.

    Craik, F. I. M., & Hay, J. F. (1999). Aging and judgments of duration: Effects of task complexity and method of estimation. *Perception & Psychophysics,* 61(3), 549-560. https://doi.org/10.3758/BF03211972.

REFERÊNCIAS

Gibbon, J., Church, R. M., & Meck, W. H. (1984). Scalar Timing in Memory. *Annals of the New York Academy of Sciences*, 423(1 Timing and Ti), 52-77. https://doi.org/10.1111/j.1749-6632.1984.tb23417.x.

30. Pennisi, E. (2001). The human genome. *Science*, 291(5507), 1177-80. https://doi.org/10.1126/SCIENCE.291.5507.1177.

31. Stetson, C., Fiesta, M. P., & Eagleman, D. M. (2007). Does Time Really Slow Down during a Frightening Event? *PLoS ONE*, 2(12), e1295. https://doi.org/10.1371/journal.pone.0001295.

2. Sensibilidade, especificidade e segundas opiniões: A matemática por trás da medicina

1. Farrer, L. A., Cupples, L. A., Haines, J. L., Hyman, B., Kukull, W. A., Mayeux, R., [...] Duijn, C. M. van. (1997). Effects of Age, Sex, and Ethnicity on the Association Between Apolipoprotein E Genotype and Alzheimer Disease. *JAMA*, 278(16), 1349. https://doi.org/10.1001/jama.1997.03550160069041.

   Gaugler, J., James, B., Johnson, T., Scholz, K., & Weuve, J. (2016). 2016 Alzheimer's disease facts and figures. *Alzheimer's & Dementia*, 12(4), 459-509. https://doi.org/10.1016/J.JALZ.2016.03.001.

   Genin, E., Hannequin, D., Wallon, D., Sleegers, K., Hiltunen, M., Combarros, O., [...] Campion, D. (2011). APOE and Alzheimer disease: a major gene with semi-dominant inheritance. *Molecular Psychiatry*, 16(9), 903-907. https://doi.org/10.1038/mp.2011.52.

   Jewell, N. P. (2004). *Statistics for epidemiology*. Chapman & Hall/CRC.

   Macpherson, M., Naughton, B., Hsu, A., & Mountain, J. (2007). *Estimating Genotype-Specific Incidence for One or Several Loci*, 23andMe.

   Risch, N. (1990). Linkage strategies for genetically complex traits. I. Multilocus models. *American Journal of Human Genetics*, 46(2), 222-228.

2. Kalf, R. R. J., Mihaescu, R., Kundu, S., de Knijff, P., Green, R. C., & Janssens, A. C. J. W. (2014). Variations in predicted risks in personal genome testing for common complex diseases. *Genetics in Medicine*, 16(1), 85-91. https://doi.org/10.1038/gim.2013.80.

3. Quetelet, L. A. J. (1994). A Treatise on Man and the Development of His Faculties. *Obesity Research*, 2(1), 72-85. https://doi.org/10.1002/j.1550-8528.1994.tb00047.x.

4. Keys, A., Fidanza, F., Karvonen, M. J., Kimura, N., & Taylor, H. L. (1972). Indices of relative weight and obesity. *Journal of Chronic Diseases*, 25(6-7), 329-343. https://doi.org/10.1016/0021-9681(72)90027-6.

5. Tomiyama, A. J., Hunger, J. M., Nguyen-Cuu, J., & Wells, C. (2016). Misclassification of cardiometabolic health when using body mass index categories in NHANES 2005-2012. *International Journal of Obesity*, 40(5), 883-886. https://doi.org/10.1038/ijo.2016.17.

6. McCrea, R. L., Berger, Y. G., & King, M. B. (2012). Body mass index and common mental disorders: exploring the shape of the association and its moderation by age, gender and education. *International Journal of Obesity*, 36(3), 414-421. https://doi.org/10.1038/ijo.2011.65.

7. Sendelbach, S., & Funk, M. (2013). Alarm fatigue: a patient safety concern. *AACN Advanced Critical Care*, 24(4), 378-86; quiz 387-8. https://doi.org/10.1097/NCI.0b013e3182a903f9.

    Lawless, S. T. (1994). Crying wolf: false alarms in a pediatric intensive care unit. *Critical Care Medicine*, 22(6), 981-85.

8. Mäkivirta, A., Koski, E., Kari, A., & Sukuvaara, T. (1991). The median filter as a preprocessor for a patient monitor limit alarm system in intensive care. *Computer Methods and Programs in Biomedicine*, 34(2-3), 139-44. https://doi.org/10.1016/0169-2607(91)90039-V.

9. Imhoff M., Kuhls, S., Gather, U., & Fried, R. (2009). Smart alarms from medical devices in the OR and ICU. *Best Practice & Research Clinical Anaesthesiology*, 23(1), 39-50. https://doi.org/10.1016/J.BPA.2008.07.008.

10. Hofvind, S., Geller, B. M., Skelly, J., & Vacek, P. M. (2012). Sensitivity and specificity of mammographic screening as practised in Vermont and Norway. *The British Journal of Radiology*, 85(1020), e1226-32. https://doi.org/10.1259/bjr/15168178.

11. Gigerenzer, G., Gaissmaier, W., Kurz-Milcke, E., Schwartz, L. M., & Woloshin, S. (2007). Helping doctors and patients make sense of health statistics. *Psychological Science in the Public Interest*, 8(2), 53-96. https://doi.org/10.1111/j.1539-6053.2008.00033.x.

12. Gray, J. A. M., Patnick, J., & Blanks, R. G. (2008). Maximising benefit and minimising harm of screening. *BMJ (Clinical Research Ed.)*, 336(7642), 480-83. https://doi.org/10.1136/bmj.39470.643218.94.

13. Gigerenzer, G., Gaissmaier, W., Kurz-Milcke, E., Schwartz, L. M., & Woloshin, S. (2007). Helping doctors and patients make sense of health statistics. *Psychological Science in the Public Interest*, 8(2), 53-96. https://doi.org/10.1111/j.1539-6053.2008.00033.x.

14. Cornett, J. K., & Kirn, T. J. (2013). Laboratory diagnosis of HIV in adults: a review of current methods. *Clinical Infectious Diseases*, 57(5), 712-18. https://doi.org/10.1093/cid/cit281.

REFERÊNCIAS   295

15. Bougard, D., Brandel, J.-P., Bélondrade, M., Béringue, V., Segarra, C., Fleury, H., [...] Coste, J. (2016). Detection of prions in the plasma of presymptomatic and symptomatic patients with variant Creutzfeldt-Jakob disease. *Science Translational Medicine*, 8(370), 370ra182. https://doi.org/10.1126/scitranslmed.aag1257.

16. Sigel, C. S., & Grenache, D. G. (2007). Detection of unexpected isoforms of human chorionic gonadotropin by qualitative tests. *Clinical Chemistry*, 53(5), 989-90. https://doi.org/10.1373/clinchem.2007.085399.

17. Daniilidis, A., Pantelis, A., Makris, V., Balaouras, D., & Vrachnis, N. (2014). A unique case of ruptured ectopic pregnancy in a patient with negative pregnancy test — a case report and brief review of the literature. *Hippokratia*, 18(3), 282-84.

3. As leis da matemática:
Investigando o papel da matemática no Direito

1. Schneps, L., & Colmez, C. (2013). *Math on trial: how numbers get used and abused in the courtroom*, Basic Books (Nova York).

2. Jean Mawhin. (2005). Henri Poincaré. A Life in the Service of Science. *Notices of the American Mathematical Society*, 52(9), 1036-1044.

3. Ramseyer, J. M., & Rasmusen, E. B. (2001). Why is the Japanese Conviction Rate so High? *The Journal of Legal Studies*, 30(1), 53-88. https://doi.org/10.1086/468111.

4. Meadow, R. (Ed.) (1989). *ABC of child abuse* (First). British Medical Journal Publishing Group.

5. Brugha, T., Cooper, S., McManus, S., Purdon, S., Smith, J., Scott, F., [...] Tyrer, F. (2012). Estimating the Prevalence of Autism Spectrum Conditions in Adults — *Extending the 2007 Adult Psychiatric Morbidity Survey* — NHS Digital.

6. Ehlers, S., & Gillberg, C. (1993). The Epidemiology of Asperger Syndrome. *Journal of Child Psychology and Psychiatry*, 34(8), 1327-1350. https://doi.org/10.1111/j.1469-7610.1993.tb02094.x.

7. Fleming, P. J., Blair, P. S. P., Bacon, C., & Berry, P. J. (2000). *Sudden unexpected deaths in infancy: the CESDI SUDI studies 1993-1996*. The Stationery Office.
   Leach, C. E. A., Blair, P. S., Fleming, P. J., Smith, I. J., Platt, M. W., Berry, P. J., [...] Group, the C. S. R. (1999). Epidemiology of SIDS and Explained Sudden Infant Deaths. *Pediatrics*, 104(4), e43-e43. https://doi.org/10.1542/PEDS.104.4.E43.

8. Summers, A. M., Summers, C. W., Drucker, D. B., Hajeer, A. H., Barson, A., & Hutchinson, I. V. (2000). Association of IL-10 genotype with sudden

infant death syndrome. *Human Immunology*, 61(12), 1270-1273. https://doi. org/10.1016/S0198-8859(00)00183-X.

9. Brownstein, C. A., Poduri, A., Goldstein, R. D., & Holm, I. A. (2018). The Genetics of Sudden Infant Death Syndrome. In *SIDS Sudden Infant and Early Childhood Death: The Past, the Present and the Future.*

    Dashash, M., Pravica, V., Hutchinson, I. V., Barson, A. J., & Drucker, D. B. (2006). Association of Sudden Infant Death Syndrome With VEGF and IL-6 Gene Polymorphisms. *Human Immunology*, 67(8), 627-633. https://doi. org/10.1016/J.HUMIMM.2006.05.002.

10. Ma, Y. Z. (2015). Simpson's paradox in GDP and per capita GDP growths. *Empirical Economics*, 49(4), 1301-1315. https://doi.org/10.1007/s00181-015-0921-3.

11. Nurmi, H. (1998). Voting paradoxes and referenda. *Social Choice and Welfare*, 15(3), 333-350. https://doi.org/10.1007/s003550050109.

12. Abramson, N. S., Kelsey, S. F., Safar, P., & Sutton-Tyrrell, K. (1992). Simpson's paradox and clinical trials: What you find is not necessarily what you prove. *Annals of Emergency Medicine*, 21(12), 1480-1482. https://doi.org/10.1016/S0196-0644(05)80066-6.

13. Yerushalmy, J. (1971). The relationship of parents' cigarette smoking to outcome of pregnancy — implications as to the problem of inferring causation from observed associations. *American Journal of Epidemiology*, 93(6), 443-456. https://doi.org/10.1093/oxfordjournals.aje.a121278.

14. Wilcox, A. J. (2001). On the importance — and the unimportance — of birthweight. *International Journal of Epidemiology*, 30(6), 1233-1241. https:// doi.org/10.1093/ije/30.6.1233.

15. Dawid, A. P. (2005). Bayes's Theorem and Weighing Evidence by Juries. Em Richard Swinburne (Ed.), *Bayes's Theorem*. British Academy. https://doi. org/10.5871/bacad/9780197263419.003.0004.

    Hill, R. (2004). Multiple sudden infant deaths — coincidence or beyond coincidence? *Paediatric and Perinatal Epidemiology*, 18(5), 320-326. https:// doi.org/10.1111/j.1365-3016.2004.00560.x.

16. Schneps, L., & Colmez, C. (n.d.). *Math on trial : how numbers get used and abused in the courtroom.*

17. Jepson, R. G., Williams, G., & Craig, J. C. (2012). Cranberries for preventing urinary tract infections. *Cochrane Database of Systematic Reviews*, (10). https:// doi.org/10.1002/14651858.CD001321.pub5.

18. Hemilä, H., Chalker, E., & Douglas, B. (2007). Vitamin C for preventing and treating the common cold. *Cochrane Database of Systematic Reviews*, (3). https://doi.org/10.1002/14651858.CD000980.pub3.

REFERÊNCIAS 297

4. Não acredite na verdade: Desmascarando as estatísticas na mídia

1. American Society of News Editors. (2019). ASNE Statement of Principles. Consultado em 16 de março de 2019, em https://www.asne.org/content. asp?pl=24&sl=171&contentid=171.

   Federação Internacional de Jornalistas. (2019). Principles on Conduct of Journalism — IFJ. Consultado em 16 de março de 2019, em https://www.ifj. org/who/rules-and-policy/principles-on-conduct-of-journalism.html.

   Associated Press Media Editors. (2019). Statement of Ethical Principles — APME. Consultado em 16 de março de 2019, em https://www.apme.com/page/ EthicsStatement?&hhsearchterms=%22ethics%22.

   Society of Professional Journalists. (2019). SPJ Code of Ethics. Consultado em 16 de março de 2019, em https://www.spj.org/ethicscode.asp.

2. Troyer, K., Gilboy, T., & Koeneman, B. (2001). A nine STR locus match between two apparently unrelated individuals using AmpFlSTR® Profiler Plus and Cofiler. Em *Genetic Identity Conference Proceedings, 12th International Symposium on Human Identification*. Consultado em https://www.promega. ee/~/media/files/resources/conference proceedings/ishi 12/poster abstracts/ troyer.pdf.

3. Curran, J. (2010). Are DNA profiles as rare as we think? Or can we trust DNA statistics? *Significance*, 7(2), 62-6. https://doi.org/10.1111/j.1740-9713.2010.00420.x.

4. Ramirez, E., Brill, J., Ohlhausen, M. K., Wright, J. D., Terrell, M., & Clark, D. S. (2014). *In the matter of LOréal USA Inc. a corporation. Docket No. C*. Consultado em https://www.ftc.gov/system/files/documents/ cases/140627lorealcmpt.pdf.

5. Squire, P. (1988). Why the 1936 Literary Digest Poll Failed. *Public Opinion Quarterly*, 52(1), 125. https://doi.org/10.1086/269085.

6. Simon, J. L. (2003). *The art of empirical investigation*. Transaction Publishers.

7. Literary Digest. (1936). Landon, 1,293,669; Roosevelt, 972,897: Final Returns in 'The Digest's' Poll of Ten Million Voter. *Literary Digest, 122*, 5-6.

8. Cantril, H. (1937). How Accurate Were the Polls? *Public Opinion Quarterly*, 1(1), 97. https://doi.org/10.1086/265040.

   Lusinchi, D. (2012). "President" Landon and the 1936 Literary Digest Poll. *Social Science History*, 36(01), 23-54. https://doi.org/10.1017/ S014555320001035X.

9. Squire, P. (1988). Why the 1936 Literary Digest Poll Failed. *Public Opinion Quarterly*, 52(1), 125. https://doi.org/10.1086/269085.

10. "Rod Liddle said, 'Do the math'. So I did." Postagem do blog polarizingthevacuum, em 8 de setembro de 2016. Consultado em 21 de março de 2019, em https://polarizingthevacuum.wordpress.com/2016/09/08/rod-liddle-said-do--the-math-so-i-did/#comments.

11. Federal Bureau of Investigation. (2015). *Crime in the United States: FBI — Expanded Homicide Data Table 6*. Consultado em https://ucr.fbi.gov/crime-in-the-u.s/2015/crime-in-the-u.s.-2015/tables/expanded_homicide_data_table_6_murder_race_and_sex_of_vicitm_by_race_and_sex_of_offender_2015.xls.

12. U.S. Census Bureau. (2015). *American FactFinder — Results*. Consultado em https://factfinder.census.gov/bkmk/table/1.0/en/ACS/15_5YR/DP05/0100000US.

13. Swaine, J., Laughland, O., Lartey, J., & McCarthy, C. (2016). The Counted: People killed by police in the US. Consultado em https://www.theguardian.com/us-news/series/counted-us-police-killings.

14. Tran, M. (2015, 8 de outubro). FBI chief: "unacceptable" that Guardian has better data on police violence. *The Guardian*. Consultado em https://www.theguardian.com/us-news/2015/oct/08/fbi-chief-says-ridiculous-guardian--washington-post-better-information-police-shootings.

15. Federal Bureau of Investigation. (2015). *Crime in the United States: Full-time Law Enforcement Employees*. Consultado em https://ucr.fbi.gov/crime-in-the--u.s/2015/crime-in-the-u.s.-2015/tables/table-74.

16. World Cancer Research Fund, & American Institute for Cancer Research. (2007). Second Expert Report | World Cancer Research Fund International. http://discovery.ucl.ac.uk/4841/1/4841.pdf.

17. Newton-Cheh, C., Larson, M. G., Vasan, R. S., Levy, D., Bloch, K. D., Surti, A., [...] Wang, T. J. (2009). Association of common variants in NPPA and NPPB with circulating natriuretic peptides and blood pressure. *Nature Genetics*, 41(3), 348-353. https://doi.org/10.1038/ng.328.

18. Garcia-Retamero, R., & Galesic, M. (2010). How to reduce the effect of framing on messages about health. *Journal of General Internal Medicine*, 25(12), 1323-1329. https://doi.org/10.1007/s11606-010-1484-9.

19. Sedrakyan, A., & Shih, C. (2007). Improving Depiction of Benefits and Harms. *Medical Care*, 45(10 Suppl 2), S23-S28. https://doi.org/10.1097/MLR.0b013e3180642f69.

20. Fisher, B., Costantino, J. P., Wickerham, D. L., Redmond, C. K., Kavanah, M., Cronin, W. M., [...] Wolmark, N. (1998). Tamoxifen for Prevention of Breast

REFERÊNCIAS   299

Cancer: Report of the National Surgical Adjuvant Breast and Bowel Project P-1 Study. *JNCI: Journal of the National Cancer Institute*, 90(18), 1371-1388. https://doi.org/10.1093/jnci/90.18.1371.

21. Passerini, G., Macchi, L., & Bagassi, M. (2012). A methodological approach to ratio bias. *Judgment and Decision Making*, 7(5).

22. Denes-Raj, V., & Epstein, S. (1994). Conflict between intuitive and rational processing: When people behave against their better judgment. *Journal of Personality and Social Psychology*, 66(5), 819-829. https://doi.org/10.1037/0022-3514.66.5.819.

23. Faigel, H. C. (1991). The Effect of Beta Blockade on Stress-Induced Cognitive Dysfunction in Adolescents. *Clinical Pediatrics*, 30(7), 441-445. https://doi.org/10.1177/000992289103000706.

24. Hróbjartsson, A., & Gøtzsche, P. C. (2010). Placebo interventions for all clinical conditions. *Cochrane Database of Systematic Reviews*, (1). https://doi.org/10.1002/14651858.CD003974.pub3.

25. Lott, J. R. (2000). More guns, less crime: Understanding crime and gun control laws (2. ed.). University of Chicago Press.

    Lott, Jr., J. R., & Mustard, D. B. (1997). Crime, Deterrence, and Right to Carry Concealed Handguns. *The Journal of Legal Studies*, 26(1), 1-68. https://doi.org/10.1086/467988.

    Plassmann, F., & Tideman, T. N. (2001). Does the Right to Carry Concealed Handguns Deter Countable Crimes? Only a Count Analysis Can Say. *The Journal of Law and Economics*, 44(S2), 771-798. https://doi.org/10.1086/323311.

    Bartley, W. A., & Cohen, M. A. (1998). The effect of concealed weapons laws: an extreme bound analysis. *Economic Inquiry*, 36(2), 258-265. https://doi.org/10.1111/j.1465-7295.1998.tb01711.x.

    Moody, C. E. (2001). Testing for the Effects of Concealed Weapons Laws: Specification Errors and Robustness. *The Journal of Law and Economics*, 44(S2), 799-813. https://doi.org/10.1086/323313.

26. Levitt, S. D. (2004). Understanding Why Crime Fell in the 1990s: Four Factors that Explain the Decline and Six that Do Not. *Journal of Economic Perspectives*, 18(1), 163-190. https://doi.org/10.1257/089533004773563485.

27. Grambsch, P. (2008). Regression to the Mean, Murder Rates, and Shall-Issue Laws. *The American Statistician*, 62(4), 289-295. https://doi.org/10.1198/000313008X362446.

5. Lugar errado, hora errada:
A evolução dos nossos sistemas numéricos e como eles nos decepcionaram

1. Weber-Wulff, D. (1992). Rounding error changes Parliament makeup. *The Risks Digest*, 13(37).
2. McCullough, B. D., & Vinod, H. D. (1999). The Numerical Reliability of Econometric Software. *Journal of Economic Literature*, 37(2), 633-665. https://doi.org/10.1257/jel.37.2.633.
3. Tecnicamente, as unidades de medida tradicionais dos Estados Unidos são um pouco diferentes de suas parentes próximas do sistema imperial britânico. As diferenças, contudo, não são importantes para os propósitos deste livro, então nos referiremos aos dois sistemas de medidas como "imperial".
4. Wolpe, H. (1992). *Patriot Missile Defense: Software Problem Led to System Failure at Dhahran, Saudi Arabia*, General Accounting Office dos Estados Unidos, Washington D.C. Consultado em https://www.gao.gov/products/IMTEC-92-26.

6. Otimização incansável:
O potencial ilimitado dos algoritmos, da evolução ao comércio eletrônico

1. Jaffe, A. M. (2006). The millennium grand challenge in mathematics. Notices of the AMS 53.6.
2. Perelman, G. (2002). The entropy formula for the Ricci flow and its geometric applications. Consultado em http://arxiv.org/abs/math/0211159.
   ____. Finite extinction time for the solutions to the Ricci flow on certain three-manifolds. Consultado em http://arxiv.org/abs/math/0307245.
   ____. (2003). Ricci flow with surgery on three-manifolds. Consultado em http://arxiv.org/abs/math/0303109.
3. Cook, W. (2012). *In Pursuit of the Traveling Salesman: Mathematics at the Limits of Computation*. Princeton University Press.
4. Dijkstra, E. W. (1959). A note on two problems in connexion with graphs. *Numerische Mathematik*, 1(1), 269-71.
5. O número de Euler surgiu no século XVII, quando o matemático suíço Jacob Bernoulli, (tio do biomatemático pioneiro Daniel Bernoulli, cujo trabalho é exposto no capítulo 7) investigava os juros compostos.

REFERÊNCIAS

Vimos os juros compostos no capítulo 1, quando explicamos que são pagos em contas bancárias para render juros sobre eles mesmos. Bernoulli queria saber a relação entre o montante em juros acumulados ao final de um ano e a frequência do rendimento.

Para simplificar, imagine que o banco pague uma taxa especial de 100% ao ano sobre um investimento inicial de uma libra. Os juros acrescidos à conta no final de cada período fixo e sobre eles próprios são pagos no período seguinte. O que acontece se o banco decidir pagar apenas uma vez ao ano? Ao final do ano, recebemos £1 em juros, mas não há mais tempo para que juros rendam sobre os juros, então ficamos apenas com £2. Por outro lado, se o banco decidir pagar a cada seis meses, na metade de um ano o banco calcula os juros devidos usando metade da taxa anual (i.e., 50%), o que nos deixa com £1,50 na conta. O mesmo procedimento é repetido ao final do ano, rendendo 50% de juros sobre o £1,50 na conta, resultando em £2,25.

Se o rendimento for mais frequente, o dinheiro na conta ao final do ano aumenta. Juros trimestrais, por exemplo, resultam em £2,44, com lucros mensais de £2,61. Bernoulli conseguiu mostrar que, com o uso de juros de rendimentos contínuos (i.e., calculando e gerando juros com uma frequência infinitamente maior, mas com uma taxa infinitamente menor), a quantia ao final do ano alcançaria aproximadamente £2,72. Para ser mais preciso, teríamos precisamente *e* (o número de Euler) libras ao final do ano.

6. Ferguson, T. S. (1989). Who solved the secretary problem? *Statistical Science*, 4(3), 282-89. https://doi.org/10.1214/ss/1177012493.

   Gilbert, J. P., & Mosteller, F. (1966). Recognizing the maximum of a sequence. *Journal of the American Statistical Association*, 61(313), 35. https://doi.org/10.2307/2283044.

7. Suscetível, infectado, removido:
O controle das doenças está nas nossas mãos

1. Fiebelkorn, A. P., Redd, S. B., Gastañaduy, P. A., Clemmons, N., Rota, P. A., Rota, J. S., [...] Wallace, G. S. (2017). A comparison of postelimination measles epidemiology in the United States, 2009-2014 versus 2001-2008. *Journal of the Pediatric Infectious Diseases Society*, 6(1), 40-48. https://doi. org/10.1093/jpids/piv080.

2. Jenner, E. (1798). *An inquiry into the causes and effects of the variolae vaccinae, a disease discovered in some of the western counties of England, particularly Gloucestershire, and known by the name of the cow pox*. (Ed. S. Low).

3. Booth, J. (1977). A short history of blood pressure measurement. *Proceedings of the Royal Society of Medicine*, 70(11), 793-9.4.

4. Bernoulli, D., & Blower, S. (2004). An attempt at a new analysis of the mortality caused by smallpox and of the advantages of inoculation to prevent it. *Reviews in Medical Virology*, 14(5), 275-88. https://doi. org/10.1002/rmv.443.

5. Hays, J. N. (2005). *Epidemics and Pandemics: Their Impacts on Human History.* ABC-CLIO.

   Watts, S. (1999). British development policies and malaria in India 1897-c.1929. *Past & Present*, 165(1), 141-81. https://doi.org/10.1093/ past/165.1.141.

   Harrison, M. (1998). 'Hot beds of disease': malaria and civilization in nineteenth-century British India. *Parasitologia*, 40(1-2), 11-18. Consultado em http://www.ncbi.nlm.nih.gov/pubmed/9653727.

   Mushtaq, M. U. (2009). Public health in British India: a brief account of the history of medical services and disease prevention in colonial India. *Indian Journal of Community Medicine: Official Publication of Indian Association of Preventive & Social Medicine*, 34(1), 6-14. https://doi. org/10.4103/0970-0218.45369.

6. Simpson, W. J. (2010). *A Treatise on Plague Dealing with the Historical, Epidemiological, Clinical, Therapeutic and Preventive Aspects of the Disease.* Cambridge University Press. https://doi.org/10.1017/CBO9780511710773.

7. Kermack, W. O., & McKendrick, A. G. (1927). A contribution to the mathematical theory of epidemics. *Proceedings of the Royal Society A: Mathematical, Physical and Engineering Sciences*, 115(772), 700-721. https:// doi.org/10.1098/ rspa.1927.0118.

8. Hall, A. J., Wikswo, M. E., Pringle, K., Gould, L. H., Parashar, U. D. (2014). Vital signs: food-borne norovirus outbreaks — Estados Unidos, 2009-2012. *MMWR. Morbidity and Mortality Weekly Report*, 63(22), 491-495.

9. Murray, J. D. (2002). *Mathematical Biology I: An Introduction.* Springer.

10. Bosch, F. X., Manos, M. M., Muñoz, N., Sherman, M., Jansen, A. M., Peto, J., [...] Shah, K. V. (1995). Prevalence of human papillomavirus in cervical cancer: a worldwide perspective. International Biological Study on Cervical Cancer (IBSCC) Study Group. *Journal of the National Cancer Institute*, 87(11), 796-802.

11. Gavillon, N., Vervaet, H., Derniaux, E., Terrosi, P., Graesslin, O., & Quereux, C. (2010). Papillomavirus humain (HPV): comment ai-je attrapé ça? *Gynécologie Obstétrique & Fertilité*, 38(3), 199-204. https://doi. org/10.1016/J. GYOBFE.2010.01.003.

12. Jit, M., Choi, Y. H., & Edmunds, W. J. (2008). Economic evaluation of human papillomavirus vaccination in the United Kingdom. *BMJ (Clinical Research Ed.)*, 337, a769. https://doi.org/10.1136/bmj.a769.

REFERÊNCIAS

13. Zechmeister, I., Blasio, B. F. de, Garnett, G., Neilson, A. R., & Siebert, U. (2009). Cost-effectiveness analysis of human papillomavirus-vaccination programs to prevent cervical cancer in Austria. *Vaccine*, 27(37), 5133-41. https://doi.org/10.1016/J.VACCINE.2009.06.039.

14. Kohli, M., Ferko, N., Martin, A., Franco, E. L., Jenkins, D., Gallivan, S., [...] Drummond, M. (2007). Estimating the long-term impact of a prophylactic human papillomavirus 16/18 vaccine on the burden of cervical cancer in the UK. *British Journal of Cancer*, 96(1), 143-50. https://doi. org/10.1038/sj.bjc.6603501.

    Kulasingam, S. L., Benard, S., Barnabas, R. V, Largeron, N., & Myers, E. R. (2008). Adding a quadrivalent human papillomavirus vaccine to the UK cervical cancer screening programme: a cost-effectiveness analysis. *Cost Effectiveness and Resource Allocation*, 6(1), 4. https://doi.org/10.1186/1478-7547-6-4.

    Dasbach, E., Insinga, R., & Elbasha, E. (2008). The epidemiological and economic impact of a quadrivalent human papillomavirus vaccine (6/11/16/18) in the UK. *BJOG: An International Journal of Obstetrics & Gynaecology*, 115(8), 947-56. https://doi.org/10.1111/j.1471-0528.2008.01743.x.

15. Hibbitts, S. (2009). Should boys receive the human papillomavirus vaccine? Yes. *BMJ*, *339*, b4928. https://doi.org/10.1136/BMJ.B4928.

    Parkin, D. M., & Bray, F. (2006). Chapter 2: The burden of HPV- related cancers. *Vaccine*, *24*, S11-S25. https://doi.org/10.1016/J. VACCINE.2006.05.111.

    Watson, M., Saraiya, M., Ahmed, F., Cardinez, C. J., Reichman, M. E., Weir, H. K., & Richards, T. B. (2008). Using population-based cancer registry data to assess the burden of human papillomavirus-associated cancers in the United States: Overview of methods. *Cancer*, 113(S10), 2841-54. https://doi.org/10.1002/cncr.23758.

16. Hibbitts, S. (2009). Should boys receive the human papillomavirus vaccine? Yes. *BMJ*, *339*, b4928. https://doi.org/10.1136/BMJ.B4928.

    ICO/IARC Information Centre on HPV and Cancer. (2018). United Kingdom Human Papillomavirus and Related Cancers, Fact Sheet 2018.

    Watson, M., Saraiya, M., Ahmed, F., Cardinez, C. J., Reichman, M. E., Weir, H. K., & Richards, T. B. (2008). Using population-based cancer registry data to assess the burden of human papillomavirus-associated cancers in the United States: Overview of methods. *Cancer*, 113(S10), 2841-2854. https://doi.org/10.1002/cncr.23758.

17. Yanofsky, V. R., Patel, R. V., & Goldenberg, G. (2012). Genital warts: a comprehensive review. *The Journal of Clinical and Aesthetic Dermatology*, 5(6), 25-36.

304 AS MATEMÁTICAS DA VIDA E DA MORTE

18. Hu, D., & Goldie, S. (2008). The economic burden of noncervical human papillomavirus disease in the United States. *American Journal of Obstetrics and Gynecology*, 198(5), 500.e1-500.e7. https://doi.org/10.1016/J. AJOG.2008.03.064.

19. Gómez-Gardeñes, J., Latora, V., Moreno, Y., & Profumo, E. (2008). Spreading of sexually transmitted diseases in heterosexual populations. *Proceedings of the National Academy of Sciences of the United States of America*, 105(5), 1399-404. https://doi.org/10.1073/pnas.0707332105.

20. Blas, M. M., Brown, B., Menacho, L., Alva, I. E., Silva-Santisteban, A., & Carcamo, C. (2015). HPV Prevalence in multiple anatomical sites among men who have sex with men in Peru. *PLOS ONE*, 10(10), e0139524. https:// doi. org/10.1371/journal.pone.0139524.

    McQuillan, G., Kruszon-Moran, D., Markowitz, L. E., Unger, E. R., & Paulose-Ram, R. (2017). Prevalence of HPV in Adults aged 18-69: Estados Unidos, 2011-2014. *NCHS Data Brief*, (280), 1-8. Consultado em http:// www. ncbi.nlm.nih.gov/pubmed/28463105.

21. D'Souza, G., Wiley, D. J., Li, X., Chmiel, J. S., Margolick, J. B., Cranston, R. D., & Jacobson, L. P. (2008). Incidence and epidemiology of anal cancer in the multicenter AIDS cohort study. *Journal of Acquired Immune Deficiency Syndromes (1999)*, 48(4), 491-99. https://doi.org/10.1097/ QAI.0b013e31817aebfe.

    Johnson, L. G., Madeleine, M. M., Newcomer, L. M., Schwartz, S. M., & Daling, J. R. (2004). Anal cancer incidence and survival: the surveillance, epidemiology, and end results experience, 1973-2000. *Cancer*, 101(2), 281-8. https://doi.org/10.1002/cncr.20364.

    Qualters, J. R., Lee, N. C., Smith, R. A., & Aubert, R. E. (1987). Breast and cervical cancer surveillance, Estados Unidos, 1973-1987. *Morbidity and Mortality Weekly Report: Surveillance Summaries*. Centros de Controle e Prevenção de Doenças (CDC).

    U.S. Cancer Statistics Working Group. U.S. Cancer Statistics Data Visualizations Tool, baseada nos dados enviados em novembro de 2017 (1999-2015): U.S. Department of Health and Human Services, Centers for Disease Control and Prevention and National Cancer Institute; www.cdc.gov/cancer/ dataviz, junho de 2018.

    Noone, A. M., Howlader, N., Krapcho, M., Miller, D., Brest, A., Yu, M., Ruhl, J., Tatalovich, Z., Mariotto, A., Lewis, D. R., Chen, H. S., Feuer, E. J., Cronin, K. A. (eds). SEER Cancer Statistics Review, 1975-2015, National Cancer Institute. Bethesda, MD, https://seer.cancer.gov/csr/1975_2015/, Externa baseada em dados do SEER enviados em novembro de 2017 SEER, postados no website do SEER, abril de 2018.

Chin Hong, P. V., Vittinghoff, E., Cranston, R. D., Buchbinder, S., Cohen, D., Colfax, G., [...] Palefsky, J. M. (2004). Age specific prevalence of anal human papillomavirus infection in HIV negative sexually active men who have sex with men: The EXPLORE Study. *The Journal of Infectious Diseases*, 190(12), 2070-76. https://doi.org/10.1086/425906.

22. Brisson, M., Bénard, É., Drolet, M., Bogaards, J. A., Baussano, I., Vänskä, S., [...] Walsh, C. (2016). Population-level impact, herd immunity, and elimination after human papillomavirus vaccination: a systematic review and meta-analysis of predictions from transmission-dynamic models. *Lancet. Public Health*, 1(1), e8-e17. https://doi.org/10.1016/S2468- 2667(16)30001-9.

    Keeling, M. J., Broadfoot, K. A., & Datta, S. (2017). The impact of current infection levels on the cost-benefit of vaccination. *Epidemics*, 21, 56-62. https://doi.org/10.1016/J.EPIDEM.2017.06.004.

    Joint Committee on Vaccination and Immunisation. (2018). Statement on HPV vaccination. Consultado em https://www.gov.uk/government/publications/jcvi-statement-extending-the-hpv-vaccination-programme-conclusions.

    Joint Committee on Vaccination and Immunisation. (2018). Interim statement on extending the HPV vaccination programme. Consultado em 7 de março de 2019 em https://www.gov.uk/government/publications/jcvi--statement-extending-the-hpv-vaccination-programme.

23. Mabey, D., Flasche, S., & Edmunds, W. J. (2014). Airport screening for Ebola. *BMJ (Clinical Research Ed.)*, 349, g6202. https://doi.org/10.1136/bmj. g6202.

24. Castillo-Chavez, C., Castillo-Garsow, C. W., & Yakubu, A.-A. (2003). Mathematical Models of Isolation and Quarantine. *JAMA: The Journal of the American Medical Association*, 290(21), 2876-77. https://doi.org/10.1001/jama.290.21.2876.

25. Day, T., Park, A., Madras, N., Gumel, A., & Wu, J. (2006). When is quarantine a useful control strategy for emerging infectious diseases? *American Journal of Epidemiology*, 163(5), 479-85. https://doi.org/10.1093/ aje/kwj056.

    Peak, C. M., Childs, L. M., Grad, Y. H., & Buckee, C. O. (2017). Comparing nonpharmaceutical interventions for containing emerging epidemics. *Proceedings of the National Academy of Sciences of the United States of America*, 114(15), 4023-8. https://doi.org/10.1073/ pnas.1616438114.

26. Agusto, F. B., Teboh-Ewungkem, M. I., & Gumel, A. B. (2015). Mathematical assessment of the effect of traditional beliefs and customs on the transmission dynamics of the 2014 Ebola outbreaks. *BMC Medicine*, 13(1), 96. https://doi.org/10.1186/s12916-015-0318-3.

27. Majumder, M. S., Cohn, E. L., Mekaru, S. R., Huston, J. E., & Brownstein, J. S. (2015). Substandard vaccination compliance and the 2015 measles outbreak. *JAMA Pediatrics*, 169(5), 494. https://doi.org/10.1001/ jamapediatrics.2015.0384.

28. Wakefield, A., Murch, S., Anthony, A., Linnell, J., Casson, D., Malik, M., [...] Walker-Smith, J. (1998). RETRACTED: Ileal-lymphoid-nodular hyperplasia, non-specific colitis, and pervasive developmental disorder in children. *Lancet*, 351(9103), 637-41. https://doi.org/10.1016/S0140-6736(97)11096-0.

29. World Health Organisation: strategic advisory group of experts on immunization. (2018). *SAGE DoV GVAP Assessment report 2018. WHO.* Organização Mundial da Saúde. Consultado em https://www.who.int/immunization/global_vaccine_action_plan/sage_assessment_reports/en/.

Este livro foi composto na tipografia
Minion Pro, em corpo 12/16, e impresso
em papel off-white no Sistema Cameron da
Divisão Gráfica da Distribuidora Record.